「환경인의 시각으로 바라 본」

양식환경론

조주현 · 신종암 · 김상철 · 孫彬(SUN Bin) 공저

조주현(曺主鉉)

현) 수산회사 아쿠아드림 대표
전) 전남해양수산과학원(여수지원)
전) 여수지방해양수산청(수산관리과)
전) 국립수산진흥원(여수지원)
2002년 해양수산신지식인
여수대학교 수산과학과 이학박사

신종암(申宗岩)

현) 전남대학교(여수캠퍼스) 교수
현) 전라남도 해양수산정책자문위원회 위원장
전) 일본 동해대학 해양첨단기술연구센터 연구원
전) 수산물지리적표시제 심의위원장
동경수산대학(수산학석사, 수산학박사)

김상철(金相澈)

현) 영어조합법인 '한국해양' 대표
전남대학교 수산해양대학 이학박사
2012년 해양수산신지식인(최우수상)

孫彬(SUN Bin)

현) 상해해양대학 수산생명대학 환경학과 전임강사
전남대학교 해양수산대학 이학박사
상해수산대학 해양생물학 석사

「환경인의 시각으로 바라 본」

양식환경론

인　쇄　2017년 12월 15일
발　행　2017년 12월 20일

저　자　조주현 · 신종암 · 김상철 · 孫彬
발행인　정병석
발행처　전남대학교출판문화원
등　록　1981년 5월 21일 제53호
주　소　61186 광주광역시 북구 용봉로 77
전　화　062-530-0571~2
마케팅　062-530-0573
팩　스　062-530-0579
홈페이지　http://www.cnup.co.kr

가　격　20,000 원

ISBN　978-89-6849-450-5 (93520)

이 도서의 국립중앙도서관 출판시도서목록(CIP)은 서지정보유통지원시스템 홈페이지(http://seoji.nl.go.kr)와 국가자료공동목록시스템(http://www.nl.go.kr/kolisnet)에서 이용하실 수 있습니다. (CIP제어번호: CIP2017033901)

환경인의 시각으로 바라본

양식환경론

조주현
신종암
김상철
孫彬(SUN Bin)
공저

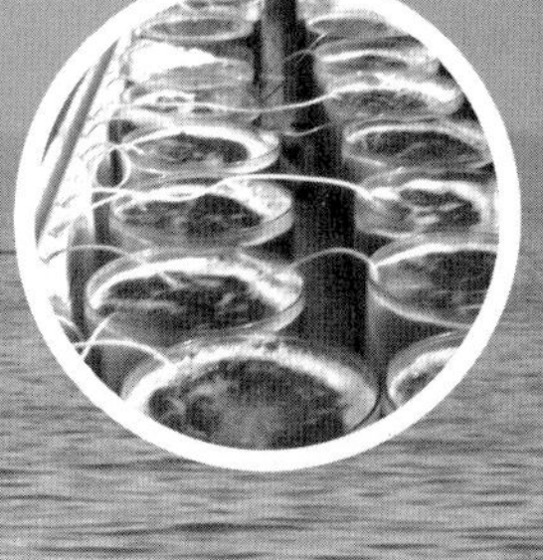

전남대학교출판문화원

■ 저자의 말

양식학의 뿌리인 생물학을 접함에 있어 연구자들의 가장 큰 덕목은 '자유로운 의심'이라는 것은 이론의 여지가 없을 것이다. 킴볼 생물학의 저자인 J. W. Kimbol은 "훌륭한 과학자일수록 의심장이이다"라고 말한다. 그러나 우리는 어릴 적 교육부터 묻고 따지는 것을 용인 받지 못한 채 정형화된 사고 속에서 모든 기술을 연구하고 발전시켜 나가고 있는 중이다. 과연 붕어빵같이 똑같은 사고 속에서 양식분야에서 에디슨과 스티브 잡스와 같은 합리적 의심을 통해 '성공한 의심장이'가 나올 수 있겠는가? 양식학에서도 기존의 학설을 과감히 비판하고 혁신적인 생각을 할 수 있는 21세기의 '코페르니쿠스'가 많이 출현해야 한다. 일례로 농업분야에서는 바닷물을 농업에 이용하여 작물 품질향상과 함께 병해충방제에 탁월한 효과를 가진다고 한다. 농업은 학문간 경계의 벽을 넘어 수산을 적극적으로 연구하고 활용하는데 수산은 수산에서만 답을 찾는 '청맹과니(靑盲과니)'의 모습을 보이고 있다. 우리나라 양식학의 발전은 타 분야에 비해 발전 속도가 매우 느릴 뿐만 아니라 혁신적인 융·복합기술이 거의 출현하지 않고 있다. 현대는 다양한 지식이 요구되는 시대로서 타 학문과의 연계가 필수적이며 타 학문의 기술을 차용하여 탁월한 효과를 거둘 수 있으므로, 농업을 비롯한 다른 연관학문을 접목시켜 양식에 활용되는 기술을 소개하였다. 그리고 기존의 지식으로 통하지 않는 현장에서의 애로점에 대해(수질관리 등) 다양한 현장경험으로 이론에 적용하여 현장에서 절대적으로 필요한 관리요령과 현장위주의 기술을 체계적으로 정리하였다.

현재 대부분의 양식은 수익성이 낮고 기술의 안정성이 떨어지며 기존의 기술로는 한계에 부딪치는 경우를 수없이 목격하게 된다. 역설적으로 아직 양식업에는 기술력의 발전가능성이 높고 많은 기회가 있다고 볼 수 있다. 양식의 기술력을 높이려면 모든 분야에 대해 엉뚱한 상상력과 호기심을 바탕으로 합리적인 의심을 통해 하나 하나 최적의 대안을 찾아가야 한다. 케케묵은 기술로는 미래학자 빌 할랄(Bill HALAL) 교수가 말한 "2018년 수산양식이 주력산업으로 부상할 것"이라는 예측은 혁신적인 기술이 답보적인 상태에서는 그야말로 희망사항에 불과한 것이다.

우리의 양식이 발전하려면 고정관념의 벽을 허물고 타 분야와의 과감한 교류를 통해 융·복합 기술을 발전시켜야 한다. 우리나라 양식의 가장 큰 문제점은 협소한 국내 시장만을 상대로 생산이 이루어지는 것인데 이제부터 보다 글로벌화 된 양식으로의 체계적인 준비가 필요하며, 세계시장에서 인정받을 수 있는 기술력을 배양하는 것을 첫 번째 목표로 역량을 키워 나가야 한다. 21세기가 요구하는 인재는 한 분야의 깊이 있는 전문성을 갖고 있는 전문가가 아닐 것이다. 미래에 우리가 직면할 위기는 한 사람의 전문성만으로 해결하기 어려운 복잡한 문제가 닥칠 것이다. 이를 위해서는 전문적 지식을 깊이 있게 알고 있으면서도 동시에 해당분야와 직간접적으로 관련지식을 폭넓게 알고 있는 무림지존이나 고수에 해당하는 SG(special generalist) 또는 GS(general specialist)가 필요하다. 앞으로 우리의 수산업을 이끌어갈 인재는 다양한 전문가와의 폭넓은 인적교류와 함께 다른 분야와의 학문적 경계 넘나들기를 즐기면서 색다른 지식융합을 부단히 시도하는 '브리꼴뢰르(Bricoleur)형' 인재가 많이 양성되어야 한다. 다양한 기존지식을 융합하여 이제까지 없었던 제3의 지식을 자유자재로 창출해 낼 수 있고 이들이야 말로 21세기 우리의 수산업을 끌고 나갈 견인차가 될 것이다. 앨빈 토플러는 기존 지식이 급속도로 불필요하고 무용해지는 미래사회가 도래할 것이라고 한다. 새로운 지식을 학습하는 과정을 촉진하기 위해서는 역설적이지만 기존지식을 창조적으로 폐기하는 '망각학습'이 중요하며 컴퓨터를 수시로 업그레이드 하듯 수산학도 도그마에서 벗어나 꾸준히 업그레이드되어야 한다.

21세기에 접어들면서 종묘의 중요성은 갈수록 증대되고 있다. 그러나 현재까지 우리나라에서 양식용 종묘생산을 통해 완전양식에 이른 것은 대부분 어류에만 한정되어 있고, 패류나 해조류, 기타 수산 동물 등은 아직도 종묘생산에 그치거나 시험생산 정도의 수준에 머무르고 있다. 따라서 21세기 종묘생산은 양식뿐만 아니라 자연에 존재하는 많은 생물을 보존하기 위해서도 필요한 과업이다. 최근 지구온난화에 의하여 많은 수산생물들이 생리적으로 충격을 받고 생체리듬을 상실하여 산란을 하지 않거나 자원재생산이 급속히 줄어드는 사례가 많이 발견되고 있다. 앞으로의 양식은 부가가치가 높고 외국의 시장 특히 중국시장과 같이 큰 시장에서 수요가 높은 품종을 개발하여 대량생산 할 수 있는 기술을 개발해야 하며, 경제, 사회, 환경이 함께 발전하는 모델인 '지속가능한' 양식을 추구해야 한다. 이를 위해서는 환경을 구성하는 해양, 동물, 식물, 미생물이 함께 어울려 물질과 에너지를 서로 주고받으면서 건강한 생태계를 유지해 나가는 '자원순환형' 양식을 준비해야 한다. 관주위보(貫珠爲寶)란 말이 있다. 구슬도 꿰어야 보배가 될 수 있듯이 다양한 기술을 한데 모여서 영화가 완성되는 것처럼 완성체로 만들어 나가야 한다. '스티브 잡스'의 혁신적인 '아이팟'의 기술이라는 것도 직관력과 창의성을 바탕으로 흩어져있는 기술들을 다시 모아서 디자인한 것이라고 한다. 이 책은 수산을 모든 기술이 하나로 모이는 '컨버전스(convergence)'의 개념에 입각하여 저술한 것으로 기존의 흐름과는 많은 차이가 있을 수 있다. 앞으로 수산에서도 보다 많은 '창조적 의심쟁이'가 많이 배출되어 수산을 이끌어 나가기를 간절히 기원해 본다.

2017년 12월

저자 씀

■ 차 례

제 2 장 양식과 환경관리

제 3 장 양식생물 사육관리

제2편 해양과 환경

제1장 해양 미세조류와 환경

제1편

양식과 환경

제1장 새로운 양식품종

제1절 개불, *Urechis unicinctus*

개불의 학명은 *Urechis unicinctus* 이고 분류상 의충(螠蟲)동물문 개불목 개불과에 속한다. 명칭은 일본어로는 유무시(ゆむし)또는 아카나마코(あかなまこ)한다. 중국에서는 '바다의 창자'라는 뜻으로 하이창(海腸)으로 불리운다. 일본에서는 "무시"라는 명칭에서 볼 수 있듯이 별로 식용으로 하지는 않으나 중국에서는 다양한 요리가 개발되어 있으며 한중일 3국 중에서 가장 개불을 선호하는 듯하다. 우리나라에서는 신선한 것은 회로 먹으며, 정력제로 이용되기도 하지만 날 것 외에는 다양한 요리로 사용되지 않고 있다.

개불이라는 이름은 생긴 모양에서 기인한 것으로 알려져 있으며 몸을 신축하기 때문에 크기를 분간하기 어려우나, 보통 몸길이 10～15cm, 굵기는 2～4cm 정도이다. 주둥이는 짧은 원뿔형으로 납작하며 오므렸다 늘였다 할 수 있다. 꼬리의 항문 부근에는 9~13개의 빳빳한 털이 에워싸고 있다. 몸 빛깔은 서식환경에 따라 달라지는데 모래 질에서는 황색 또는 주황색, 펄이 약간 섞인 사니질에서는 분홍색이도는 유백색이다. 서식수심은 대조 간조 시 1시간 노출 선부터 10~20m의 점심대(漸深帶)까지 서식한다. 잠입습성은 모래 또는 모래와 패각껍질이 섞인 연안의 사니질 속에 U자 모양의 깊은 구멍을 파고 산다. 서식 굴의 모양은 둘레가 약간 솟아올라 있으며 굴 밖에 배설을 한다. 산란기가 되면 생식소가 발달하면서 육안으로 암컷과 수컷이 구분되며, 수정은 몸 밖에서 이루어진다. 산란은 수온이 내려가는 12월과 수온이 올라가는 3, 4월에 일어나며 산란 적수온은 15~20℃이다.

개불의 주요 산지는 경남 남해, 사천과 전남 여수, 고흥, 충남 서천 등지이며 국내 동서남해안에서 모두 생산된다. 개불은 11월부터 이듬해 2월까지 이르는 겨울철이 가장 맛있는 제철로서, 여름철에 바다 밑바닥 1m 아래에 서식하다가 수온이 차가워지는 한겨울이 되면 수면 가까이 위로 올라오게 되어 본격적인 개불을 채취하기 시작한다. 개불은 글리신과 알라닌 등의 단맛을 내는 물질이 들어 있기 때문에 달짝지근한 맛이 나며, 마디가 없이 하나의 원통 모양으로 된 몸 특유의 조직 때문에 씹히는 맛이 독특하다. 신선한 것은 회로 먹으며, 곱창요리처럼 석쇠에 호일을 씌우고 양념을 해서 먹기도 하며 꼬치로 굽거나 볶기도 한다. 남자의 성기를 닮은 생김새 때문에 예로부터 정력제로 이용되었으며 '정미(呈味)성분'이 많아 어류의 탐식을 유도하며 지렁이와 달리 잘 뜯어지지 않아 고급어종인 도미·가자미·감성돔의 미끼로 쓰이기도 한다. 저질에 뚫은 U자형의 굴(窟)은 바닷물의 순환을 용이하게 하여 저질을 정화시키는 역할을 한다.

1. 생산현황

개불은 남해안과 서해안의 사니질에 주로 서식하고 있는 정착성 생물이나, 최근 남획과 오염으로 날로 자원이 감소추세에 있어 국내의 개불시장은 대부분 중국산으로 유통되고 있는 실정이다. 개불은 날것으로 kg당 10,000~15,000원에 판매되고 있으며, 젓갈로는 kg당 30,000원에 거래되고 있다. 최근 낚시가 활성화되면서 동호인들에 의해 고급어종인 돔류의 미끼로도 수요가 많으나 공급량이 절대 부족한 실정이며 2009년부터 전남해양수산과학원 여수지소에 의해 최초로 대량 종묘생산 및 방류가 이루어진 바 있다.

표 1. 개불생산현황

(단위 : 톤, 천원, 천$)

연 도 별	국 내 산		수 입 산		비 고
	생산량	생산금액	수입량	금액	(수입국)
2000년	**129**	1,422,062			
2001년	125	1,469,820			
2002년	161	1,967,671			
2003년	178	1,714,830			
2004년	107	1,056,552			
2005년	45	444,041	1,670	1,973	중국
2006년	19	184,338	2,608	2,879	〃
2007년	**7**	70,529	**3,462**	5,203	〃

※ 자료출처 : 국립수산물품질검사원, 1 · 2구 잠수기수협

「표 1」에서 보는 바와 같이 국내산 개불의 생산량은 2007년까지의 경남지방의 생산량을 보면 최근 들어 급격한 생산량의 감소 추세를 보이고 있으며 상대적으로 중국산의 수입량이 급증함을 알 수 있다. 전남 지역에서도 고흥지역에서만 아직 지속적인 생산이 가능하며 과거 주 생산 지역이었던 여수는 생산량이 날로 줄어들면서 상당한 감소 추세를 보이고 있는 실정이다.

개불 생산에 대한 각종 통계를 종합한 결과 2009년 전국적인 소비량은 약 3,600톤(90억원)으로 그중 국내 생산량은 전체 소비량의 약 6%에 불과한 실정이며 나머지는 중국산으로 충당되고 있어 국내 시장의 90%이상을 중국산이 잠식하고 있다. 한편 2009년도 개불의 국내 생산량은 200톤(36억원), 전남지역의 생산량은 약 160톤(24억원)에 불과한 실정이다. 따라서 자원의 증강과 새로운 양식품종의 개발을 통한 어업인 소득향상, 기존 마을어장 중 방치되어 있는 어장을 활용하는 측면에서 볼 때 개불의 양식은 앞으로 상당한 경쟁력과 가치성을 지닐 수 있다고 보여진다.

국내개불 종묘생산 현황을 보면 민간업체 1개소와 국공립 연구소 2개소 정도에 불과한 실정으로서 그중 대량생산 기술은 전남 여수의 민간업체만이 가지고 있어 개불의 대량 양식을 위한 기술적 기반은 아직 미진한 실정이다. 그동안 개불의 종묘생산에 있어 최대의 애로점은 춘계 생산은 하절기 먹이부족, 추계 생산은 동절기 먹이부족이 주된 원인으로써 먹이생물의 안정적인 생산능력이 없었기 때문이었으며 전남해양수산과학원 여수지소가 수년간 먹이생물을 대량 배양하는 기술을

개발하여 개불 종묘 생산과정에 도입한 결과 대량 종묘생산의 길이 열리게 되었다. 지금까지의 개불 방류실적을 보면 2008년 전북 고창에서 축제식 양식장에 개불 종묘를 투입 양식하였으나 해수 공급량 부족으로 인한 고수온과 환수 불량으로 실패하였고, 2009년 경남 남해에서 42만미, 전남 해남에서 40만미, 전남해양수산과학원 여수지소에서 20만미, 2010~2012년에 전남해양수산과학원에서 자체 생산한 종묘 62만미를 살포한 바 있다.

그동안 개불 방류에 대한 철저한 준비과정 없이 고노출선이나 펄이 많은 부적지에 살포한 결과 대부분 별다른 성과를 거두지 못하였으나 2010년 경남 남해에서 처음으로 인공 산 개불의 생존이 확인됨으로서 대량 양식의 길이 열리게 되었다. 이와 같은 실패사례를 바탕으로 전남해양수산과학원 여수지소에서 점심대(漸深帶) 마을어장 1개소와 노지양식장 1개소에서 대량 채취가 이루어지면서 개불의 양식 가능성이 확인되었고, 앞으로 대대적인 개불 양식 붐(boom)이 일 것으로 기대된다. 앞으로 웰빙(well-being) 문화의 확산에 따른 국내 소비자들의 수산물에 대한 눈높이는 더욱 높아져 갈 전망이므로 안전한 먹거리의 확보와 수산물의 고급화를 이루기 위하여 개불 양식 산업화는 우리가 풀어 나가야 할 당면 과제중의 하나라고 판단된다. 무엇보다도 개불 양식의 장점은 2년여에 걸친 양식 기간 동안 일체의 사료공급이 필요 없고 종묘비용과 채취비용 외에는 경비가 들지 않아 부가가치가 매우 높으며, 마리당 단가도 100g 정도 되는 것이 1,000원 이상을 받고 있으므로 단위면적당 생산성도 타 양식품종에 비해 획기적으로 높은 수준이다. 더욱이 유기물을 섭취하여 수질과 저질을 정화하고 간석지(干潟地)와 천해의 저면에 구멍을 뚫어 산소를 공급함으로서 환경을 개선시키는 부수적인 효과까지 거둘 수 있으니 미래 지향적인 지속가능한 대표적인 친환경 양식이라 할 수 있다.

2. 인공종묘생산

2009년 인공종묘 생산을 위한 기초 기술개발이 여수시 소재 (주)한국해양에서 실시되었으며 2010년에는 전남 해양수산과학원 여수지소에서는 (주)한국해양과의 기술교류를 통해 62만 마리의 개불 치충(稚蟲)을 대량생산하는데 성공하였다. 인공종묘 생산은 그동안 국내에서 춘계산 위주로 실험적인 생산이 이루어졌던 것과는 달리 추계 종묘생산을 통해 종묘방류 시기인 5~6월에 1~2cm의 우량 종묘를 생산하기 위하여 수행되었다. 다만 동절기 저수온기에 10℃내외로 가온이 필요하였으나 우량종묘 생산을 위해서는 하절기 수온이 높아지면서 생존이 불가능한 춘계생산보다 추계생산이 더 효과적인 것으로 판단되었다. 생산한 종묘는 적지조사를 통해 개불 양식에 적합한 관내 어촌계를 선정하여 직접 방류를 실시하였다.

개불 인공종묘 생산은 수온이 하강하는 11월부터 추계 종묘 생산을 위해 산란유발 및 유생사육에 착수하였다. 산란유발은 개불 어미를 15℃로 관리하다가 5℃ 상승시키는 방법과 과산화수소 용액 첨가에 의한 자극법을 병행하여 200만립 이상의 수정란을 확보하였다. 수정란의 크기는 110㎛ 내외이며 부화는 24시간 후 trochophore로 부화하여 15~17일 만에 7체절, 15일 전후하여 13 체절기로 25일 전후에 저서침착기로 들어간다. 개불은 자웅이체로서 만 2년생 정도의 개불을 분사식 채취가 아닌 손으로 채취한 어미를 구입하여 사용하였다. 생식소는 ♀은 노란색, ♂은 유백색을 나타내며, 알은 분리침성란(分離沈性卵)으로 부화는 만 1일부터 이루어졌으며 부화유생은 다른 수조로 옮겨 수용하였다. 방란 방정은 해삼과 유사하게 입 위의 생식공(生殖 孔)에서 배출하였고 산란유발은 단순 자극으로도 가능하나, 수정 이후 점질물의 제거가 다소 까다로워 점질물을 제거하는 기술의 개발이 필요하다.

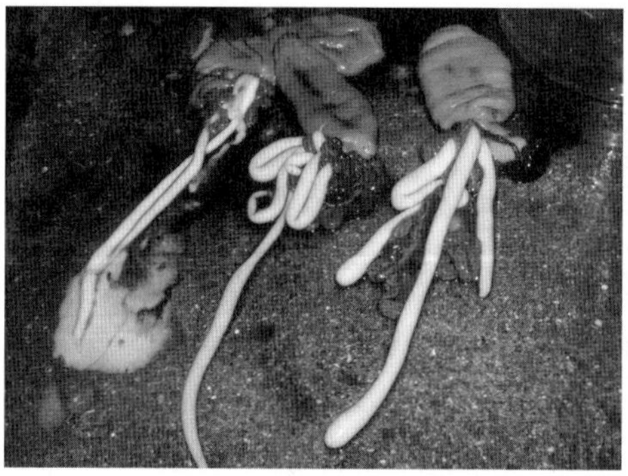
개불 암컷의 방란(放卵)

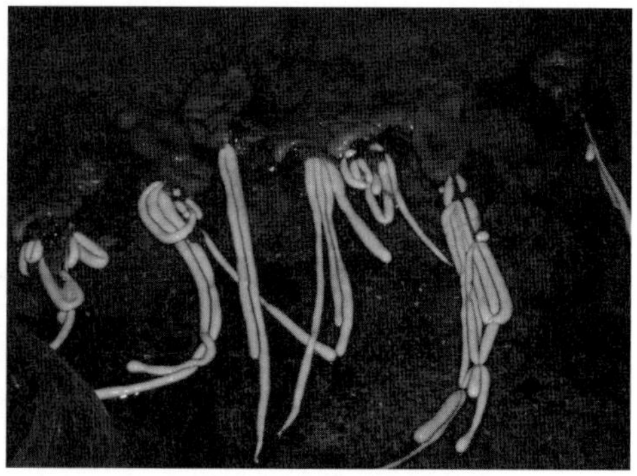
개불 수컷의 방정(放精)

그림 1. 개불의 방란 방정

부유기간은 25~30일로써 수온에 따라 다르나 수온이 20℃에 가까울수록 부유기간이 짧았다. 부유 기간 중 체절이 형성되기 시작하여 7체절부터 침강과 부유를 병행하다가 13체절이 되면 완전히 침착하여 저질로 잠입하였다. 부유기에서 침착까지 소요되는 기간은 수온 15~22℃ 범위 내에서 20℃에 가까울수록 빨랐다. 침착기(沈着期) 이후 체절이 완전히 없어지기까지 1주일이 소요되며 이때부터 어미 개불의 형태를 나타낸다. 잠입기질로는 기존의 방식인 니질(泥質)보다 모래를 이용하는 방식이 생존율에서 더 우수하고 수질과 저질의 오염이 없어 수질관리에도 용이하였다. 먹이는 Trochophora기부터 *Nannnochloris*, *Isochrysis*, *Chaetoceros*, *phaeodactylum* 등의 먹이를 공급하였으며, 1일 20,000cell/ml를 급이하였다. 유생 사육은 초기에는 2~3마리/ml로 하다가 침착기로 들어가기 전에 1마리/ml로 농도를 차츰 줄여 유생의 충돌로 인한 폐사와 수질변화를 방지하였다. 12월부터 수온이 5~10℃로 하강하여 침착기 유생의 성장이 1~2mm에서 정지하였으므로 성장을 촉진시키기 위해 10℃ 내외가 유지되도록 가온을 실시하였다. 저 수온 현상이 2월까지 지속되면서 성장할 수 있는 기간이 줄어들어 성장이 중지되었으나 2월 하순부터 서서히 성장이 재개되었고 5mm까지 성장하여 3월말에는 1cm 내외로 성장, 방류가 가능한 크기로 성장하였다.

표 2. 개불 발생과정별 소요일수 (수온 15℃ 기준)

발생 단계	시 간	비 고
1극체	15~20분	수정란 직경 110㎛
2세포기	1시간	
4세포기	3시간 20분	
8세포기	4시간 20분	
16세포기	5시간 10분	
32세포기	6시간 10분	
64세포기	7시간 20분	
상실기(桑實期)	14시간 20분	
낭배기(囊胚期)	19시간 30분	
Trochophore	23시간	
7체절기	15일	
13체절기	30일	
침착기	45일	
잠입	48일	

1) 개불의 종묘생산 시설

개불의 종묘생산을 위한 시설로는 개불 유생시기의 먹이생물을 대량 배양할 수 있는 먹이생물 배양시설, 채란 후 유생사육을 위한 사육수조와 개불 치충 사육을 위한 사육동이 필요하다.

치충을 사육하기 위한 사육시설로는 실내 시설에서 사육하는 것이 외부 환경의 영향을 받지 않아 좋지만 실제로는 노지(露地)에서 간이 수조방식으로 관리해도 무난한 성장을 보였다.

2) 먹이생물 배양실

종묘생산에 사용되는 먹이생물은 실내와 옥외수조로 나누어 배양할 수 있는데 실내 배양실은 외부기온에 영향을 받지 않도록 단열이 되어야 하며 충분한 채광(3,000~5,000Lux정도)이 되어야 한다. 각 배양수조는 충분한 에어레이션이 될 수 있도록 하고 먹이생물의 배지 조제를 위한 각종 시약이 준비되어 있어야 한다. 먹이생물 배양실을 야외에 설치할 수도 있으나 현재 기술로는 수온 18~25℃기간에만 가능하며 하절기와 동절기에는 불가능하다. 개불은 침착기에 들어가면서 부유기에 비해 3~4배의 먹이를 더 섭취하게 되므로 충분한 양의 먹이를 확보하는 것이 종묘생산에 있어 가장 큰 과제이다. 만일 먹이가 부족할 경우 폐사가 발생하거나 성장이 부진하게 되어 종묘로서의 가치를 상실하게 된다.

3) 유생 사육시설

유생 사육시설은 기온에 따라 수조 내의 수온변화를 막기 위해 보온이 될 수 있는 실내수조가 좋고 여과해수를 사용하여야 한다. 수조의 크기는 약 3~4톤 정도로 높이 0.8m 내외의 전복 유생 사육수조 정도면 가능하다. 부화 후 7체절이 되는 15일정도가 되면 침착과 부유를 병행하게 되는데 이때 사육 기질이 깔린 수조로 옮겨준다. 사육기질로는 주로 가는 입자의 모래가 많이 쓰이나 모래는 환수가 힘들 뿐만 아니라 오래 사육하면 단단해지고 먹이 찌꺼기 등이 침전되어 검게 변하면서 저질 환경이 악화되므로 탄산칼슘을 함유한 조개가루 등과 혼합하여 사육하면 저질오염이 저감되어 개불이 서식하기에 좋은 환경이 된다. 저질이 오염되면 스쿠티카 충이 발생하기 쉬우며 이로 인해 많은 폐사가 발생할 수도 있다. 따라서 가장 좋은 기질은 오래두어도 부패되지 않고 입자가 미세하여 물과 함께 교환이 가능한 기질이면 가장 좋다.

종묘생산 시기는 일반적으로 3~4월이 성기이나, 인공종묘 생산을 할 경우 11월부터 저수온기를 제외하고 이듬해 봄까지 종묘생산이 가능하다. 치충(稚蟲)의 성장은 봄철 이후 수온이 10℃이상 상승하면서 성장속도가 빨라지고, 1cm 이상 성장하면 지름 2~3mm 의 구멍이 육안으로 관찰된다. 부화 후 100일 정도 지나면 체중 0.5g 정도로 성장하며, 색깔은 흰색에서 갈색으로 다소 변하게 되며 껍질이 두꺼워지고 환경에 대한 저항력이 강해지게 된다. 살포용 종묘는 1~2cm 정도 자라는 3~4월경이 적당할 것으로 보여진다.

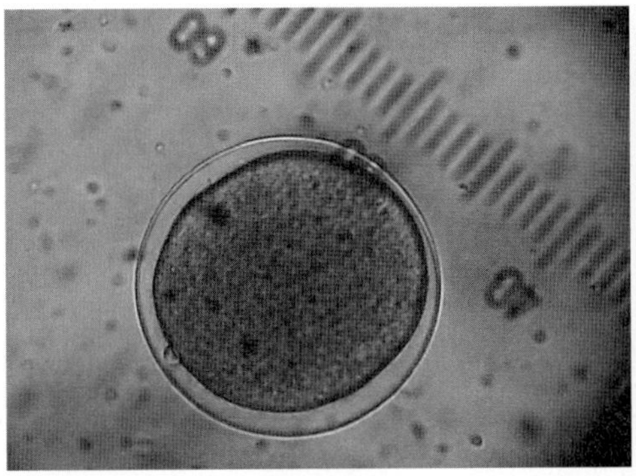

수정란

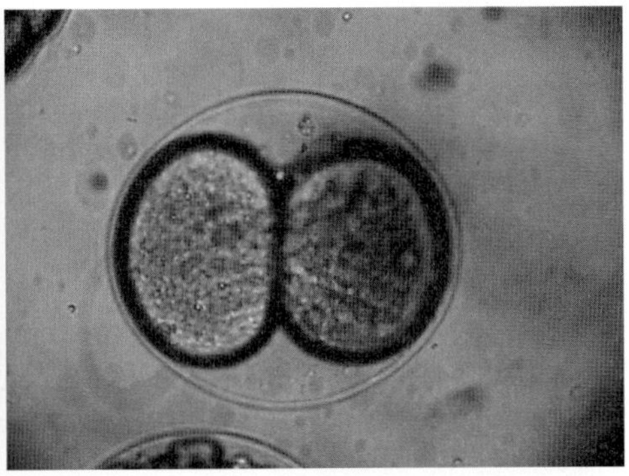

2분열

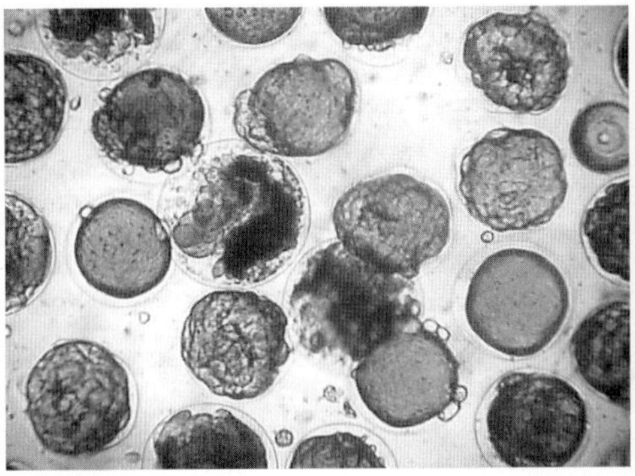

분열중인 개불 수정란

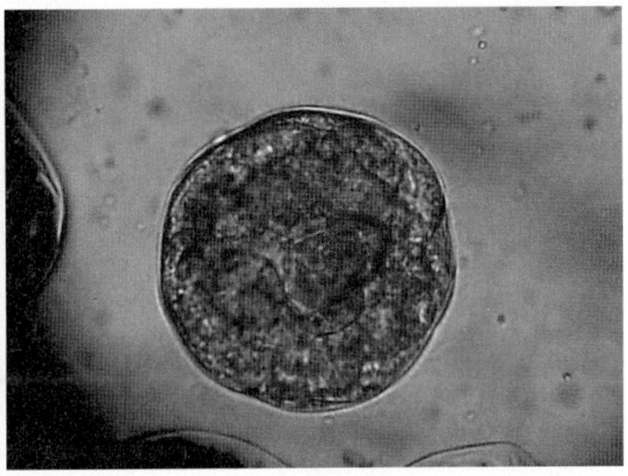

상실기

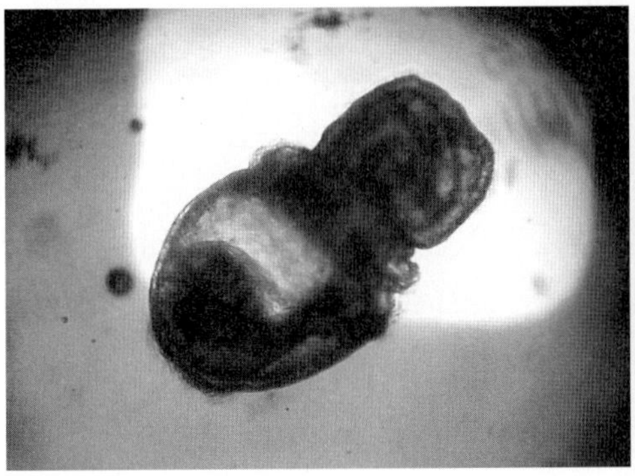

트로코포라기 유생

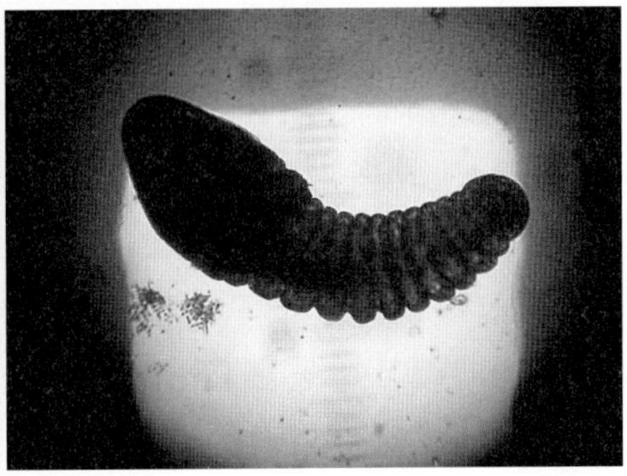

13 체절기 유생

그림 2. 개불 유생 발달과정

3. 종묘 방류 및 양식

개불 종묘는 총 82만미를 구입 및 자체 생산하여 7개소에 방류하였다. 그동안 국내에서는 양식현장에 대한 개불 종묘방류가 한 번도 이루어지지 않아 많은 도상연습을 통하여 최적의 방류방법을 고안하여 양식현장에 방류를 실시하였다. 조간대는 건조에 약한 개불이 노출되지 않도록 하고, 1시간 노출 선에 물이 들기 30분 전에 도랑을 파고 종묘를 살포한 후 즉시 묻어주는 방법을 통하여 방류를 실시하였다. 수심 10m 이상의 점심대 어장은 잠수부를 통하여 방류를 실시하였는데 미리 개불 종묘를 고운 모래와 섞은 보호망을 로프에 달아 방류장소에 대기하는 잠수부에게 전달하였고 1명의 잠수부는 해저에 갈쿠리로 도랑을 파고, 또 한명은 바로 모래로 덮어주는 방법을 통해 어류, 게류 등 해적생물에 의한 식해피해를 최소화였다.

보다 안정적인 집약적 양식을 위해 중국의 해삼양식장과 같은 '노지양식(露地養殖)' 시설을 개발하였는데 규모는 200평 정도로 서식생물이 없는 조간대 상부를 구획하여 제방을 만든 다음 직경 200mm 배수 파이프를 시설하였고, 개불의 안정적인 잠입을 위해 40cm 정도의 모래를 깔아 조성하였다. 노지양식장은 물이 빠진 시간을 택하여 바닷물과 모래에 함께 섞인 종묘를 바가지로 골고루 살포하였으며 치충의 유실이 없으므로 방류가 간편한 이점이 있다. 이 방법의 장점은 항상 관찰이 가능하여 개불이 서식하는 저질 표면 굴(窟)의 수와 크기의 변화를 알 수 있으며 따라서 전체적인 생산량을 용이하게 파악할 수 있는 장점이 있다. 관내에는 어촌계에서 자체적으로 노지양식장 1개소(200평)을 조성하여 양식 중에 있는데 m^2당 50개체 이상의 개불이 서식하고 있는 것으로 파악되었다. 노지양식장은 바닥에서 지하해수가 용천(湧泉)하여 주변 해역에 비해 겨울철에는 다소 수온이 높고, 여름철에는 수온이 다소 낮은 특징을 가지고 있는데 이와 같은 환경이 개불의 생존율을 높였던 것으로 판단된다. 따라서 노지양식장을 이용한 양식에 있어 사전조사가 필요하며 동절기와 저수온과 하절기의 고수온기를 넘길 수 있도록 수심을 1m 이상 유지하고 모래를 40cm 이상 넣어줌으로서 환경여건이 열악한 시기에는 깊이 잠입할 수 있도록 하여 피해를 방지해야 할 것이다. 육상의 지렁이가 오염된 흙을 비옥한 땅으로 바꾸는 것처럼 개불도 오염된 퇴적물을 섭취 후 깨끗한 펄을 배출하고 수많은 구멍을 뚫어 생활하며, 깊은 층까지도 산소가 공급되므로 탁월한 정화효과를 나타낼 수 있을 것이다.

노지양식장(여수시 화양면 안포)

배수장치

노지양식장 조성을 위한 모래 투입(여수시 화양면 안포)

노지양식장 조성(여수시 화양면 원포)

노지양식장 터파기 공사

완성된 노지양식장

무수히 형성된 개불 구멍

그림 3. 노지 양식장 조성광경

개불 치충의 살포 가능적지로는 사질이나 사니질이 저질의 오염으로 인한 수질의 변화가 없고, 잠입이 용이하여 양식과 살포에 적합하다. 가장 집약적으로 양식할 수 있는 시설은 중국의 해삼양식장과 같은 노지양식장이 관리와 채취가 쉬워 단위면적당 높은 소득을 올릴 수 있을 것으로 판단된다. 개불 방류 시 예상되는 기대효과로는 간석지(干潟地) 등에 살포시 U자형의 구멍을 뚫어 저질의 오염을 막고, 산소를 공급하게 되므로 갯벌의 정화에 기여할 수 있고, 이동성이 극히 적어 서식지 굴을 벗어나지 않는 등 정착성이 강해 안정적인 소득이 가능하다. 한편 개불의 식성은 저질중의 유기물 등을 섭취하여 무해성의 배설물을 배출하므로 지렁이와 같이 해저 지반을 부드럽게 하고, 환경을 개선시키는 역할을 하게 된다. 앞으로 대량 양식이 될 경우 개불을 이용한 상품(분말·액상 조미료, 통조림, 젓갈)의 개발이 가능하여 새로운 고소득 양식품종으로 정착이 가능할 전망이다.

개불 치충의 살포 가능적지로는 사질이나 사니질이 저질의 오염으로 인한 수질의 변화가 없고, 잠입이 용이하여 양식과 살포에 적합하다. 가장 집약적으로 양식할 수 있는 시설은 중국의 해삼양식장과 같은 노지양식장이 관리와 채취가 쉬워 단위면적당 높은 소득을 올릴 수 있을 것으로 판단된다. 개불 방류 시 예상되는 기대효과로는 간석지(干潟地) 등에 살포시 U자형의 구멍을 뚫어 저질의 오염을 막고, 산소를 공급하게 되므로 갯벌의 정화에 기여할 수 있고, 이동성이 극히 적어 서식지 굴을 벗어나지 않는 등 정착성이 강해 안정적인 소득이 가능하다. 한편 개불의 식성은 저질중의 유기물 등을 섭취하여 무해성의 배설물을 배출하므로 지렁이와 같이 해저 지반을 부드럽게 하고, 환경을 개선시키는 역할을 하게 된다. 앞으로 대량 양식이 될 경우 개불을 이용한 상품(분말·액상 조미료, 통조림, 젓갈)의 개발이 가능하여 새로운 고소득 양식품종으로 정착이 가능할 전망이다.

1) 양식장 별 개불 방류방법 개발

개불 인공종묘 생산은 실험실 내에서 소량 생산한 적은 있으나 국내에서는 한 번도 양식현장에서 방류된 적이 없었으므로 많은 경우를 가정해서 조간대(潮間帶), 점심대(漸深帶) 별로 보다 안전한 방류방법을 개발하였다. 개불 치충의 특성은 건조에 매우 약하므로 조간대에서는 1시간 노출선 전후의 모래밭에 도랑을 파고 모래와 섞인 개불 치충을 살포한 다음 주변의 모래로 신속히 덮어 건조에 의한 폐사를 방지한다. 살포시각은 건조를 방지하기 위하여 간조 후 물이 들기 전 1시간 정도가 적당하며 기온이 높으면 해수를 뿌려 저질 온도를 낮추어 준다.

점심대에서는 보호망 자루에 모래와 섞인 개불 치충을 로프에 줄줄이 매달아 저면에 있는 잠수부에게 전달하고 잠수부는 갈고리 등으로 도랑을 파고 개불을 뿌려준 후 다시 모래로 덮어준다. 잠수부는 작업효율이나 안전을 고려해 2인 1조로 작업하는 것이 좋다. 만일 선상에서 개불 종묘를 살포할 경우 개불 특유의 정미성분으로 인해 어류의 포식이 매우 심하므로 정상적인 방류가 불가능하다. 개불은 일단 굴을 파고 잠입하게 되면 해적생물로부터 피해를 받는 경우가 극히 적지만 잠입하는 과정까지는 상당한 주의를 요한다.

노지양식장은 간조시를 택하여 방류해야 하는데 만조 시에 방류하게 되면 조류에 의해 치충이 유실되기 때문에 이것을 방지하기 위함이다. 노지에서는 둑으로 구획되어 유실의 염려가 없기 때문에 치충 뿐만 크기가 작은 침착기 유생까지도 방류 가능하며, 살포방법은 해수과 모래에 섞인 유생을 바가지로 살포하면 된다. 노지양식장에서 종묘를 살포하기 전에 미리 모래를 두껍게 살포하여 잠입이 원활할 수 있도록 준비하여 둔다. 그리고 망둑어 등의 어류가 있으면 잠입 전 식해의 우려가 있으므로 사전에 잡아내어야 한다.

개불은 통상 방류에서 채취까지 만 1년~1년 6개월이 소요되며 크기를 100g 이상으로 키울 경우 2년 이상 양식을 해야 할 것으로 보인다. 그리고 자체적인 번식을 통하여 자원을 증강시키려면 3~5년 정도 채취를 하지 않는 것도 좋은 방법으로 생각된다. 지금까지 개불의 방류효과조사를 실시한 결과 개불의 잠입습성으로 인해 정확한 생존율은 파악이 불가능하였으나 대략 20% 수준으로 추측된다. 개불양식의 장점은 종묘를 투입하여 잠입만 하면 일정기간 동안 아무런 관리가 필요없고 비용도 발생하지 않아 고수익이 가능하며, 마리당 단가도 100g 기준으로 1,000원을 상회하므로 향후 안정적인 소득원으로 자리 잡을 수 있다. 그리고 개불은 특별한 해적생물도 없고 질병도 없을 뿐만 아니라 깊이 40cm 이상까지 굴을 형성하여 저질 깊은 곳까지 공기를 공급하게 하여 저질을 정화하는 역할도 수행한다. 더욱이 해수중의 유기물을 흡수하여 영양을 섭취하므로 수질과 저질을 정화하는 청소부의 역할까지 수행하므로 일석삼조의 효과를 얻을 수 있다.

2) 개불 방류 효과조사

방류 후 매월 조간대, 점심대, 노지양식장, 가두리양식장 4개소에 대한 정기적인 효과조사를 수행하였다. 조사는 $1m^2$당 서식 개체 수(혹은 굴의 수), 성장도, 중량, 서식생물 등을 조사하였으며, 개불의 서식에 따른 환경개선 효과를 구명하기 위해 수질(수온, 염분, pH, DO, COD, 총질소, 암모니아, 아질산, 질산, 총인, 규산, 알칼리도, chl.-a), 저질(함수율, 강열감량, COD, 황화물)을 방류 후부터 3개년 간 조사하였다. 조사결과 개불은 봄철에 가장 성장이 빠르고 중량이 증가하였으며, 하절기 고수온에는 성장이 정지되면서 해삼처럼 하면에 들어가면서 '왜소화(矮小化)현상'이 발생하는 것이 관측되었다. 따라서 양식에 있어서는 이와 같은 점을 참고하여 양식에 임하여야 할 것이다.

매월 굴 형성여부를 조사한 결과 구멍의 수는 노지양식장 〉 조간대 마을어장 〉 점심대 마을어장 〉 어류양식장의 순으로 나타났으며, 노지양식장의 구멍 수가 많았던 것은 반 폐쇄적인 환경에서 유실이 안 되고 노지 자체에서 먹이생물이 자체 생산되는 등 사육환경의 호전에 따른 것이라고 판단되었다. 조간대 마을어장의 경우 바위나 자갈이 많이 섞여있는 곳은 일시에 채취가 불가능한 것이 문제점으로 드러났다. 따라서 경사가 완만하며, 90%정도의 사니질로 구성된 조간대 마을어장이 대량 개불양식에 적합한 양식장으로 판단되었다. 또한 중국에서만 대대적으로 이용하는 노지양식장이 개불양식에 매우 효과적인 시설로 나타나 현재 방치된 마을어장을 단순한 제방만 쌓는 형태로 100~200평 규모로 조성한다면 앞으로 매우 높은 단위면적당 생산성을 보일 것으로 예상되었다. 그리고 점심대 마을어장은 양식보다는 자원관리 및 증강의 개념에서 개불을 투입하는 것이 좋을 것이다. 그 이유는 잠수부를 통하지 않고는 채취가 불가능하고 일반인들이 이용하기 힘든 수역이라는 점이다. 개불의 방류에 따른 수질과 저질의 변화는 개불이 서식하는 곳의 대부분이 80% 이상 사질로 구성된 장소이기 때문에 수질과 저질이 양호하여 오염이 거의 없는 것으로 조사되었으며, 오염된 저질의 정화여부를 판별하기 위해서는 향후 각종 양식장에 대한 대량 살포를 통해 보다 정밀한 조사가 필요할 것으로 사료된다.

4. 개불 생리·생태

개불이 오염된 저질 환경조건에서 살 수 있는지를 파악하기 위하여 개불 치충(1cm)을 '오염된 저질(COD 20mg/g, AVS 0.6 mg/g)'에 수용하여 실험한 결과 오염된 저질에서의 생존은 물론 저 산소(3mg/L)에서도 전량 생존하고 활발하게 굴을 뚫는 활동을 하는 등 매우 강한 생존성을 보였다. 저 염분(20psu) 환경 하에서도 강한 저항성을 보였으며 20일 이상 생존하는 것으로 나타났다. 그러나 32℃ 이상의 고수온과 3℃ 이하의 저 수온에서는 약한 것으로 나타나 양식에 있어 최대의 고려요소가 되어야 할 것으로 판단되었다. 따라서 저층에서 지하해수가 용출되는 곳이 오히려 하절기 수온을 낮춰주고 동절기 수온을 높여주는 역할을 함으로써 노지 개불 양식이 효과적인 것으로 나타났다. 한편 개불은 주로 10월~4월 사이에 성장하며 가장 성장이 빠른 시기는 3~4월로서 수온 15~20℃가 성장적기이다. 5월이 되면 산란이 끝나고 수온이 높아짐에 따라 점차 성장이 둔화되고 6월경이 되면 활동을 거의 하지 않으며, 7월부터 9월까지는 굴 속에 깊이 들어가 거의 섭식을 하지 않는 상태로 해삼처럼 '하면(夏眠)'에 들어간다. 여름철에는 활동을 정지하고 먹이를 거의 섭취하지 않으므로 크기가 1/3정도로 급속히 줄어들고 내장은 거의 퇴화된다.

개불이 속한 의충동물은 모두 해산이고, 몸은 원주상 또는 난형이다. 전 세계에 135종이 보고되어 있으며, 열대에서 한 대에 걸쳐 널리 분포하고 있다. 개불은 상당히 신장시킬 수 있는 입주머니와 황금색의 1쌍의 복강모를 전단부에 가지고 있다. 개불의 갱도 속에는 게류, 갯지렁이류가 개불과 공생하고 있다. 여기에서 개불의 굴을 흘러가는 수류로 짧은 수관을 내어 먹이를 섭취한다. 개불은 입주머니와 강모로 소혈을 파서 생활하며 항문의 강모와 몸의 운동에 의하여 후방으로 펄을 밀어내어 굴 밖으로 배출한다. 개불은 연동운동에 의해 굴 안으로 해수를 빨아들이면서 근육수축을 반복하여 몸에 잘록해진 부분을 만들고 이곳에 해수를 모으고 잘록해진 부분을 후방으로 이동함으로서 해수를 굴 밖으로 배출한다. 대형의 입자는 먹지 않고 여과섭식자로서 여과는 몸 밖에서 한다. 개불은 여과와 점액분비를 동시에 이용하여 유기 잔사를 섭식하는데 물을 흡입하면 물이 점막으로 된 관을 통과하는 중 잔재의 적은 입자들, 박테리아 그리고 작은 동물체들이 관의 점막에 흡착된다(Fisher & MacGinite, 1928). 개불의 굴 안에는 여러 종의 생물이 서식하며 이들은 먹이의 이용과 함께 굴 안에 서식함으로서 포식자로부터 안전성을 확보하는 두 가지 면에서 이점을 가지고 있다.

개불은 주로 연안의 모래 펄 속에 U자형의 구멍을 파고 서식하나 지역에 따라 L자형의 굴을 파는 종류도 있다. 가장 큰 것의 길이는 30cm 정도, 수명은 5년 정도로 추정되며 산란 시기는 12월 및 3~4월의 연 2회 산란한다. 생식소는 암수 모두 연결된 소시지 모양으로 발달하며 방란방정은 입 위에 있는 '생식공(生殖孔)'을 통하여 배출한다. 산란습성과 방란·방정하는 모습은 거의 해삼과 흡사한 양상을 보인다. 개불은 수축력이 뛰어나 몸을 줄였다 늘였다하며 천천히 움직이고, 굴에서 이동을 거의하지 않으며 배설은 굴 밖에서 하는 습성이 있다. 개불은 국내에서는 개불(*Urechis unicinctus*) 1종만이 서식하는 것으로 알려져 있으나 남해안산과 서해안산은 크기와 색깔의 차이가 많아 서로 다른 종일 가능성이 많을 것으로 보인다. 남해안산은 크기가 15~20cm 정도지만 서해안산은 20~25cm 정도로 매우 크다. 색깔에 있어서도 남해안산은 주황색, 분홍색이 많지만 서해안산은 검은 빛을 띤 암적색을 나타낸다. 실제로 중국에서 개불이 가장 많이 생산되는 산동성(山東省) 라이저우(萊州)에서는 4×4m의 정방형의 사각수조에 서로 겹치지 않을 정도로만 수용하여 축양하고 있는데, 유영능력이 발달한 개체들도 보이는 등 국내산 개불과는 매우 다른 특징을 나타낸다. 개불은 성체까지 만 2~3년 정도가 소요되며, 크기는 최대 40cm 까지도 성장한다고 알려져 있다. 개불의 최대 무게는 200g 이상, 굵기는 지름 5cm 까지도 성장한다. 개불은 2~10m의 천해에 서식하며 주로 사니질로서 모래가 많고 조개껍질이 많이 깔린 곳에 분포 량이 많다. 개불은 일단 잠입하게 되면 급격한 수온의 변화만 없으면 포식할 수 있는 해적생물이 거의 없어 상당히 안정된 생존율을 보이는데 조사결과 10~20% 정도의 높은 생존율을 보이는 것으로 나타났다. 개불은 11~4월의 수온 10~20℃에서 가장 잘 성장하며 3℃이하의 저수온과 32℃이상의 고수온에서 폐사가 점진적으로 일어난다. 폐사 양상은 동절기에는 서식하던 굴에서 나와 다시 들어가지 못하고 굴 밖에서 폐사하게 된다. 개불은 성장 직기에는 20~30cm 정도의 깊이에 서식하나 수온이 상승하는 5월부터 점차 깊은 곳으로 내려가며 고수온기인 6~9월은 50~60cm 깊이까지 잠입하여 거의 섭이 활동이 정지되며, 몸 크기가 축소되는 특징이 나타나 해삼과 유사한 특징을 보이나 해삼과 달리 굴속에서 수온에 따른 수직이동을 한다는 점이 다르다. 따라서 환경조건이 안 좋을수록 깊게 잠입하는 특성을 가지며 수온이 상승하면서 연동운동으로 인하여 생성되는 특징인 구멍이 없어진다. 수온이 하강하는 10월이 되면서 아주 작은 구멍이 생기기 시작하고 11월이 되면 구멍은 커지지만 육질이 얇아 상품성은 떨어진다. 12월이 되면서 살이 차기 시작하고 4월까지 왕성하게 성장하며 육질의 두께가 연중 가장 두터워 진다.

개불은 환경에 대한 저항력이 아주 강한 것으로 나타났는데 개불 치충 1cm 크기의 개체를 오염된 저질에 투입한 결과 저질 COD가 20mg/g, 황화물 0.6mg/g 이상에서도 활발히 잠입하여 수많은 굴을 형성하였으며, 3ppm 이하의 저 산소 조건에서는 15일 이상 생존하였고, 저염분에도 비교적 강해 염분 20‰에서 한 달 이상 생존하는 것으로 나타났다. 따라서 오염 등 환경에 대한 저항력이 매우 강하고, 직경 1cm 정도의 큰 구멍을 뚫어 왕성한 '연동(連動)운동'을 하므로 깊은 곳까지

산소공급이 가능해 갯벌 정화작용이 탁월할 것으로 보인다. 개불의 성성숙은 만 1년이 경과한 개체로서 체장 약 7cm 정도의 크기부터 주로 봄철에 생식소가 발달한 개체가 많이 발견되며 암컷이 수컷에 비해 성숙속도가 빠른 것으로 나타났다.

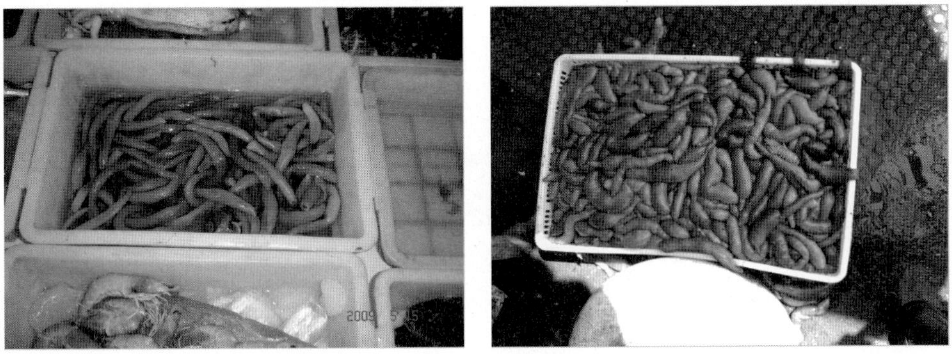

그림 4. 중국에서 생산되는 개불의 종류

5. 개불의 성장도

1) 2011년 2월 (동계)

동절기 체장은 7.70~15.70cm(평균 11.84±2.04cm) 정도로 성장하며, 체폭은 1.50~4.50cm(평균 3.14±0.62cm)정도로 상당히 두터워진다. 그러나 내장의 발달은 그다지 현저하지는 않았다.

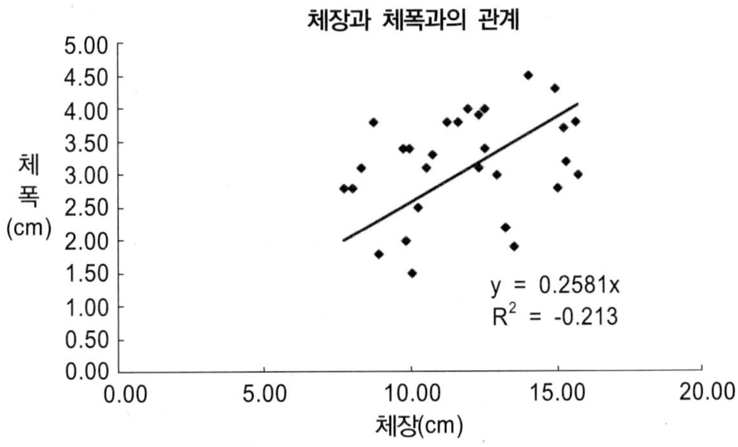

그림 5. 동계 체장과 체폭과의 관계

동절기 전중량은 19.40～149.80g(평균 57.74±20.98g)의 범위를 보이며, 육중량은 육질부가 두터워지지 않아 6.15～27.06g(평균 16.70±4.43g)의 범위를 보였다. 비만도는 18.06～50.77(평균 31.21±5.81g)을 나타내었다.

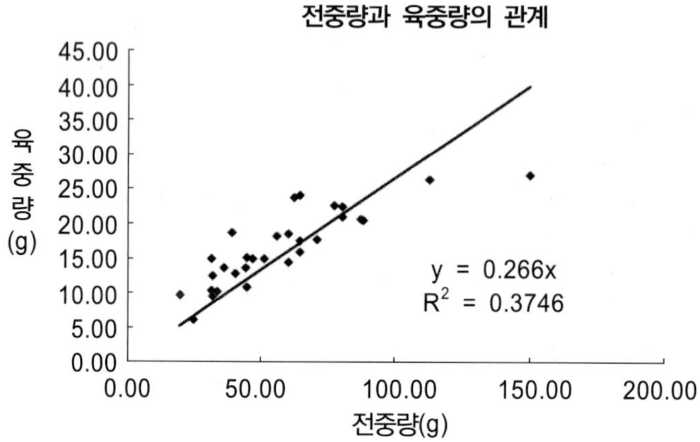

그림 6. 동계 전중량과 육중량의 관계

2) 2011년 4월(춘계)

춘계 개불의 체장은 9.40～25.40cm(평균 15.82±2.82cm)내외의 성장을 보여 동계보다 양호한 성장을 보였으며, 체폭은 2.90～6.10cm(평균 4.01±0.48cm)의 범위를 나타내어 다소 두터워진 경향을 보였다. 한편 1월부터 소량씩 생식소가 출현하다가 3월부터 본격적으로 생식소가 나타나기 시작하여 4월을 중심으로 연간 최대의 생식소 중량을 나타내었다.

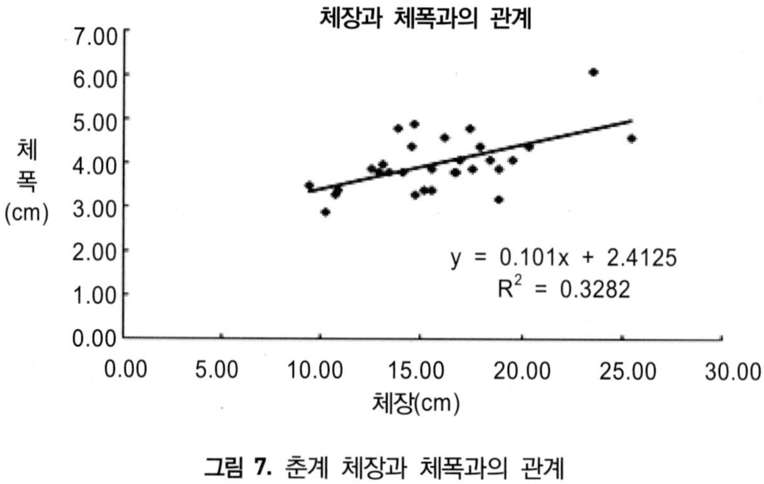

그림 7. 춘계 체장과 체폭과의 관계

전중량은 32.17～153.86g(평균 79.78±23.70g)의 범위로 춘계에 비해 높아졌으며, 육중량도 육질부가 급격히 두터워지면서 10.08～35.47g(평균 20.40±5.36g)의 범위로 연간 가장 양호한 상태를 나타내었다. 비만도는 19.52～36.82(평균 26.26±2.91g)을 나타내었다.

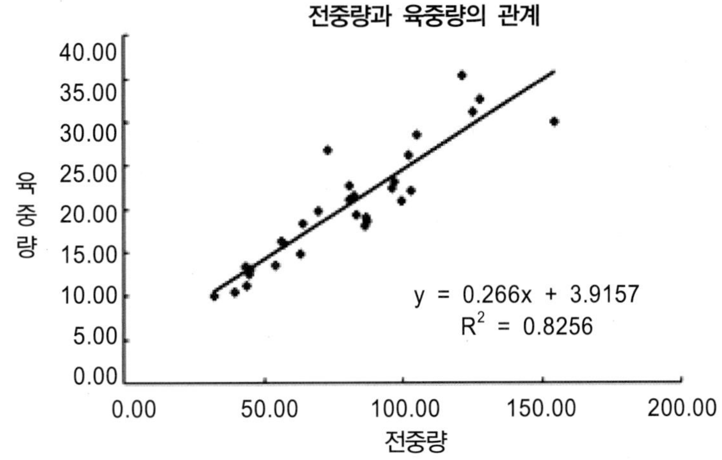

그림 8. 춘계 전중량과 육중량의 관계

3) 2011년 7월(하계)

하절기에는 체장이 3.50～6.80cm(평균 4.77±0.75cm)로 급격히 줄어들고, 체폭은 1.00～2.50cm(평균 1.68±0.31cm)으로 급격히 줄어드는 경향을 보였다. 내장 또한 거의 흔적만 남기고 있어 섭식활동이 거의 이루어지지 않은 것으로 조사되었다.

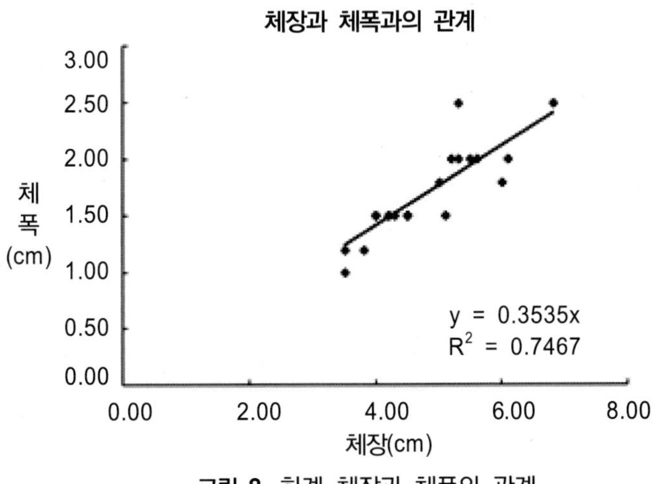

그림 9. 하계 체장과 체폭의 관계

개불의 하계 전중량은 5.12～15.78g(평균 9.49±2.39g)의 범위로 춘계에 비해 크기가 감소하면서 중량이 급격히 줄어드는 경향을 보였으며, 육중량도 0.88～3.33g(평균 2.12±0.53cm)의 범위로 매우 낮게 나타났다. 비만도는 17.19～25.55g(평균 22.25±1.95g)을 나타내었다.

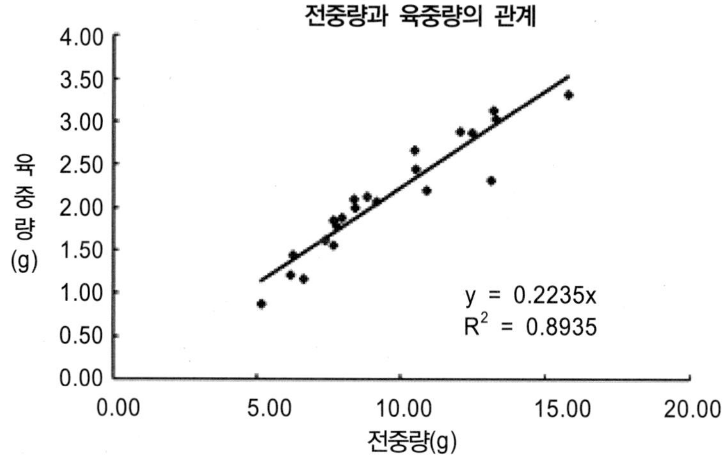

그림 10. 하계 전중량과 육중량의 관계

4) 11월(추계)

개불의 추계 체장은 10월에 들어서면서 성장하기 시작하여 11월부터 다소 성장이 빨라진다. 체장은 6.30～11.50cm(평균 8.22±1.04cm)로서 하절기에 축소되었던 크기가 점차 회복되며, 체폭은 2.50～4.00cm(평균 3.29±0.35cm)로 역시 다소 넓어지는 경향을 보인다.

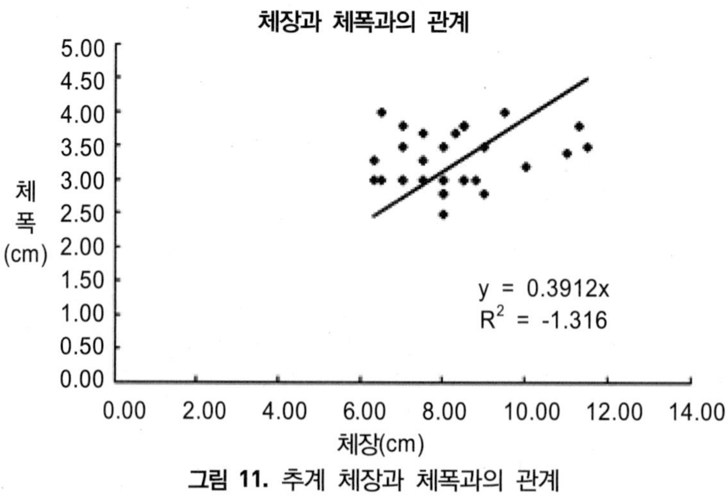

그림 11. 추계 체장과 체폭과의 관계

추계에 있어 전중량은 19.16~50.52g(평균 27.59±4.41g)의 범위로 빠르게 회복되고 있으며, 육중량은 6.90~12.84g(평균 9.40±1.07g)의 범위를 나타내었다. 비만도는 22.96~42.33(평균 34.75±4.04g)을 나타내었다.

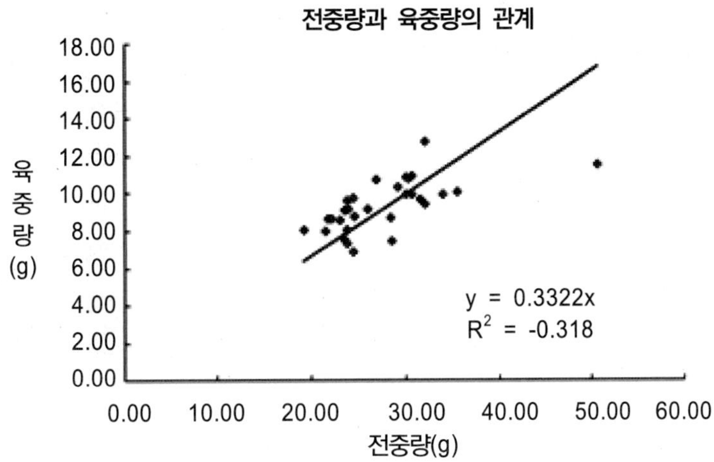

그림 12. 추계 전중량과 육중량의 관계

6. 개불의 성분

개불의 효과적인 이용을 위해 일반성분, 무기질, 유리아미노산, 구성아미노산, 지방산, 구성당 등 성분분석을 완료하였다. 분석결과 유리아미노산 중 타우린의 함량이 수산물 중 가장 높은 것으로 나타났고 알라닌과 시스틴도 매우 높은 함유량을 보였다. 구성당 중에서는 갈락토오스가 매우 높았고, 비타민에서는 C와 E가 타 수산물에 비해 매우 풍부하였다. 이와 같은 결과를 볼 때 개불은 음식의 맛을 내는 식품첨가물과 다양한 건강식품으로 활용이 가능할 것으로 보여진다.

1) 개불 성분분석

개불 성분을 분석한 결과는 「표 13~20」과 같다.

(1) 일반성분

개불의 일반성분은 단백질, 지방, 회분함량은 타 수산물에 비해 월등히 높은 것으로 나타났으며 탄수화물은 일반수산물의 범위를 보였다.

표 13. 개불의 일반성분

(Unit : %)

성분	수분	회분	지방	단백질	탄수화물
개불	5.58	10.4	4.72	74.79	4.51

(2) 무기물

무기물 분석결과 철, 칼륨, 나트륨이 일반 수산물에 비해 월등히 높은 것으로 나타났다.

표 14. 개불의 무기물 성분

(Unit : mg/100g)

성분	칼슘	철	칼륨	마그네슘	망간	구리	나트륨	아연
개불	109.4	172.89	1496.5	295.5	0.728	0.512	3380.2	10.39

(3) 유리 아미노산

유리 아미노산 분석결과 개불은 전반적으로 유리 아미노산의 함량이 월등히 높으며 특히 타우린의 함유량은 수산물 중 가장 높은 것으로 나타났다. 타우린은 콜레스테롤 감소와 동맥경화, 뇌졸중, 심부전증 등 성인병에 효과가 있으며 신경안정효과도 있는 것으로 알려져 있다.

표 15. 개불의 유리 아미노산 함량

(Unit : mg/100g)

성 분	함 량
Phosphoserinne	0
Taurine	**1,807.6**
Phosphoethanolamine	0
Urea	0
Aspartic acid	**263.1**
Hydroxyproline	0
Threonine	**187.0**
Serine	**280.4**
Asparagine	0
Glutamic acid	**518.3**
Sarcocine	0
α-aminoadipic acid	0

성 분	함 량
Proline	**227.5**
Glycine	**3,894.5**
Alanine	**2156.7**
Citrulline	0
α-aminobutyric acid	0
Valine	**230.6**
Cystine	5.2
Cysthathionine	0
Methionine	87.0
Isoleucine	**191.3**
Leucine	**305.1**
Tyrosine	**112.5**
Phenylalanine	**154.7**
Homocysine	0
β-alanine	0
β-aminoisobutyric acid	0
γ-amino-n-butyric acid	11.779
Histidine	**102.695**
3-methylhistidine	0
1-methylhistidine	0
Carnosine	0
Anserine	44.4
Ornitine	51.3
Lysine	**262.4**
Ammonia	307.5
Ethanolamine	0
Arginine	57.8
Total	**1,1260.2**

(4) 구성 아미노산

개불의 구성 아미노산 함량은 타 수산물에 비해 월등히 높게 나타났으며 따라서 정미성분의 함량이 많아 천연조미료 및 음식첨가물로 다양한 사용가능할 것으로 보인다.

표 16. 개불의 구성 아미노산 함량

(Unit : mg/100g)

성 분	함 량
Aspartic acid	4,559.4
Threonine	2,007.2
Serine	2,510.9
Glutamic acid	6,450.0
Proline	2,055.1
Glycine	3,291.6
Alanine	9,969.0
Cystine	12,412.4
Valine	33.5
Methionine	2,579.8
Isoleucine	1,021.9
Leucine	1,644.9
Tyrosine	4,269.3
Phenylalanine	1,144.2
Histidine	1,368.4
Lysine	1,263.1
Ammonia	1,019.7
Arginine	7,332.9
Total	**64,934.2**

(5) 구성당(構成糖)

구성당 중 뇌세포물질의 구성성분인 갈락토오스가 매우 많은 것으로 나타나 어린이 두뇌발달과 면역증진에 좋은 식품으로 나타났으며, 리보오스는 세포핵의 RNA를 구성하는 주요 성분으로 알려져 있다.

표 17. 개불의 구성당 함량

(Unit : mg/100g)

성 분	함 량
Fucos	0
Alabinose	1.3
Galactose	**35,425.3**
Glucose	8.6
Ribose	**54.8**
Lactose	0

(6) 지방산

불포화 지방산은 패류와 비슷하며 DHA 함량은 일반수산물에 비해 낮았다.

표 18. 개불의 지방산 함량

(Unit : %)

성 분	함 량
Satutares (포화 지방산)	30.9
Monodenes (1가 불포화지방산)	30.0
Polyenes (다가 불포화지방산)	38.9
EPA	14.1
DHA	2.1

(7) 비타민

비타민 A는 굴 등 패류보다 낮으나 비타민 C와 E가 월등히 높은 것으로 나타났다.

표 19. 개불의 비타민 함량

(Unit : mg/100g)

성 분	함 량
비타민A	42.4
비타민C	**242.5**
비타민E	9.0
비타민B_1	0.05
비타민B_2	0.15
비타민B_3	2.2

(8) 핵산(核酸)

핵산은 세포를 활성화시키고 노화를 방지하는 성분으로서 굴과 비슷하나 진주담치, 새고막 등 패류에 비해서는 다소 낮은 것으로 나타났다.

표 20. 개불의 핵산 함유량

(Unit : mg/100g)

성 분	함 량
RNA	103.3
DNA	34.1
냉가용성물질	281.9

7. 가공제품 개발

향후 개불의 대량생산에 따른 대량 소비방안을 마련하기 위하여 가공공장 2개소와 공동으로 개불 가공제품의 개발에 착수하였다. 개불 제품은 통조림은 보일드, 기름절임 슬라이스와 통 개불의 3개 제품을 개발하였고, 건 개불은 생채로 건조한 것과 스팀으로 5분간 쪄서 말린 것의 2제품을 개발하였다. 개불 분말은 조미료로서의 가능성을 타진하기 위하여 개발하였는데 말린 개불을 분말로 만들면 바로 사용이 가능하였다. 사용의 편이성을 높이기 위하여 개불 액상조미료를 개발하였는데 약 5시간 동안 생 개불을 끓여서 다리고 불순물을 제거하면서 농축하여 액상조미료를 제조하였다. 개불을 날 것으로만 사용하는 식생활을 개선하기 위해 개불 요리법을 개발하였는데 개불 젓갈을 포함하여 개불 볶음요리, 개불 잡채요리, 개불 전골 등의 요리방법도 개발하였다.

8. 중국의 개불 생산

2011년 5월 중국의 개불 주산단지인 산동성 라이저우(萊州)를 방문하여 개불의 생산전반에 걸친 동향을 파악하고 문제점과 수출가능성을 조사하였다. 라이저우의 수출업자는 연간 1,200~1,800톤의 개불을 어민으로부터 수집하고 개불 전용 축양시설(5×5m 사각수조)에 유수식으로 관리하고 있었다. 축양기간은 6개월 정도인데 잠입을 할 수 없고 먹이의 공급도 없는 상태에서 장기간 축양을 한다. 중국에서 개불생산지는 라이저우만(萊州灣)을 비롯한 산둥 반도 북동해역에 한정되어 있으며 황해에서는 개불이 거의 생산되지 않는다. 생산 시기는 구정 이후부터 5월말까지로 6월 1일부터 9월 1일까지는 금어기로 지정되어 채취를 하지 않는다.

축양 중인 개불

출하 준비 중인 개불

그림 13. 중국의 개불 축양시설

중국의 개불잡이 조업방법은 모래채취선과 같은 방식으로 펌프로 표층에서부터 저면부 50cm 가량을 물과 모래를 함께 뽑아 올려 개불만을 잡아내는 방식으로 이루어진다. 가격은 1kg에 2~7위엔(400~1,400원)으로서 매우 싸며 성어기인 5월에는 20위엔(4,000원)까지도 거래된다.

중국에서 생산된 개불은 주요시장이 한국이며 최근 수요가 증가하고 있는 중국 내륙지방(쓰촨성, 후베이성 등)에 내장을 제거한 냉동품으로 만들어 공급을 하고 있다. 그러나 2013년부터는 중국의 개불 자원의 급감으로 인해 한국에 수출되지 못하고 국내시장에서만 판매되고 있으며 중국에서도 고갈된 자원량을 복원하기 위해 개불 인공종묘 생산을 시도하고 있으나 가시적인 성과는 얻지 못하고 있다. 최근 중국 산둥성의 웨이팡(濰坊)시 등 지방정부에서는 몇 백억의 예산을 확보하여 개불자원의 회복에 나서고 있다고 전해진다.

9. 향후 개불양식 방향

개불양식의 최대과제인 우량종묘 양산을 통하여 개불양식을 활성화하고 휴경어장을 적극적으로 활용하여 개불 양식장으로서의 이용을 확대하도록 해야 한다. 또한 인공종묘의 품질향상과 중간육성과정의 규격화, 표준화를 통해 어장살포 후 생존능력을 획기적으로 향상시켜야 한다. 개불양식의 사업성 확대를 위해서는 대규모의 노지양식장에서의 실용적인 양식이 필요하며, 종묘생산 기술의 확대와 보급을 통한 개불양식의 사업성을 높여 개불 양식 활성화와 함께 안정적인 토대를 마련해야 할 것이다. 향후 개불 양식 산업을 활성화시켜 내수확대와 어업인 소득증대를 제고해야 하고, 개불 자원의 고갈에 대비하면서 넓은 소비시장을 가진 중국에 수출을 추진하여 한·중 FTA에 적극 대응하는 전략품종으로 육성해야 한다. 최근 중국에서는 호화 접대금지 조치로 인해 개불가격이 해삼가격을 추월하여 2배 가까이 오른 상태이며(kg당 25,000원/한화), 중국 현지에서는 해삼양식의 대체품목으로서 개불 종묘생산 및 양식기술을 원하는 양식업자가 증가하고 있어 향후 개불 종묘생산을 통한 양식은 중국 양식업계에서 신품종으로 각광을 받는 양식으로 자리매김 할 것으로 전망된다.

참고문헌

- 조주현 등, 2011, 개불 대량 인공종묘생산을 통한 양식 산업 육성, 전라남도 해양수산과학원 여수지소, 2011년도 연구 · 교습어업 사업보고서.
- 강경호 등, 1999, 실험실 사육에 의한 개불, *Urechis unicinctus*의 저질 선택성과 굴의 형태.
- 강경호 등, 1999, 개불, *Urechis unicinctus* 유생의 수온과 염분내성.
- 강경호 등, 2000, 개불 치충의 저질선택성 및 성장.
- 최상덕 등, 1999, 개불의 종묘생산 방법 및 이를 이용한 개펄 개선.
- 정승용 등, 1975, 개불 건조중의 핵산 관련물질의 변화.
- 이종열 등, 1999, 개불에서 추출한 당단백질의 항암효과 및 면역 활성.
- 최상덕 등, 2000, 개불 생식주기에 따른 아미노산의 변화.

제2절 새조개, *Fulvia mutica* (Reeve)

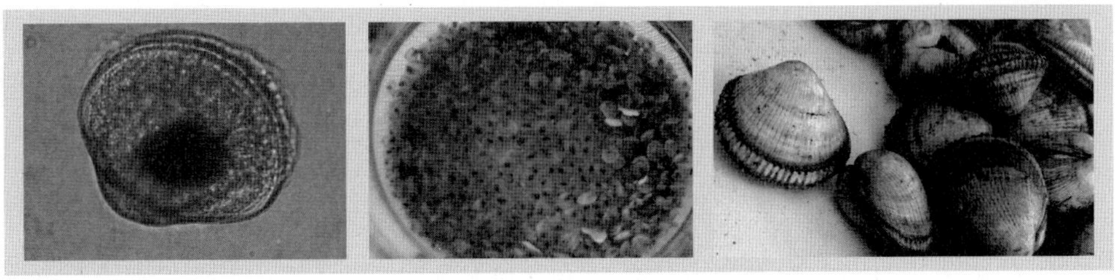

새조개의 학명은 *Fulvia mutica* 이고 일본 명은 도리가이(トリガイ) 라고 한다. 분류는 이치목 새조개과에 속하며, 방언은 갈매기조개, 도리가이, 오리조개라고 불려진다. 수명은 3~4년이고, 크기는 9cm 내외이다. 산란 시기는 6~11월(4~5월)이며, 가장 맛있는 시기 12~3월이라고 한다. 서식장소는 내해의 수심 5~30m 의 사니질로서 여수 가막만, 고흥 득량만, 충남 천수만이다. 한국, 일본, 대만에 분포하며 요리는 회, 회 무침, 초밥, 구이, 샤브샤브가 있다. 전국 생산량은 2009년 3,500톤으로 해가 갈수록 자원량이 감소하고 있으며 생산량의 70%가 서해안에서 생산(2009년 여수 위판량 7톤)되며, 해황의 변동에 의해 풍흉 차가 매우 심한 품종이다. 중국에서 새조개는 맛이 있다하여 중국의 5대 미인 중 한명인 '서시의 혀'(西施舌: 시쉬셔)라는 애칭으로 불리우고 있으나 실제로 중국에서의 소비는 그다지 많지 않고 색깔이나 맛도 국산과는 많은 차이를 보인다. 가격은 계속되는 흉작으로 2010년 20,000원/kg에서 2011년 40,000~65,000원/kg으로 상승하는 추세이다. 성분으로는 타우린 등 필수아미노산, 철분을 다량함유하고 있으며 효능으로는 빈혈, 기억력 증진, 고혈압 개선에 효과가 있다고 한다.

새조개는 자연산에만 의존되어 해마다 자원 량이 줄어들고 있는 고급패류자원으로 일본에서도 기초 종묘생산 기술만 개발되었을 뿐 인공종묘 대량생산과 산업적인 양식에는 성공하지 못하였다. (주) 한국해양과 전남해양수산과학원 여수지소가 2009년부터 2년간 공동 연구 끝에 국내최초로 대량종묘 생산에 성공하였으며, 금후 피조개양식을 대체할 양식 품종으로 개발 중에 있고 새로운 소득원으로 창출이 가능한 품종이다. 새조개는 우리나라, 동중국해, 홍콩 및 일본 등에 분포하며, 수심 10~50m의 사니질에 주로 서식한다. 패각이 얇고, 내면은 분홍색을 띠고 있으며, 육질부의 발은 길고 검은색이며, 맛이 좋아 식용 패류로서의 가치가 높다(Chang and Lee, 1982). 새조개의 주 생산지역은 남해안의 진해만(鎭海灣) 및 득량만(得粮灣) 등에서 많이 생산되었으며, 서해안의 아산만 방조제가 축조된 이래 천수만(淺水灣) 외해에서 많이 생산되었으나 현재는 거의 남해안에서만 생산이 이루어지고 있다. 조개류에 대한 국내 종묘생산 기술은 선진국 수준에 도달하여 있으나 지역특성에 맞는 특화품종의 개발을 위한 양식기술의 축적이 지속적으로 요구되고 있다. 특히 국내 양식업계에서는 소수의 품종만이 양식되면서 가격변동 등에 대한 양식 경쟁력이 날로 약화되어 새로운 양식품종의 개발과 보급이 절실히 요구되는 실정이다. 국내에서 새조개에 대한 연구로는 생식세포의 형성과정 및 생식주기(Chang and Lee, 1982), 생육과 자숙육 및 자숙액즙의 식품성분 비교(Kim et al., 1993a, b) 및 색소동정(Bae et al., 1996)등의 연구가 있다. 또한 국외에서는 성장, 자원량 평가, 어획량과 개체군 구조(Fujiwara, 1995; Tain and Shimizu, 1997a, b) 등에서 보고하였고, 인공종묘 생산에 대한 연구로는 일본에서 Kyoto 해양수산연구소와 Yamaguchi 수산연구소 등에서 여러 연구자에 의해 오랫동안 동안 연구가 이루어져 왔으나 산업화를 위한 양식기술에 대한 연구는 확립되지 못하고 있다. 이와 같이 국외에서는 성장 및 자원 량에 대해 일부 보고되고 있으나, 국내에서는 식품가공학적 측면에서만 연구가 이루어져 왔으며, 양식과 관련하여 발생 및 종묘생산에 대한 연구는 전혀 이루어지지 못하고 있다. 자연 상태에서 새조개는 해양환경에 따라 유입장소, 가입량 및 생존율 등의 변화가 심하며, 해마다 자원량의 풍흉에 따라 생산량의 차이가 많아 양식의 필요성이 절실히 요구되고 있는 품종이다. 이러한 새조개는 식용으로 애용되고 있는 대표적인 패류 자원으로서 수입개방에 대응함은 물론 6~10개월 만에 채취가 가능한 고부가가치 품종으로서 어업인의 소득을 획기적으로 증가시킬 수 있다. 기 개발된 인공종묘 생산과 더불어 양식기술이 확보되면 새조개는 남해안의 넓은 간석지를 이용한 대량 양식이 가능하여, 앞으로 국제경쟁력을 지닌 품종으로 발전이 가능하다.

1. 인공종묘 생산

1) 모패의 성 성숙도 변화

새조개는 1월 평균 각장 53.9mm이던 것이 3월에는 67.8mm로 성장하였고 주 산란이 끝나는 6월에는 77.1mm로 개체군의 평균 각장이 가장 컸다. 이후 7월에 32.2mm로 급격한 감소를 보이다가 9월에는 45.4mm로 성장하였고 12월에는 54.9mm로 점차 성장하는 경향을 보였다. 각장의 경우 6월까지 peak를 보이다가

7월부터 급격하게 개체군의 각장이 작아지는 이유는 주 산란기인 4, 5월에 산란되어 성장한 치패들이 출현했기 때문으로 생각된다. 산란시기와 밀접한 관계가 있는 전 중량의 변화를 보면 1월에 평균 53.4g이던 것이 3월에 75.8g으로 성장하였고 주 산란이 끝나는 6월에는 53.7g으로 산란 이후 평균 전 중량이 급속히 감소하였다. 이후 7월에 14.2g으로 더 감소하다가 9월에는 22.0g으로 성장하였고 12월에는 49.0g으로 점점 성장하는 경향을 보였다. 새조개의 산란기 조사결과 1월과 2월에 산란하는 개체는 전혀 발견되지 않았다. 3월에는 2012년과 2013년 각각 21%와 18%의 산란율을 보였고 주 산란이 시작되는 4월에 45%, 44%로 비슷한 결과를 보였다. 5월에는 각각 59%와 73%로 가장 높은 산란율을 보였고, 이후 6월에는 42%와 34%의 산란율을 보여 점차 산란율이 감소하는 것으로 나타났다. 그 이후 7월부터 10월까지 10~18%의 비슷한 산란율을 보였고 11월과 12월에는 전혀 산란하지 않았다. 이러한 결과를 종합해보면 여수 가막만(駕莫灣)에서 새조개의 산란기는 3월부터 10월까지로 판단되고, 주 산란기는 4월에서 6월에 형성되고 있음을 나타낸다.

2) 산란유발 방법

산란유발을 위해 활력이 좋은 어미 조개를 수온 13℃ 내외, 염분 30~33‰ 로 유지하여 준다. 산란을 유도하기 위해 어미조개를 1~2시간 공기 중에 음건(陰乾)한 후 여과해수(수온 17℃, 염분 32‰)에 넣어준다. 2~3시간 내에 수온을 3~5℃ 상승시키고, 염분은 24~27‰로 조정하여 산란을 유발시킨다. 얻어진 수정란은 30㎛의 뮬러가제를 이용하여 5회 이상 세란하여 정자와 미수정란 및 잡물을 제거한다. 이후 유생사육은 수온 20~25℃, 염분 20~33‰를 유지하여 준다.

새조개의 산란유발을 조사한 결과 염분 24‰와 27‰에서 70%의 산란 유발율을 보였고 30‰와 33‰에서 30%의 산란 유발율을 보였다. 난 발생의 경우 염분 24‰에서 70%의 난 발생을 보였고 27, 30, 33‰에서 100%의 난 발생률을 보였다.

3) 난 발생 및 유생사육

모패는 전남 장흥군 득량만(得粮灣)에서 형망으로 채집한 것으로 활력이 좋은 개체를 사용하였다. 채집한 모패는 300마리로서 사육 수온은 13℃, 염분은 33‰로 관리하였다. 유생의 크기 및 발달과정은 수정란은 65㎛로 24시간 내외에서 D상 자패로 부화하며, 각정기 유생으로 약 15일간 부유생활을 마친 후 침강한다. 환수를 위한 넷팅 작업은 2일 1회 실시하며 뮬러 가제의 망목은 D상 자패기부터 초기 각정기까지 50㎛, 그 이후로 망목을 점차 늘려 물 빠짐이 좋도록 해야 한다. 유생의 사육밀도는 ml당 0.5~1개체를 유지하여 충돌에 의한 파손을 방지하고 깨끗한 수질상태를 유지시켜 준다. 먹이생물은 *Pavlova lutheri*, *Chaetoceros calcitrans*, *Tetraselmis* sp.의 3종을 혼합하여 초기에는 매일 30,000cells/ml 농도로 공급하며, 커감에 따라 100,000cells/ml까지 늘려준다. 먹이생물은 단일 종을 주는 것보다 여러 가지 혼합하여 급이하는 것이 생존율을 높이는데 도움이 된다. 침착기 유생의 크기는 280㎛ 정도가 되면 면반(面盤, velum)이 퇴화되면서 저질 중에 잠입하게 된다.

4) 새조개 발생과정별 소요시간

초기단계에서 알의 수정 여부는 난 표면의 극체(polar body)의 돌기로 인해 수정막이 돌출되어 있는 알을 수정란으로 판단하였고, 초기의 수정율은 90% 이상으로 나타났다. 초기 수정란의 크기는 65㎛이었으며, 발생과정이 진행되는 동안 크기가 증대되었다. 발생 단계별 각장의 크기를 보면, D형 유생의 크기는 75㎛이었으며, 초기 각정기는 부화 후 6일이 경과하여 145㎛이었으며, 족사의 출현은 약 50일로 1,500㎛이었다. 방류 전 치패는 약 2mm의 크기까지 성장하였다. 수온별로 수정란에서부터 각 발생단계에 이르기까지의 소요시간을 보면 D형 유생까지의 소요시간은 14℃에서 75시간, 17℃에서 42시간, 20℃에서 26시간, 23℃에서 20시간, 26℃에서 10시간으로 수온이 높아질수록 시간이 짧아지는 것으로 나타났다. 29℃에서는 포배기 이후 전량 폐사하는 것으로 나타났다.

표 21. 새조개 발생과정별 소요시간

발생 단계	소요 시간	크기 (㎛)
수정란	0	65
2세포기	1시간	67
4세포기	2.5시간	69
8세포기	3.1시간	70
상실기((桑實期)	4.5시간	71
포배기((胞胚期)	5.5시간	72
담륜자((擔輪子) 유생	14시간	72
D형 유생	20시간	75
초기 각정기	6일	145
후기각정기	15일	190
치패	50일	1,500

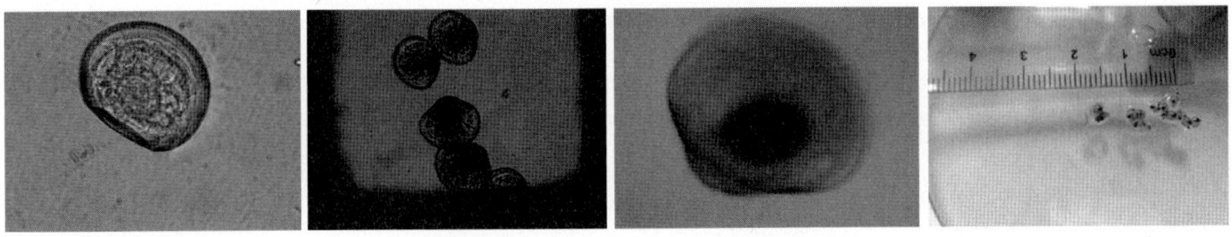

D상 자패　　각정기　　침착기　　치패(3mm)

그림 14. 새조개 유생 발달과정

5) 침착 유생 및 치패 사육관리

침착한 유생은 미세조류 *Pavlova lutheri*, *Chaetoceros calcitrans*, *Tetraselmis* sp.를 (10만 cell/ml) 정도로 1일 2회 급이하며, 성장함에 따라 급이량을 늘려준다. 부유유생이 침착기에 이르게 되면 입도 직경 0.01～0.1mm의 모래 또는 패각분말, 산호사, 광물 분말 등을 미리 깔아주어 침착기질을 준비한다. 침착기질의 조건으로는 물 빠짐이 좋고, 저질오염을 방지할 수 있는 성분을 가지고 있는 것으로서 투입 전 소독 및 건조를 통해 세균 및 각종 충류의 발생조건을 억제시킨다. 환수는 1일 1회 이상 실시하고 폐사체 및 잔여 먹이생물의 부패에 따른 수질악화를 방지하기 위해 광합성박테리아(PSB: Photo Synthetic Bacteria) 또는 유용세균을 톤당 100～200ml를 넣어준다. 침착기 유생 사육은 새조개 종묘의 생산을 좌우하는 가장 중요한 과정으로 약 50일정도 사육하면 1～2mm 내외로 자라면서 어미와 비슷한 모양으로 변하게 된다. 종묘로서 사용 가능한 크기는 각장 5mm 내외가 좋지만 1～2mm에서도 살포 가능하다.

2. 새조개 생리학적 특성

1) 새조개 유생 밀도별 사육시험

실험에 사용한 새조개 유생은 부화한지 24시간이 경과한 D상 유생으로서 평균 각장은 68.35㎛이었다. 유생의 밀도별 성장 및 생존을 알아보기 위하여 실험구를 0.5개/ml, 1개/ml, 3개/ml, 5개/ml, 7개/ml, 9개/ml의 6개 실험구로 나누어 24일간 성장 및 생존율을 관찰하였다. 새조개 유생의 밀도별 사육 결과 A실험구와 B실험구는 실험 개시 시 68.35㎛이던 것이 9일 경과 후 각각 178.23㎛와 169.85㎛로 성장하였고, 18일 후에는 291.32㎛와 285.77㎛로 성장하여 가장 높은 성장률을 보였다. 생존율의 경우 A, B, C, D, E 실험구가 54.3%, 31.2%, 12.1%, 8.7%, 6.3%, 4.7%

의 생존율을 보여 밀도가 낮은 A실험구가 가장 높은 생존율을 보였다.

2) 새조개 치패의 염분내성 시험

새조개의 실내 사육을 위한 환경요인으로 가장 중요한 수온과 염분에 대한 새조개 치패의 내성에 관하여 실험을 실시하였다. 실험에 사용한 새조개 치패는 평균 각장 32.42mm였다. 새조개 치패의 수온과 염분에 대한 내성을 관찰한 결과 수온의 경우 5~25℃의 실험구에서 실험 종료 시까지 100% 생존한 반면 0℃에서는 실험 개시 8시간 후 모두 폐사하였다. 또한 수온 30℃에서는 4시간까지 100%의 생존율을 보였으나 10시간째에 모두 폐사하였다. 이러한 결과로 볼 때 새조개는 고수온에 비해 저 수온에서 강한 내성을 보이는 것으로 판단된다. 새조개 치패의 염분 내성 실험에서는 20~35‰에서 실험 종료 시인 40시간까지 97.5~99.5% 생존하였고, 15‰구에서는 실험 종료 시 92.5%의 생존율을 보인 반면 10‰과 40‰에서는 각각 12.5%, 31.0%의 생존율을 보였고, 5‰ 실험구에서는 실험 기간 중 모두 폐사하여 고염분의 서식환경에 비해 저 염분의 환경에 강한 내성을 가지고 있는 것으로 나타났다.

3) 새조개 치패 밀도별 사육

최적의 밀도를 알아보기 위하여 새조개의 침착기 유생을 대상으로 초기 침착율과 성장률 및 생존율을 관찰하였다. 실험구 설정은 2×10^4개/ml, 4×10^4개/ml, 6×10^4개/ml, 8×10^4개/ml, 10×10^4개/ml로 나누어 6일 동안 관찰하였다. 새조개 침착기 유생의 방양 밀도별 침착율 및 성장률, 생존율을 조사한 결과 침착률의 경우 A실험구에서 56.21%로 가장 높은 결과를 보였고 B, C, D 실험구에서는 각각 53.65%, 52.15%, 52.73%의 침착율을 보여 유의한 차이를 보이지 않았다. 그러나 E 실험구에서는 49.54%의 침착률을 보여 가장 낮은 값을 나타내었다. 성장률의 경우 실험 개시 시 285.77㎛이던 것이 A 실험구에서 572.33㎛으로 가장 높은 성장을 보였고, B, C, D, E 실험구에서 각각 565.92㎛, 568.61㎛, 567.58㎛, 567.66㎛의 성장을 보여 유의한 차이를 보이지 않았다. 생존율 또한 성장률과 마찬가지로 A 실험구에서 36.4%로 가장 높았고, 나머지 실험구에서 33.2~32.5%의 범위를 보여 비슷한 결과를 나타내었다. 또한 수용 밀도별 새조개 치패의 성장은 실험 개시 시 0.57mm이던 것이 A 실험구에서 30일 후에 1.54mm로 성장하였고, 실험 종료 시에는 3.52mm로 성장하여 가장 높은 성장률을 나타내었다. B 실험구에서는 30일 후에 1.47mm의 성장을 보인 후 60일 경과한 실험 종료 시에는 3.42mm의 성장을 보여

두 실험구 간 유의한 차이는 보이지 않았다. 생존률의 경우 A 실험구에서 실험 종료 시 52.3%로 가장 높은 생존율을 보였고 E 실험구에서 11.3%로 가장 낮은 생존율을 보였다.

4) 양성방법별 새조개 치패사육

양성방법 별 새조개의 성장 및 생존을 알아보기 위하여 채롱식양성장, 축제식양성장, 육상수조식양성장의 3가지 방법으로 양성방법을 설정하였다. 실험 개시 시 5.23mm 이던 것이 20일 후에는 채롱식 양성장과 축제식 양성장, 육상수조식 양성장이 각각 7.55mm, 8.66mm, 5.67mm로 성장하였고 30일 후에는 9.41mm, 11.95mm, 6.43mm로 성장하였다. 50일 후에는 13.01mm, 17.28mm, 7.24mm로 성장하였으며, 실험 종료 시인 60일 후에는 17.05mm, 23.75mm, 8.29mm의 성장률을 보였다. 새조개의 생존율을 조사한 결과 20일 경과 후 채롱식양식, 축제식양식, 육상수조식 양성이 각각 95%, 59%, 84%의 생존율을 보였고 30일 후에는 49%, 45%, 72%의 생존율을 보였다. 50일 후에는 육상수조식 양성이 72%의 생존율을 보인 반면 축제식 양성장은 37%, 채롱식양성장은 27%로 가장 낮은 생존율을 보였다. 실험 종료 시인 60일 후에는 육상수조식양성이 64%의 생존율을 나타내었고, 축제식이 19%, 채롱식 양성은 5%의 생존율을 보여 낮은 생존율을 나타내었다.

3. 새조개 양식방법

새조개 양식을 위한 인공종묘는 1억마리의 각장 1~5mm 치패를 생산한 후 육상수조를 비롯하여 천해 양식장, 축제식양식장에 새조개 종패를 살포하여 완전 양식 가능성을 시험하였다. 천해양식 또는 축제식 양식장에서 새조개를 양식하기 위해서는 형망이나 갈퀴를 이용하여 저질을 갈아 부드럽게 만들고 잡물과 불가사리 등 해적생물을 미리 잡아낸다. 한편, 새조개가 좋아하는 환경을 조성하기 위해 생황토 또는 황토분말을 5mm 내외로 살포한 다음 새조개 종묘를 황토 물과 섞어 선상에서 살포한다. 반 폐쇄성 축제식 양식장의 경우 적어도 1일 2회 완전히 환수가 되도록 관리하여야하며, 육상수조의 경우 유수식으로 생해수를 공급하여 주고 주기적으로 먹이생물인 미세조류 농축액을 투여해 준다. 새조개는 이동성이 강하고 태풍이나 강한 풍랑에 의해 이동되기 쉬우므로 파도의 영향이 적은 만 입구나 섬으로 둘러싸인 지형을 선택한다. 살포된 종패는 수중의 식물성 플랑크톤을 섭취하여 성장하며, 약 6~12개월이면 상품크기까지 사육할 수 있다.

참고문헌

- 김상철, 2014, 새조개, *Fulvia mutica* (Reeve)의 양식산업화에 대한 연구, 전남대학교 박사학위논문.
- 김상철, 2012, 새조개, *Fulvia mutica* 의 인공종묘생산에 관한 적정 환경요인, 전남대학교 석사학위논문.
- 김재민 · 김상철 · 허준욱 · 임상민 · 김영훈 · 선승천 · 강경호, 새조개(*Fulvia mutica*) 난발생 및 유생 성장에 미치는 수온의 영향, 한국패류학회, 28(1), 2012.3, 7-12.
- 김귀식 · 하봉석 · 배태진 · 진주현 · 김현주, 1993, 새조개 생육과 자숙육 및 자숙액즙의 식품성분 비교 2. 함질소 엑스성분 및 무기성분의 비교, 한국수산과학회지 / 26권 2호 / 111-119.
- 장영진 · 이택열, 1982, 새조개, *Fulvia mutica* (Reeve)의 생식세포형성과정 및 생식주기, 한국수산과학회지 / 15권 3호 / 241-253.
- 라성주 · 안윤근 · 박일웅 · 김정 · 최상덕, 살조개, *Protothaca jedoensis* 치패의 저질입도에 따른 잠입율, 한국양식학회지 20(2), 2007.5, 127-131.
- 윤호섭 · 김정 · 최상덕, 2005, 살조개, *Protothaca jedoensis* 자원조성을 위한 양식생물학적 연구 Ⅰ. 난발생과 유생사육, 한국양식학회지 18(4), 2005.11, 260-266.
- 이채성 · 노섬, 1997, 코끼리조개의 인공종묘생산에 관한 연구, Ⅱ. 난발생 및 유생의 발달, 한국양식학회지, 10, 25-32.
- 이채성 · 노섬 · 박영제, 1997, 코끼리조개의 인공종묘생산에 관한 연구, Ⅰ. 산란유발 및 부화, 한국양식학회지, 10, 25-32.

제3절 가리맛, *Sinonovacula constricta*

가리맛의 학명은 *Sinnovacula constricta* 이고 영명은 Constricted tagelus이다. 분류는 이치목 가리맛 조개과에 속하며, 방언으로는 죽합, 참맛, 개맛으로 불리 운다. 수명은 4~5년이고 크기는 최대 9cm내외까지 자란다. 산란 시기는 8~10월(9월)로 알려져 있고 가장 맛있는 시기 3~5월이다. 서식장소는 강 하구 조간대의 수심 40~50cm의 니질로서 남해안(여수, 통영, 부산), 서해안(무안, 인천, 경기연안)에 서식한다. 분포는 한국, 일본, 중국으로 요리는 구이, 찜, 무침, 탕으로 이용된다. 가격은 2010년 8,000원/kg에서 2011년 10,000원/kg으로 상승하고 있어 인공종묘 생산을 통한 완전양식의 필요성이 증대되고 있다.

맛류는 이매패류중 굴, 바지락, 동죽 다음으로 많이 어획되며 전국적으로 약 6,000톤(수협, 1995)이 어획되었으나 최근 남획과 환경오염으로 인하여 생산량이 급감하고 있으며 2010년 현재 694톤에 불과하다. 전남 순천지역에서는 매년 일본에 60톤이 수출되고 있으나 수요에 비해 공급이 절대적으로 부족한 실정이다. 가리맛은 진흙갯벌 1m 저층에 서식하는 대표적인 이매패로서, 껍질은 얇고 긴 타원형으로 주 산란기는 10~12월이며, 껍질을 깐 조갯살은 '맛살'이라고 불린다. 연중 언제 먹어도 좋지만 산란 전 살이 통통하게 오른 5~6월이 제철로써 가장 맛이 있다. 가리맛은 다른 조개류와 같이 타우린 많아 혈액 중 콜레스테롤 함량을 효과적으로 억제하고, 간의 해독 기능을 강화시켜 주어 스트레스에 시달리고 있는 직장인이나 수험생들의 피로회복에 탁월하다. 전남지역의 가리맛은 양질의 갯벌을 보유하고 있는 순천만 일원에서 생산되며 일본으로 60여 톤(약 7억원)을 수출하고 있다.

가리맛은 수분함량이 많은 니질(泥質)의 퇴적물 40~50cm의 깊이에 서식하며 서식 층은 조간대의 4~5시간의 노출선이며 전남지역에서는 펄 질이 우수한 순천, 벌교지역에 많이 분포한다. 성장은 1년에 7cm, 2년이면 9cm 정도로 성장하여 비교적 성장이 빠른 편이며 남해안 가리맛의 주 산란 시기는 8~10월이며 주 산란기는 9월로서, 가리맛은 가입 후 1년이 지나야 성숙하고 본격적으로 산란한다고 알려져 있다. 가리맛은 전량 자연산에만 의존해 오며 최근 자원량이 줄어들고 있는 고급 패류로서 국내 기술력의 부족으로 대량 생산이 되지 못하던 중 (주)한국해양과 전남해양수산과학원 여수지소가 공동 개발하여 국내 최초로 500㎛내외의 100만미의 가리맛 인공종묘를 생산하여 금후 수출전략 품종으로 신 소득원 창출이 가능하게 될 전망이다.

가리맛은 패류 중 고급 종으로서 지금까지 자연산란과 이로 인한 자원가입으로 충분한 자원량이 유지되고 있었으나 최근 들어 환경오염 등으로 급격한 자원의 감소세를 보이고 있어 인공종묘 생산에 의한 안정적인 자원조성이 절실히 필요한 품종이지만 현재까지의 연구는 "가리맛 조개의 생식소발달단계에 따른 일부 조직의 생화학적 성분변화"(2006년 군산대학교), "제주산 맛조개 생식세포형성과 생식주기에 관한 조직학적 연구"(1990, 제주대학), 인천연안 간석지산 주요 저서생물의 성장과 생물생산(1994, 인하대학교), "가리맛 조개의 성장과 생산"(1997, 서울대학교) 등 자원학적인 연구와 기초 조직학적인 연구에 국한되어 왔다. 그러나 자원의 증강에 절대적으로 필요한 기초 인공종묘생산기술은 국내에서는 아직 시도된 바가 없는 실정이다.

1. 인공종묘생산

국내에서 한 번도 시행되지 않은 가리맛의 생리·생태를 파악하기 위하여 2009년 6월부터 9월까지 가리맛 모패의 성 성숙도 조사를 위한 조직검사를 실시하였고 효과적인 산란유발 방법의 개발을 위해 수온, 염분, 간출시간 등 다양한 실험을 실시하였다. 그 결과 산란에 가장 효과적인 수온과 염분 등의 조건을 구명하게 되어 대량생산의 기초기술이 가능하게 되었다. 가리맛의 대량생산 기술은 성숙기에 도달한 가리맛 모패로부터 효율적인 산란자극을 통하여 양질의 수정란을 대량으로 확보하는 단계와 침착기 유생이 서식할 기질마련을 위해 미세한 뻘과 황토를 6:4로 혼합한 기질을 1cm 이상 깔아주어 침착기 유생의 안정적이고 원활한 성장을 도모하는 단계와, 1mm 가량 자란 치패를 자연양식장에 조성된 중간육성용 모판(20×10m)에 100만미만 내외를 살포하여 2개월 후 1cm까지 성장시켜 양식용 종묘를 확보하는 단계로 이루어진다.

2. 종묘생산

순천시 별량면 용두어촌계에 서식하는 가리맛 모패(母貝)를 8월부터 구입하여 1회 산란 시 모패 10~20kg를 사용하여 실험하였으며 모패는 여과해수로 깨끗이 세척하고 유수를 실시하여 1일 정도 안정시킨 후 산란유발을 실시하였다. 가리맛은 타 패류와 달리 2~3℃의 저온자극 및 2~3시간의 간출자극을 병행하는 것이 가장 효과적이며 수온은 24.5℃를 기준으로 관리하며 염분농도는 22‰내외로 유지하는데 이는 일시에 대량 방란・방정으로 양질의 수정란을 얻기 위함이다. 채란 량은 가리맛의 크기와 상태에 따라 다르나 30만개의 수정란을 얻을 수 있으며 생식소는 암컷은 유백색, 숫컷이 백색이며, 분리침성란으로 난경은 60~80㎛ 정도이다. 대개 산란 유발 후 3~4시간이면 산란하고 수정 후 9시간 정도 경과하면 D상 유생으로 부화한다. 수정을 위해서는 100,000개/ml의 정자가 필요하며 에어레이션을 한 1톤 수조에 알과 정자를 혼합하여 10~20분간 정치한다. 세란(洗卵)은 수정이 확인되면 50~70㎛의 뮬러 가제로 수거하여 이물질의 제거 및 잉여 정자를 제거한다. 세란이 끝나면 100L 용량 정도의 플라스틱 용기에 수용하여 수정란을 ml당 20개 이하의 밀도로 수정란을 수용하여 부화 시까지 정치하여 둔다.

부화한 유생은 약 7일 동안의 부유기를 거쳐 침착기로 들어가는데 크기는 170㎛정도로서 침착 후 바로 활발히 저질을 탐색하는 활동을 한다. 가리맛은 타 패류에 비해 매우 짧은 부유기간을 가지며 대부분 저면에 잠입하여 생활하므로 저질을 자주 교체하여 부패하지 않도록 하고 폐사 체나 먹이찌꺼기의 부패로 인한 식해성 섬모충 등이 발생하기 쉬우므로 적어도 2일에 1회는 저질을 포함하여 전량 환수를 실시하였다. 침착기 유생은 부화 1주일 후 170㎛정도이나 15일이면 250㎛에 달하고 30일이면 500㎛ 까지 성장하여 성장 속도는 매우 빠르다. 각장 1mm까지 소요되는 기간은 수온과 환경조건에 따라 다르나 40일 정도 소요된다. 1mm까지는 보통 조개와 비슷한 모양을 가지나 성장함에 따라 각장 위주로 성장을 하면서 어미와 비슷한 형태를 나타낸다. 유생의 먹이는 *Isochrysis* sp., *Chaetoceros* sp., *Tetraselmis* sp.를 혼합하여 급이하며 비율은 *Isochrysis* 70%, *Tetraselmis* 20%, *Chaetoceros* 10%의 비율로 공급한다. 먹이생물의 밀도는 1일 기준 30,000~50,000cell/ml을 공급하고 침착기로 들어가면 먹이를 2배 이상으로 늘려서 공급한다.

유생이 침착기에 들어가기 전 미리 저질조성해야 하는데 망 채로 미세한 펄을 80℃이상으로 10분 이상 소독하고, 담수에 2일 정도 침적 후 2~3일 건조하여 1cm 정도의 깊이로 깔아주며 미세한 황토와 6:4로 혼합하여 침착기 유생이 잠입할 기질을 마련한다. 기질은 적어도 2일 간격으로 사육수와 함께 전량 배출하고 넷팅을 실시하여 저면에 서식하는 스쿠티카충 등을 완전히 제거한다.

표 22. 가리맛 발생단계별 소요시간

발생 단계	소요시간	비 고
수정란	0	
제1극체	30~40분	
2세포기	1시간30분~2시간	
4세포기	2시간30분~3시간	
8세포기	3시간30분~4시간	
상실기	5시간~5시간 30분	
포배기	7시간~8시간	
담륜자 유생	13시간~15시간	
D형 유생	20시간~24시간	
소두상 유생	2일(100~120㎛)	
소형 각정기	3일(각장 120~140㎛)	
중형각정기	7일(각장 150~190㎛)	족사 출현, 잠입시도
대형각정기	13일(각장 200~230㎛)	〃
침착기 유생	15~16일(230~250㎛)	〃
침착기 유생	17~19일(각장250~270㎛)	본격 저서생활
침착치패	20일(270~300㎛)	〃
침착치패	30일(400~500㎛)	〃

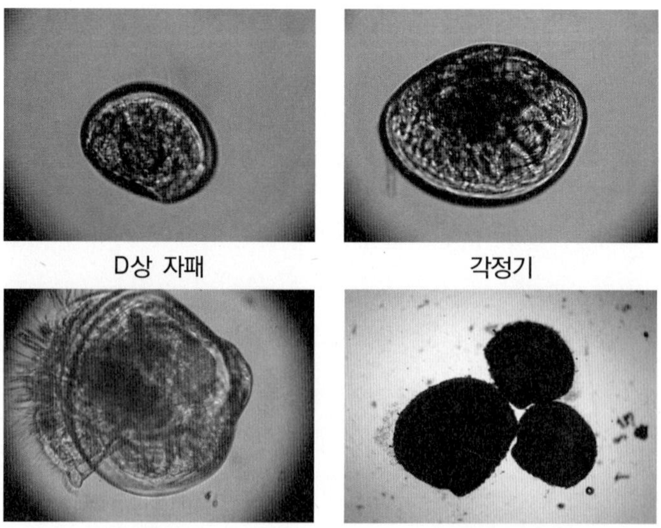

D상 자패 / 각정기 / 침착기 / 치패(1mm)

그림 15. 유생 발달과정

3. 중간육성

상기와 같은 방법을 통하여 100만 마리의 각장 1mm 치패를 생산하였으며 9월부터 가리맛 양식장의 일부를 판자로 구획(10×20m)하여 수용하였다. 수송한 치패는 간조시를 택하여 미리 준비된 중간육성장 모판(10×20m)에 골고루 뿌려주고 다시 그 위에 부드러운 뻘물을 뿌려 잠입이 쉽도록 하여 밀물 때 유실되지 않도록 대비하였다. 모판의 내부는 넓이 30cm 정도의 이랑을 만들고 배수로는 20cm로 만들어 간조 시 물 빠짐이 좋게 조성한다. 상기 종패는 약 2개월 후 1cm 내외의 종패로 성장하여 전량 어장에 살포하여 양호한 성장상태를 보이고 있다. 1mm 종패를 살포한 결과 50%내외의 양호한 생존율을 얻었으며, 이는 육상 배양장에서 1cm까지 키웠을 때의 생존율 5%를 훨씬 상회하는 것으로 경제성이 높은 우량종묘 생산방법인 것으로 조사되었다. 가리맛 조개의 인공종묘 생산방향은 대량생산과 빠른 성장을 하는 조건에 대해 주안점을 두면서 비용을 절감하고 인공종묘 → 중간육성 → 양식으로 바로 연결될 수 있는 시스템 구축에 중점을 두고 추진하였으며 비용의 절감과 성장률을 높여 현재까지 가장 효과적인 방법이라고 할 수 있다.

4. 가리맛 양식 발전방향

앞으로 가리맛을 갯벌 주요양식 품종으로 집중 개발하게 되면 높은 소득 창출이 기대된다. 현재 순천만의 양식적지는 약 500ha 로서 향후 양식의 활성화 될 경우 연간 300톤 생산에 450억 원의 소득이 가능할 전망이다. 가리맛 등의 종묘생산기술을 바탕으로 비부착성 패류(개조개, 왕우럭, 백합, 피뿔고둥, 새조개, 꼬막 등)의 대량 종묘생산의 활로를 개척할 수 있을 것으로 보인다. 인공종묘 생산단계와 중간육성 단계로 구분하여 서로 전문적으로 추진하게 되면 더욱 효율적인 종묘생산 방식이 될 것으로 보인다. 실제로 중국에서는 부착기(침착기)종묘 생산과정, 중간육성 과정, 양식과정이 완전히 분리되어 인공종묘에 의한 완전양식이 우리와는 달리 매우 체계적으로 이루어지고 있다. 현재 날로 자원 량이 감소되어가고 있는 고부가가치 패류인 가리맛 인공종묘의 체계적인 생산방법 개발을 통해 일본, 중국 등을 겨냥한 국제경쟁력 향상을 기할 수 있으며 방류 및 양식이 이루어지면 연안 간석지의 환경을 정화할 뿐만 아니라 어업인 소득향상에도 직결될 수 있어 가리맛 조개의 획기적인 자원조성과 함께 계획생산이 가능해져 어촌의 소득향상을 기할 수 있다.

참고문헌

- 한지수 · 김종배 · 이창훈 · 정의영, 2005, 가리맛 조개의 생식소발달단계에 따른 일부 조직의 생화학적 성분변화, 한국패류학회, *The Korean Journal of Malacology* 21(2), 2005.12, pp.121-132.
- 홍성삼, 1985, 제주산 맛조개 생식세포형성과 생식주기에 관한 조직학적 연구, 제주대학교 석사논문.
- 홍재상 · 박흥식, 1994, 인천연안 간석지산 주요 저서생물의 성장과 생물생산, 한국수산과학회지 27권, 5호, pp.560-571.
- 양미라, 1994, 가리맛 조개의 성장과 생산, 서울대학교 석사논문.
- Ee-Yung CHUNG, Young-Gill KIM, 1989, A Study on Sexual Maturation of Razor Clam, Solen grandis Dunker in the West Coast of Korea, 황해연구 2, 1989.5, pp.39-49.
- Kim, II-Hoi, 1993, Two New Species of Poecilostomatoid Copepoda associated with Razor Clams (Bivalvia, Solenidae) in the Yellow Sea, 한국동물분류학회, *Animal Systematics, Evolution and Diversity* 9(2), 1993.12, pp.191-202.

제2장 양식장 환경관리

제1절 양식장 환경실태

양식장은 육상의 토지와 같이 위치와 수심, 저질조성 등에 따라 생산력이 달라지며 양식이 계속됨에 따라 육지의 연작과 같은 저해요인이 발생한다. 육지는 토양의 산성화나 박토(薄土)가 될 경우 객토나 중화제 살포를 통해 제어가 가능하지만 해상에서의 양식장은 그리 용이한 문제가 아니다. 가두리 양식장의 경우는 1980년대부터 본격적인 양식이 시작되었지만 환경수용력이나 오염퇴적물의 발생 등의 문제를 예상하지 못한 채 주로 태풍의 직접적인 영향을 받지 않는 내만을 중심으로 집단적인 양식이 실시되어 왔다. 처음에는 미국 서부시대의 골드 러쉬(gold rush)처럼 집중적인 투자와 확대가 이루어졌지만 20년이 지나면서 저층에 퇴적된 '유기성 오니(有機性 汚泥)'에 의해 생물이 살 수 없을 뿐만 아니라 주변해역에 유해물질이 확산되면서 사회적인 문제로까지 확대되고 있다.

패류양식의 경우에는 굴양식과 진주담치 양식 외에는 특별한 오염이 발생하지 않고 있으며 새고막이나 피조개 양식장 등 바닥양식은 채취 작업을 하면서 어장경운과 함께 폐기물을 수거하므로 환경에 영향을 거의 미치지 않는 것으로 보인다. 굴양식은 배설물의 낙하에 의한 퇴적이 많은 편이나 채취 후 낙하된 굴을 포함한 타 패류를 수거하면서 경운작업을 실시하기 때문에 '회복 가능한 수준의 오염'을 나타내면서 갯지렁이, 해삼을 비롯한 다양한 생물의 서식을 확인할 수 있다. 진주담치 양식의 경우 여과섭식성(濾過攝食性)으로 배설물에 의한 저질오염은 적은 편이나 하절기 고수온에 의해 족사(足絲)의 접착력이 약화되면서 탈락 폐사하게 되어 유기오염이 급속히 진행된다.

해조류의 경우는 질소나 인 같은 영양염류를 섭취하여 성장하므로 해양의 과도

한 영양염을 제거하는 효과가 탁월하며 엽체가 탈락하더라도 오염의 가능성은 거의 없는 것으로 보인다. 뿐만 아니라 해조류는 탄소동화작용을 하면서 수중의 이산화탄소를 흡수하게 되므로 해양의 영양염 제거뿐만 아니라 해양산성화도 방지하는 완벽한 친환경적인 양식이라 할 수 있다. 그렇지만 김양식의 경우 대부분의 지역에서 실시되는 불편한 노출작업 대신에 실시되는 산 처리제 사용이 문제가 될 수 있다. 무기산(無機酸) 뿐만 아니라 무기산이 9.5% 포함된 '활성처리제'도 세계적으로 해양산성화의 우려가 날로 커지고 있고 해양의 방어막인 알칼리도를 갉아먹는 요인으로 작용할 우려가 높다. 해양에서 알칼리도가 약화되면 특히 연안의 양식장을 포함한 해역에서 급속한 pH의 강하가 나타날 수 있고 장기화 될 경우 해양의 1차생산자인 미세조류 뿐만 아니라 갑각류나 패류 유생의 키틴질이 손상을 받을 가능성이 높아 해양생태계에 위협요인이 될 수 있다.

양식장의 오염은 유기 폐기물의 분해 외에도 미생물의 증식 및 사멸 과정에 따른 세포질을 구성하고 있는 단백질, 지질, 탄수화물이 다시 혐기성 분해되는 과정을 거치게 된다. 일반적인 혐기성 처리공정에서 일어나는 일련의 반응과 이를 통해 오염물질이 분해되는 과정은 다음과 같다.

1) **가수분해(hydrolysis)** : 탄수화물, 지방, 단백질 등 불용성 유기물이 미생물이 방출하는 외분비 효소에 의해 가용성 유기물로 분해된다.

2) **산 생성단계** : 유기산 균이 유기물질을 분해시켜 유기산과 알코올을 생성한다.

① 유기산 : butyric(낙산), lactic(젖산), acetic acid 등.
② 유기산 균 : *clostridium*, *peptococcus anaerobus*, *lactobacillus*.

3) **초산 생성단계** : 산 생성단계에서 생긴 아세트산을 제외한 물질들은 초산 생성균에 의해 초산으로 변화되어 다음 단계에서 분해된다.

4) **메탄생성단계** : 메탄 생성균의 기질로 초산, 포름산, 수소, 메탄올, 메틸아민 등이 사용되며, 이들이 메탄 생성균에 의해 CH_4와 CO_2로 최종 전환된다. 메탄(CH_4)의 약 70% 정도가 아세트산(acetate)의 혐기성 소화에 의해서 생성되며, 그 반응은 다음과 같다.

$$CH_3COO^- + H_2O \rightarrow CH_4 + HCO_3^-$$

유기물의 부패는 단백질이나 지방 등이 혐기성 미생물의 작용에 의해 분해되는 과정이며, 유기물의 부패에 의해 트리메틸아민, 암모니아, 황화수소, 메르캅탄

(mercaptan), 인돌(indole), 스카톨(skatole) 등이 생성되어 불쾌한 냄새가 난다. 더불어 히스타민, 미생물독소 등의 유독성물질이 만들어 진다. 유기물의 부패는 자연계에서 물질순환의 중요한 현상의 하나이며, 복잡한 유기질소 화합물을 간단한 유기질소 화합물이나 무기질소 화합물로 변화시키는 중요한 요인의 하나이다.

1. 해상 가두리 양식 현황

해상 가두리 양식어장은 육상 양식장에 비해 적은 시설 투자비로 설치할 수 있어 반 폐쇄성 만(灣)에 집중적으로 설치되어 왔다. 해상가두리 양식은 1954년 일본에서 처음으로 시작된 후 1962년대 노르웨이와 스코틀랜드, 그리고 미국의 Auburn 대학에서 각각 연어와 틸라피아 양식을 시작한 것이 오늘날 근대 가두리 양식의 기원이다(조, 1996). 해조류의 경우 해수중의 영양염을 흡수하여 성장하므로 환경을 정화하는 기능을 가지며, 패류는 플랑크톤이나 유기 퇴적물 등 자연의 영양을 이용하여 성장하므로 자가 오염의 우려가 적은 양식임에 비해, 어류양식은 먹이를 전적으로 외부에 의존하여 자가 오염이 우려되는 양식방법이다.

어류양식의 경우 2003년도에는 전년대비 51%가 증가한 72,393톤이 생산되었으나, 2004년도에는 치어 입식 지연 및 적정생산을 위한 어업인의 시설규모 감축, 위반시설 정비 등의 노력과 안정적인 생산기반 구축으로 11%가 줄어든 64,476톤을 생산하였으며, 주요 생산 어종은 넙치, 조피볼락, 돔, 숭어, 농어 등으로 다양화되고 있다. 어류 양식방법의 경우 주로 축제식, 육상수조식, 해상가두리 양식이 주종을 이루고 있으나, 1990년도 이후 양식어류 생산량의 급격한 증가는 비용이 많이 소요되는 축제식, 육상수조식 보다 비교적 시설비용이 저렴한 해상 어류 가두리양식에 앞 다투어 진입한 결과 가두리의 규모 및 입식량이 급격히 증가하였다. 해상 어류 가두리 양식은 1975년 경남 통영, 전남 여수에서 방어 치어를 3~4개월 축양하여 일본에 수출한 것을 시초로 현재는 방어, 넙치 농어, 돔류, 조피볼락 등 대상 어종이 다양해지고 있다.

2004년 12월 우리나라 전체 가두리는 478건/1,237ha로 지역별로는 전남이 177건(581ha), 경남 165건(390ha)으로 이 두지역의 가두리 건수가 전체의 71.5%(342개소), 면적으로는 전체의 78.5%(971ha)를 차지하고 있어 대부분 해상 어류 가두리 양식어장이 전남과 경남이 속한 남해안에 밀집되어 있다. 특히, 전남 여수관내에는 1980년 중반 화정면에 최초로 해상 가두리 양식이 시설된 이래 화정면, 남면,

돌산읍 등에 집단적으로 가두리 시설이 이루어졌다. 고소득 첨단양식으로 자리잡아가던 가두리 양식은 1990년 후반에 들어서면서 IMF 경제위기를 맞이하여 소비의 둔화와 가격하락, 사료 등 원자재 가격의 급등으로 쇠락의 길로 들어서기 시작하였다. 경제 불황이 끝난 후에도 어류의 소비는 그다지 증가되지 않았고, 어류양식은 고부가가치 양식업종에서 멀찍이 물러나 있는 실정이다.

수차례에 걸친 태풍의 피해와 연례적인 적조의 유입으로 인한 피해는 어업소득을 더욱 저하시키고 있다. 처음 가두리 양식이 시작되었을 때 예상치 못했던 유기퇴적물이 가두리 양식장 저면에 쌓이면서 황화수소, 메탄가스, 암모니아와 같은 유해성 물질에 의해 어장이 급격히 노후화(老朽化)되고 생산성은 급격히 떨어진 상태이다.

현재 우리나라의 해상 어류 가두리 양식업은 대부분 많은 어려움을 겪고 있다. 해마다 발생하는 적조로 인한 양식 어류의 대량 폐사, 여름철에 빈번히 발생하는 어류 질병, 수입 활어로 인한 양식 어류의 가격 하락과 같은 여러 가지 문제를 안고 있다. 특히, 1995년에 가두리 양식어장이 밀집한 남해안에 적조생물, *Cochlodinium polykricoides*로 인한 대규모 적조가 발생하여 전국적으로 어류 26,285천미(764억원)가 폐사되었고, 이후 매년 여름 연례적으로 *C. polykricoides*에 의한 적조가 발생하여 양식어류를 폐사 시키고 있다. 해상 어류 가두리 양식어장은 대개 반폐쇄성 내만에서 어류를 대량으로 사육하고 사료를 급이 함에 따라 연안 환경에 심각한 영향을 미친다. 이러한 영향은 연안 생태계의 파괴, 장기 또는 단기의 부영양화, 외래종으로 인한 교잡종 발생, 기생충과 병원체의 이동, 심미적인 환경악화 등을 초래한다(Black, 2001).

우리나라의 경우 해상 어류 가두리 양식어장 적지를 선정함에 있어 태풍 등의 피해를 입지 않는 만이나 반 폐쇄성 해역에서 집중적인 양식이 이루어져 왔으며, 양식 초기에는 '환경수용력(carrying capacity)'과 같은 개념이 정립되지 않아 환경수용력을 감안하지 않은 면허 처분으로 과밀양식이 장기간 실시되어 양식으로 인해 발생되는 '자가 오염(water-borne pollution, 自家汚染)'에 대한 대책이 전혀 없는 실정이다. 최근 수차례 내습한 태풍으로 피해를 입은 어업인들은 폐업을 하는 사례가 속출하고 있고, 태풍에 의한 지반변동으로 퇴적물이 어느 정도는 제거되지만 정기적인 양식어장 조사결과 크게 개선된 점은 나타나지 않고 있다.

다만 스스로 양식면적을 감축하거나 폐업이 이루어진 어장, 배합사료로 완전히 전환된 어장은 저질 환경이 개선되는 조짐이 서서히 나타나고 있다. 그리고 개별적으로 소규모로 양식이 실시되는 지역에서는 조류소통에 의해 오염물질이 신속히 제거되므로 밀집된 양식어장에 비해 상당히 청정한 저질상태를 나타낸다. 그러나 지속적으로 밀집형태의 양식이 진행되는 어장에서는 저질의 유기 퇴적물이 1~2m 넘게 쌓여 있고, 이로 인한 자가 오염뿐만 아니라 주변 해역에 대한 유해물질을 비롯한 질소와 인의 유출이 이루어져 사실상 거대한 '해상 오염원'이 되고 있다. 뿐만 아니라 신규 양식장도 4~5년이 경과하면서 퇴적물의 집적에 따른 오염이 진행되기 시작한다. 대부분 어업인은 오염된 퇴적물에 의한 피해상황 인식과 함께 처리가 필요하다는 것을 인지하고 있으나 자발적으로 전문적인 정화기술을 요하는 밀집된 가두리 저면을 청소하기란 사실상 불가능하므로 엄두를 내지 못하고 있다.

2. 가두리 양식장이 해양환경에 미치는 영향

해상어류가두리양식장이 해양환경 및 생태계에 미치는 영향은 실로 다양하고 심각하다. 가두리양식어장에서 발생하는 잉여사료(미 섭이사료), 양식 어류의 배설물 및 양식 어류의 사체 등이 침강 퇴적하여 저질 층에 유기오염을 일으키며, 투여된 항생물질 또는 약품의 잔류, 외래종의 양식으로 인한 병원체의 이식 및 가두리에서 탈출한 외래종이 주변 종과 교배하면서 발생되는 유전적 문제, 대량 양식으로 인한 주변 어류생태계의 먹이사슬 교란 등이다(Black, 2001). 또한 우리나라의 경우 가두리그물의 생물부착 방지를 위해 바르는 '방오도료(防汚塗料, antifouling paint)'인 TBT(Tri Butyl Tin)가 다량으로 주변 해역에 확산되어 주변 해역에 서식하는 패류 등의 생물에 imposex를 유발하는 것으로 알려져 있다.

가두리 양식어장에서 발생하는 유기물은 침강, 호기성 또는 혐기성하의 물질순환에 의한 분해, 고형화의 과정을 거쳐 안정화된다(Westrich and bernrer, 1984). 가두리양식어장에 축적된 유기오염물은 호기성 분해 시 산소를 대량 소비하여 가두리 주변해역에 '빈산소 수괴(貧酸素 水塊)' 발생을 유발하고, 혐기성하에서 발생하는 분해산물인 H_2S, NH_3, CH_4와 같은 유해성 가스는 양식 어류의 성장, 생존과 같은 어류 건강도에 직접적인 위해를 일으키기도 한다. 가두리양식어장 저층에 침강된 유기물은 저서생물 군집에 큰 영향을 미치는 것으로 알려져 있다.

많은 연구에서 유기물 오염지표종인 *Capitella capitata*와 같은 다모류(多毛類)가 유기물 함량이 높은 가두리양식어장 주변의 저질 층에 우점(優點)하는 것으로 보고

CHAPTER 2

하고 있다. 이는 가두리양식어장의 유기물이 해양저서생물의 군집구조에 큰 영향을 미치는 중요한 인자임을 나타낸다.

1) 유기오염물과 저서생물에 미치는 영향

가두리양식어장의 유기고형물이 저서생물에 미치는 영향은 기본적으로 다른 유기오염원에 의한 영향과 같은 패턴이지만 규모는 작다(Pearson and Resenberg, 1978). 유기물 입자가 증가하면 이용할 수 있는 먹이공급이 증가하여 저서 동물 군이 증가하고 다른 종들의 이동 기회를 주기 때문에 초기에는 다양성이 증가한다.

그러나 퇴적물의 깊은 층에서 물리적 화학적 조건이 동시에 변하면 대형종과 오래 사는 종은 사라지고 작고 더 빨리 성장하는 기회 종으로 대체된다. 결과적으로 유기물의 양이 계속 증가하면 표층퇴적물은 무 산소 상태가 되고, 주로 소형 환형동물과 선충류와 같은 특수 종만이 존재할 수 있고 이들 종의 밀도는 매우 높은 수준으로 증가한다. 또한 '산화-환원 불연속층'이 퇴적물의 표층 가까이에 형성되면 황산염 산화 세균인 *Beggiatoa* sp.가 퇴적물의 표면에 층을 덮게 되고 궁극적으로 퇴적물의 BOD가 높아져 수괴(水槐) 저층은 '무산소 환원상태'로 바뀌고 모든 대형 저서동물은 제거된다.

2) 퇴적물오염의 생물 지표 종

해양 퇴적물에는 유기오염을 나타내는 다양한 종들과 특정오염에 대한 생물종 또는 그룹이 존재하며 퇴적물이 교란될 정도로 심하게 오염되었을 경우 유기오염 정도를 나타내는 이들 종들이 출현한다. 전 세계적으로 오염이 심한 해양 퇴적층에서는 *Capitella* sp.는 소형 다모류로서 저서 및 표서에 유충을 퍼뜨릴 수 있고 유기물이 풍부한 퇴적물에서 자라고 산소소비량이 적어 해상 가두리 양식어장의 저층의 퇴적물에서 빨리 번식한다.

3) 가두리 양식어장의 퇴적물 오염실태

가두리 양식장의 환경실태에 관한 연구는 노후 양식어장의 효율적 저질개선방안 보고서(국립수산과학원, 2003) 및 기타 특정 가두리를 대상으로 한 논문 등이 있다. 하지만 전국연안의 가두리 양식어장의 퇴적물 오염실태는 조사된 바가 없는 실정이다. 모든 환경관리의 시작은 환경문제의 파악과 평가에서 비롯되듯이 퇴적물 관리의 시작은 퇴적물과 관련된 문제의 파악 및 문제의 심각성을 평가하는 작업에서 비롯된다. 수질의 경우 pH, 용존산소, 영양염류, 식물 플랑크톤, 어류 등 여러 가지 항목들의 특성으로부터 판정하는 다양한 방법이 제시되고 있다.

그러나 퇴적물의 경우 관리를 위한 정책수단 또는 저서동물의 정상적인 활동과 수질환경 보호를 위한 판단 기준으로 활용할 수 있는 퇴적물 기준도 일부 선진국에서 잠정기준 또는 권고 기준의 형태로 설정되어 있는 등 퇴적물에 대한 평가방법이 극히 제한적이다. 국내의 경우 전국 연안 양식어장에 대한 자료축적이 미흡하므로 이 방법의 적용에 의한 전국 연안어장의 퇴적물 평가는 어렵다.

또 다른 평가의 방법으로는 퇴적물의 화학적 산소요구량(COD), 산 휘발성 황화물(AVS, Acid Volatile Sulfide) 및 강열감량(IL, Ignition Loss)과 같은 유기오염의 지표를 이용하는 것이다. 산 휘발성 황화물(AVS)은 0.2mg/g.dry에서도 생물영향이 있으며, 인위적인 영향이 퇴적물을 변화시키기 시작하는 증거가 된다고 생각되어지므로 '일본의 수산 환경 수질기준(일본수산자원보호협회, 1972)'은 퇴적물의 화학적 산소요구량(COD)을 0.2mg/g.dry, 산 휘발성 황화물(AVS)을 0.2mg/g.dry로 정의하고 있다. 노후 양식어장의 효율적 저질개선 방안연구 보고서(국립수산진흥원, 2003)에 의한 어류양식어장, 패류, 해조류 양식어장, 항만 및 공업단지 주변수역 등 해역별 퇴적물 유기오염 농도는 「표 23」과 같다.

표 23. 해역 이용 목적별 퇴적물 유기오염 지표 성분의 농도

구분	패류 및 해조류 양식어장			어류 양식어장			항만 및 공업단지		
	COD (mg/g)	AVS (mg/g)	IL(%)	COD (mg/g)	AVS (mg/g)	IL(%)	COD (mg/g)	AVS (mg/g)	IL(%)
남해	9.54～ 35.32 (17.86)	0.01～ 0.49 (0.16)	5.6～ 9.5 (7.8)	18.41～ 26.58 (23.74)	0.22～ 1.31 (0.82)	6.9～ 9.4 (8.2)	25.56～ 41.35 (31.73)	0.18～ 0.86 (0.34)	8.2～ 12.9 (10.0)
서해	1.49～ 26.92 (7.01)	0.01～ 0.12 (0.03)	0.5～ 4.3 (2.9)				7.18～ 26.88 (17.65)	0.01～ 0.14 (0.06)	3.8～ 11.6 (8.3)
동해	0.54～ 8.04 (3.64)	0.01～ 0.12 (0.03)	0.5～ 4.8 (2.9)				7.18～ 26.88 (17.65)	0.01～ 0.14 (0.06)	3.8～ 11.6 (8.3)
전체	0.54～ 35.32 (9.7)	0.01～ 0.49 (0.08)	0.5～ 9.5 (3.9)	18.41～ 26.58 (23.74)	0.22～ 1.31 (0.82)	6.9～ 9.4 (8.2)	7.18～ 41.35 (25.33)	0.01～ 0.86 (0.22)	3.8～ 12.9 (9.2)

남해안의 경우 화학적 산소요구량(COD)의 경우 어류 양식어장의 평균값은 23.74mg/g.dry로 패류 및 해조류 양식어장의 평균값 17.86mg/g.dry보다 높은 값으로 조사되었으며 일본의 수산환경 수질기준 20mg/g.dry을 초과하고 있다. 산 휘발성 황화물(AVS)의 경우 어류 양식어장에서 평균 0.82mg/g.dry로 패류 및 해조류 양식어장의 평균값인 0.16mg/g.dry보다 상당히 높은 값을 보이고 있다. 이는 일본 수산환경 수질기준 0.2mg/g.dry보다 4배 정도의 높은 값을 보이고 있다.

강열감량(IL, 强熱感量)의 경우 어류 양식어장에서 평균 8.2%로 패류 및 해조류 양식어장의 평균값인 7.8%보다 높은 값을 보이고 있으며 미국의 연방환경부의 기준 5%보다 약 1.6배 높은 값으로 조사되었다. 가두리 양식어장 퇴적물의 오염도를 판단하는 기준이 설정되어 있지 않고 오염물질의 항목에 대해서는 화학적 산소요구량, 산 휘발성 황화물, 강열감량의 유기오염도로 보았을 때에는 가두리 양식어장의 퇴적물 오염정도는 패류 및 해조류 양식어장에 비하여 매우 높았으며 오염이 상당히 진행되어있는 것으로 판단된다.

4) 가두리 양식어장의 고형물 침강량

가두리 양식어장 내의 유기성 오염퇴적물을 제거하기 위해서는 제거물량의 산정방법이 있어야 하는데 양식어장의 규모(가두리의 크기, 가두리 깊이, 밀집도 등)와 양식 양(어종, 어류의 크기, 총 입식량), 사료형태(사료의 종류, 투입량) 등에 따라 달라지며, 양식어장이 존재하는 해역의 수심, 해수유동 특성 및 주변해역의 플랑크톤 양에 따라 변동하며, 유기물로 이루어진 침강물은 침강, 재 부유, 분해 등의 과정을 거쳐 고형화되어 퇴적된다고 알려져 있다(Westrich & Berner, 1984).

가두리 양식어장의 정확한 퇴적물 양을 계산하기 위해서 퇴적물량의 분포면적 및 퇴적깊이가 먼저 파악되어야 한다. 따라서 사전에 잠수부를 투입하여 퇴적층과 진펄의 경계를 파악해야 제거할 퇴적물의 부피를 산정할 수 있으므로 사업 타당성 조사에 있어 가장 필수적인 부분이다.

5) 가두리 양식장의 정화

어장환경 개선 및 해양환경 보존을 목적으로 실시하는 가두리 양식어장 정화사업의 사업 시행 전・중・후의 환경변화를 조사하여 가두리 양식어장 정화사업을 효율적으로 추진하고 어장 생산성 향상 및 지속가능한 어업생산 기반조성을 목적으로 해야 한다. 최근 급속한 산업화・도시화로 육상 오염물질 유입증가 및 해양 폐기물 증가로 연안 어장 오염이 심화되고 있으며 현재 어류 양식어장의 오염은 면허기간 10년 동안 장기연작에 따른 영향으로 사료 찌꺼기와 배설물로 인해 가두리 양식어장 해저에 침전물이 퇴적되어 효율적인 제거방안 개발이 시급한 실정이다.

가두리 양식어장은 저질의 오염으로 인해 어장생산성이 저하되고 어병 발생이 증가할 뿐만 아니라 적조발생 및 피해가 확산되고 있으며, 가두리 양식어장의 경우 효과적인 청소방법이 개발되어있지 않아 오염가중이 심화되고 있어 신속한 제거방안이 필요하다. 정부에서는 패류 및 해조류 양식어장 등에 대해서는 정화사업을 실시하고 있으나 가두리 양식어장의 경우에는 최근 2008년 전남 여수시 가두리 양식어장에 대해 최초로 흡입식 준설방식에 의해 정화사업이 시작된 바 있으며, 이를 계기로 정화효과에 대한 효과성과 신뢰성이 인식되기 시작하면서 가두리 정화작업 시행에 대한 필요성이 날로 증가되고 있다. 해상가두리 양식어장 해저면의 침적 퇴적물을 제거하기 위해서는 선박의 적정규모 및 부니가 확산되지 않도록 흡입식에 의한 방법 등의 기술과 장비개발이 필요하며 수거한 오니(汚泥)의 효율적인 처리방법을 개발하여 처리 시 2차 오염이 발생하지 않도록 하는 철저한 처리방안이 요구된다.

3. 가두리 양식장 정화사업

1) 퇴적물 적정제거 방안

우리나라의 어류양식장은 1980~1990년대까지 집중적으로 시설된 이래 한 번도 정화사업이 이루어진 적이 없어 해상가두리 양식어장 정화사업에 대한 노-하우도 전혀 없는 실정이었으나 2008년 (주) 코스코에서 개발한 '강제 흡입방식'이 채택되면서 전근대적인 기존의 준설방식에서 벗어나 퇴적물이 주변으로 확산되는 것을 방지하면서 퇴적 오니를 처리하는 방식이 효과적이라는 사실이 입증되었다. 앞으로 정화사업을 시행함에 있어 정화사업을 어떤 방식으로 하는 것이 효율적인지, 퇴적물은 어떻게 제거할 것인지, 퇴적물 제거 후 발생할지도 모르는 수질의 급격한 변화와 함께 인근 해역에 대해 미치는 영향은 어느 정도인지가 고려되어야 할 필수적인 요소이다.

2) 준설 퇴적물의 처리 및 처분

현재 퇴적물은 조만간 투기해역(정 해역)에 대한 폐기물 투기가 국제적으로 금지

될 움직임이 있으므로 다른 방법을 생각해 볼 필요가 있으며, 어류양식장의 유기 퇴적물은 일반적인 항만 퇴적물과 달리 악취가 심하여 준설토 투기장 이용이 불가능 할 것으로 보이므로, 정화사업 비용절감 및 자원의 재활용 측면에서 분뇨 슬러지(Sludge)처럼 건조 후 비료화 하는 방법도 고려해 볼 필요가 있다. 그리고 퇴적물에 고형제나 석회제를 혼합하여 함수율을 낮추고 냄새를 제거하여 블록을 만들면 다양한 용도를 가진 친환경적인 자재로 사용될 수 있다.

우리나라에는 아직 퇴적물에 대한 기준이 설정되어 있지 않으므로 시급히 기준을 정해 우선순위에 따라 차질 없는 정화사업을 시행해야 할 것이다. 또한 가두리 양식장을 포함한 양식장에 대한 정기적인 모니터링을 전담할 기구의 신설 또는 전담 기관의 지정이 시급하다.

아울러 향후 본격적으로 해상가두리 양식어장 정화사업을 실시함에 있어 예상하지 못한 다양한 문제가 발생할 것으로 예견되는바 퇴적물 제거 후 혐기성 환경하의 조건에서 유해성 가스 발생에 의한 피해발생이 있을 수도 있으므로 퇴적물 제거 후 즉시 산화철이 포함된 황토나 탄산칼슘으로 구성된 패류 껍질 같은 소재로 피복을 하여 유독가스의 발생을 방지하고 화학적으로 안정한 물질로 중화시키는 노력이 필요하다.

따라서 오염 퇴적물 제거와 동시에 발생할 가능성이 높은 황화수소(H2S) 등 유해 가스를 황화철이나 황화마그네슘, 황화칼슘 등으로 안정화시켜 침전시키는 것이 바람직하다. 앞으로 양식장의 자가 오염을 원천적으로 방지하려면 현재의 대규모 가두리 양식장을 재배치하여 3ha 정도의 소규모 단위로 나누어 양식해야만 자기 스스로 청소가 가능하므로 어장의 재배치와 윤작을 위한 관계법령의 제도적 정비가 필요하다.

3) 정화사업 결과

여수시 관내 가막만 내의 해상 가두리 양식장은 전반적으로 수질분야는 비교적 일반해수의 수질을 유지하고 있으나 저질의 경우 강열감량(Ignition Loss), COD(Chemical Oxygen Demand), 황화물(Acid Volatile Sulfide)에서 타 양식어장에 비해 매우 높은 수준을 나타내고 있다. 그러나 정화사업 시행 후 저질개선이 획기적으로 이루어진 것으로 평가된다. 정화사업 중 가두리 양식어장의 수질환경 조사 결과 대체로 일반적인 해수의 범위를 보였다.

저질 환경의 경우 정화사업이 끝난 시험구에서 강열감량, COD, 황화물이 기준치에 훨씬 미달하는 양호한 수치를 보였으며, 어장 이설 후 3년이 경과된 대조구에서도 대체로 기준치를 벗어나지 않았다. 중금속은 시험구와 대조구에서 8개 항목에서 모두 기준치를 초과하지 않는 것으로 나타났다. 저서동물 군집은 시험구에서 오염 지표종인 다모류 *C. capitata*가 전혀 나타나지 않아 오염도가 획기적으로 개선된 것으로 나타났으나, 대조구는 *C. capitata*의 밀도가 상대적으로 높게 나타나 오염이 급속히 진행되고 있는 것으로 판단되었다.

저질 중 갯지렁이는 대표적인 유기물질 분해생물로서 혐기적인 환경에서 서식하는데 갯지렁이는 저질 중의 유기물질을 분해하면서 유황 등 독성물질을 생산한다. 이러한 유황성분과 같은 유독성 물질을 유산환원세균이 분해 흡수하고 다시 유화수소 등을 배출한다. 이러한 유화수소는 유황세균에 의하여 다시 분해 흡수된다. 따라서 갯지렁이(*Capitella* sp.)는 유황세균이나 유산환원세균을 포식하고 혐기적인 환경에서 유기물을 분해하면서 서식하고 있다.

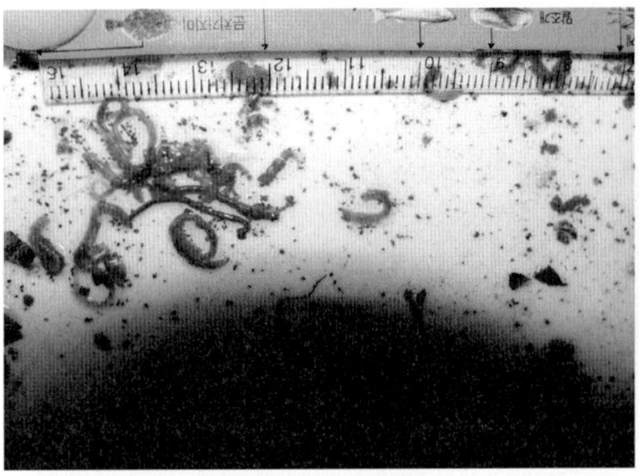

가두리양식장 저면의 갯지렁이(*C. capitata*)

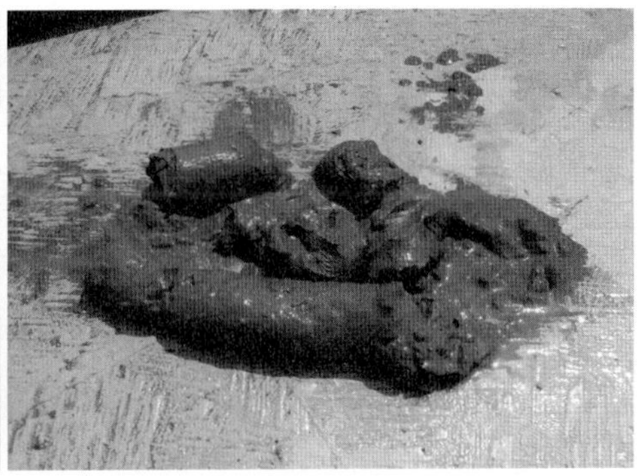

가두리양식장 저면의 오염 퇴적물

그림 16. 가두리양식장 정화 전 퇴적물 실태

해상가두리 양식장 저면의 퇴적물은 생성원인은 어류양식 초기의 생 사료나 M.P(Moist Pellet)(습사료)의 침강물이 주성분으로 보고되어 있다. 현재 많은 어류양식장이 부상사료(EP, Extruded Pellet)를 사용하면서 사료의 허실량이 적어지고 해저 퇴적물의 양은 줄어드는 경향을 보이며, 저질 환경도 개선되는 추세를 보이고 있다.

저질 퇴적물의 경우 수온이 상승하는 5월부터 혐기성 세균의 작용에 의해 H_2S, 메탄, 암모니아 같은 유독성 물질이 수중으로 용출되며 이것이 사육생물에 대한 생리적인 장해를 주게 되어 저항력의 약화로 어류가 질병에 감염되기 쉽다. 퇴적물의 깊이는 평균 1m 내외의 수준을 유지하고 있으며, 퇴적층은 유기물로 구성된 함수율 60% 이상의 부드러운 연니(軟泥)로 형성되어 있어 양니기(揚泥機)로 흡입하는 것이 가장 효과적일 것으로 판단된다.

따라서 해상 가두리 양식어장 저면의 퇴적물은 가능한 한 서둘러 제거해야 하며 제거방법은 흡입식으로 하는 것이 퇴적물의 유출을 최소화 할 수 있어 이상적이며, 제거 후 황토나 패각분말을 피복하여 혐기성 상태에서 호기성 상태로 변한 저서환경의 충격을 완화해 주어야 한다.

4. 양식장별 환경특성

1) 어류양식장

전남 여수의 어류양식장은 가막만(駕莫灣) 최상부에서 가막만 하단까지 광범위하게 분포되어 있으므로 연중 수온의 편차가 매우 심한 편이다. 염분은 가막만 상부어장은 섬진강의 영향을 받으며 하절기 대량 강수에 의해 낮은 염분분포가 상당히 오래 지속되는 특징을 가진다. pH는 하절기 대량 강수에 따른 염분농도의 저하로 인해 pH가 낮게 형성되며, 반면 식물성 플랑크톤의 대량 발생에 따른 광합성의 영향으로 높은 pH가 형성되기도 한다.

용존산소는 수온의 영향을 가장 많이 받아 동절기에 가장 용존산소가 풍부하며, 봄철에서 가을철 사이에는 플랑크톤의 광합성작용에 의해 내만에서는 높은 용존산소 농도를 보이기도 한다. 그러나 봄철에 진주담치 양식장과 어류양식장 저층에서 유기물의 분해로 인해 빈산소 상태를 나타내는 경우가 자주 발생한다. COD는 타 양식장에 비해 다소 높은 분포를 보이고 있으며, DIN(용존 무기질소) 역시 타 양식장에 비해 비교적 높은 농도를 보이나 배합사료가 사용되면서 상당히 감소하고 있는 것으로 보인다.

DIP(용존 무기인) 역시 사료 찌꺼기와 어류의 분뇨에서 기인하는 것으로 추정되며 비교적 높은 수치를 나타낸다. 규산은 육수의 유입으로 증가하는 추세를 보이며, 플랑크톤의 급격한 번식으로 하절기에는 감소하는 경향을 보인다. 알칼리도는 육수가 유입되는 하절기에 급격히 낮아지며, 육수의 유입이 없는 동절기에 증가하는 추세를 보인다.

어류양식장 저면의 함수율은 다른 양식장에 비해 비교적 높은 함수율을 보이는데 퇴적된 유기물의 분해에 의해 조성된 '헤도로(へどろ)현상'이라고 볼 수 있다. 강열감량 역시 유기물의 퇴적에 따라 높은 수치를 나타내며, 저질 COD와 황화물량도 내만이나 만(彎) 내에 위치한 조류소통이 불량한 양식장은 연중 매우 높은 수준을 보인다. 어류양식장의 저질상태는 내만성 어장, 양식이 오래 실시된 지역, 밀집된 어장에서 매우 특징적으로 좋지 않게 나타나며, 반대로 신규어장, 분산된 어장, 외양에 면한 어장에서는 비교적 오염도가 낮은 특징을 나타낸다.

표 24. 어류양식장 월별 수질, 저질 환경(2000~2013년)

월별	COD (mg/L)	DIN(용존무기질소)(mg/L)	DIP(용존무기인) (mg/L)	규산 (mg/L)	엽록소-a (μg/L)	알칼리도 (mg/L)	저질COD (mg/g)	황화물 (mg/g)
Jan.	1.11	0.095	0.047	0.250	2.97	123	13.73	0.121
Mar.	0.67	0.066	0.032	0.205	2.17	112	13.93	0.106
May	0.80	0.090	0.021	0.202	3.02	99	14.38	0.123
Jul.	1.38	0.100	0.022	0.215	4.60	96	12.85	0.127
Sep.	0.78	0.119	0.023	0.184	4.69	89	13.17	0.130
Nov.	0.79	0.161	0.038	0.352	1.80	110	14.58	0.121
Mean	**0.92**	**0.105**	**0.031**	**0.235**	**3.21**	**105**	**13.77**	**0.121**

2) 진주담치 양식장

진주담치 양식장은 가막만 최상부에 위치하고 있으므로 동절기에 매우 낮은 수온이 형성된다. 염분은 섬진강의 영향을 직접 받는 가막만 상부에 위치하므로 하절기 낮은 염분분포가 상당히 오래 지속되는 특징을 가진다. pH는 연중 식물성 플랑크톤의 대량 발생에 따른 광합성의 영향으로 높은 pH가 형성된다.

용존산소는 육지에 인접하여 동절기에 가장 용존산소가 풍부하며, 봄철에서 가을철 사이에는 플랑크톤의 광합성작용에 의해 내만에서는 높은 용존산소 농도를 보이기도 한다. 그러나 봄철에 양식장 저층에서 빈산소 상태를 나타내는 경우가 자주 발생하나 저층으로부터 1m 내외에 국한된다. COD는 타 양식장에 비해 다소 높은 분포를 보이고 있으며, DIN은 대량 발생한 플랑크톤의 신속한 흡수에 의해 낮은 농도를 보이고 있다. DIP 역시 대량 발생하는 식물성 플랑크톤의 영향으로 낮은 농도를 나타낸다.

규산도 연중 플랑크톤의 번식으로 소모량이 매우 커서 낮은 수치를 보이고 있다. 알칼리도는 육수가 유입되는 하절기에 급격히 낮아지며, 육수의 유입이 없는 동절기에 증가하는 추세를 보인다.

진주담치 양식장 저면의 함수율은 다른 양식장에 비해 가장 높은 함수율을 보이는데 하절기 족사(足絲)의 부착기능이 약화되면서 탈락된 진주담치를 비롯한 여러 생물의 사체가 퇴적되면서 분해된 유기물에 의한 것으로 추정된다. 강열감량 역시 유기물의 퇴적에 따라 높은 수치를 나타내며, 저질 COD와 황화물량도 연중 매우 높은 수준을 보인다.

진주담치 양식장의 저질상태는 내만성 어장, 양식이 오래 실시된 지역, 밀식된 어장에서 오염도가 매우 높게 나타나며, 반대로 신규어장, 분산된 어장, 외양에 면한 어장에서는 비교적 오염도가 낮은 특징을 나타낸다.

표 25. 진주담치 양식장 월별 수질, 저질 환경(2000~2013년)

월별	COD (mg/L)	DIN(용존무기 질소)(mg/L)	DIP(용존무기 인) (mg/L)	규산 (mg/L)	엽록소-a (㎍/L)	알칼리도 (mg/L)	저질COD (mg/g)	황화물 (mg/g)
Jan.	1.15	0.037	0.022	0.091	2.35	123	18.70	0.043
Mar.	0.77	0.047	0.036	0.118	1.90	107	19.34	0.047
May	1.17	0.084	0.021	0.355	3.16	96	17.75	0.046
Jul.	1.89	0.091	0.013	0.087	3.96	93	18.04	0.062
Sep.	1.39	0.082	0.014	0.101	6.07	91	17.64	0.035
Nov.	1.05	0.065	0.029	0.287	3.78	106	19.17	0.064
Mean	**1.24**	**0.068**	**0.023**	**0.173**	**3.54**	**103**	**18.44**	**0.050**

3) 굴 양식장

굴 양식장은 가막만 중간수역에 위치하고 있으므로 동절기에 비교적 낮은 수온이 형성된다. 염분은 섬진강의 영향을 받아 비교적 하절기 낮은 염분분포가 상당히 오래 지속되는 특징을 가지며 대량 강수에 의한 영향이 직접 미쳐 저 염분에 의한 폐사(2009년)가 일어나기도 한다. pH는 봄철에서 가을철까지 식물성 플랑크톤의 증가에 따른 광합성의 영향으로 높은 pH가 형성되나 동절기에는 플랑크톤의 농도가 낮아지면서 8.0~8.2의 pH가 유지된다.

용존산소는 수온의 영향을 가장 많이 받아 동절기에 가장 용존산소가 풍부하며, 봄철에서 가을철 사이에는 플랑크톤의 광합성작용에 의해 내만에서는 높은 용존산소 농도를 보이기도 한다. COD는 비교적 도시하수의 영향을 적게 받고 있어 항상 낮은 농도를 나타내며, DIN도 비교적 낮은 농도를 보이고 있으며, DIP 역시 대체로 낮은 농도를 나타낸다.

규산도 육수의 유입에 의해 하절기에 증가하지만 플랑크톤의 번식에 따른 소모가 많아지면서 수치가 낮아지는 경향을 보이고 있다. 알칼리도는 육수가 유입되는 하절기에 급격히 낮아지며, 육수의 유입이 없는 동절기에 증가하는 추세를 보인다.

굴 양식장 저면의 함수율은 다른 양식장에 비해 낮은 함수율을 보이는데 어기 후 자체적으로 실시되는 어장청소에 의해 유기물의 퇴적이 분산되기 때문인 것으로 추정된다.

강열감량 역시 낮은 수치를 나타내며, 저질 COD와 황화물량도 연중 매우 낮은 수준을 보인다.

굴 양식장의 저질상태는 비교적 오염도가 낮은 특징을 나타내며 각종 피조개 등 각종 패류와 갯지렁이 등이 많이 서식하여 다양한 생태상이 형성된다.

표 26. 굴 양식장 월별 수질, 저질 환경(2000~2013년)

월별	COD (mg/L)	DIN(용존무기질소)(mg/L)	DIP(용존무기인) (mg/L)	규산 (mg/L)	엽록소-a (㎍/L)	알칼리도 (mg/L)	저질COD (mg/g)	황화물 (mg/g)
Jan.	1.18	0.075	0.048	0.239	3.64	125	8.05	0.021
Mar.	0.74	0.115	0.037	0.193	2.32	109	7.11	0.011
May	0.92	0.050	0.019	0.204	4.10	94	8.12	0.013
Jul.	1.31	0.058	0.018	0.207	3.91	92	7.44	0.013
Sep.	0.79	0.097	0.030	0.197	4.34	85	7.52	0.017
Nov.	0.97	0.103	0.036	0.352	1.78	110	8.04	0.011
Mean	**0.99**	**0.083**	**0.031**	**0.232**	**3.35**	**103**	**7.71**	**0.014**

4) 피조개 양식장

피조개양식장은 내만의 중간수역에 위치하고 있으므로 동절기에도 비교적 수온이 높게 형성된다. 염분은 육수의 영향을 거의 받지 않아 하절기에도 낮은 염분상은 거의 보이지 않으며, pH는 하절기를 제외하고는 연중 안정된 pH가 형성된다.

용존산소는 수온의 영향을 가장 많이 받아 동절기에 가장 용존산소가 풍부하며,

연중 안정된 용존산소 농도를 보인다. COD는 비교적 낮은 분포를 보이며, DIN도 비교적 낮은 농도를 보이고 있으며, DIP 역시 대체로 낮은 농도를 나타낸다.

규산은 플랑크톤의 농도가 낮으므로 연안에 비해 비교적 높은 경향을 보이고 있다. 알칼리도는 육수 유입의 영향을 거의 받지 않으므로 연중 농도의 변화는 심하지 않고 비교적 변화가 적다.

피조개 양식장 저면의 함수율은 다른 양식장에 비해 낮은 함수율을 보이는데 양식의 특성상 생물 밀도가 높지 않고, 어기 후 자체적으로 실시되는 어장청소에 의한 퇴적 유기물의 분산에 의한 것으로 추정된다. 강열감량 역시 낮은 수치를 나타내며, 저질 COD와 황화물량도 연중 매우 낮은 수준을 보인다. 대체로 피조개양식장의 저질상태는 매우 오염도가 낮은 특징을 나타낸다.

표 27. 피조개 양식장 월별 수질, 저질 환경(2000~2013년)

월별	COD (mg/L)	DIN(용존무기질소)(mg/L)	DIP(용존무기인) (mg/L)	규산 (mg/L)	엽록소-a (㎍/L)	알칼리도 (mg/L)	저질COD (mg/g)	황화물 (mg/g)
Jan.	1.41	0.083	0.048	0.191	4.72	124	7.32	0.016
Mar.	0.81	0.052	0.036	0.163	1.76	107	6.80	0.008
May	0.58	0.118	0.019	0.246	2.19	102	8.91	0.013
Jul.	1.15	0.073	0.022	0.237	2.94	90	8.56	0.015
Sep.	0.56	0.069	0.018	0.187	3.54	87	8.82	0.013
Nov.	0.91	0.093	0.037	0.351	1.88	108	9.16	0.013
Mean	**0.90**	**0.081**	**0.030**	**0.229**	**2.84**	**103**	**8.26**	**0.013**

5) 새고막 양식장

관내 새고막 양식장은 간석지가 발달해 있고, 수심이 비교적 얕아 기온의 영향을 많이 받는 여자만(汝自灣)에 위치하고 있으므로 동절기에는 수온이 매우 낮고, 하절기에는 매우 높게 형성된다. 염분은 하절기에 순천시 동천과 이사천에서 유입되는 육수의 영향을 직접 받아 하절기에는 관내에서 매우 낮은 염분분포를 보인다.

pH는 연중을 통해 플랑크톤이 대량 발생하여 있으므로 동절기를 제외하고는 매우 높은 pH가 형성된다. 용존산소는 수온의 영향을 가장 많이 받아 동절기에 가장 용존산소가 풍부하며, 하절기에는 플랑크톤의 광합성작용에 따른 용존산소의 과포화현상으로 매우 높은 용존산소 농도를 보인다.

COD는 유기물량이 많아 다소 높은 분포를 보이며, DIN은 비교적 낮은 농도를 보이고 있으며, DIP 역시 대체로 낮은 농도를 나타낸다. 그러나 춘계 꼬막류와 새고막의 대량 폐사에 의해 계절적으로 DIN과 DIP가 증가하는 경향을 보이기도 한다.

규산은 꾸준히 유입되는 육수의 영향으로 항상 높은 수치를 보이고 있다. 알칼리도 역시 댐의 방류와 장마 등으로 인한 육수 유입의 영향으로 인해 연중 낮은 농도를 보인다. 엽록소-a는 타 양식장에 비해 매우 높은 농도를 나타낸다.

새고막 양식장 저면은 진펄 상태로서 다른 양식장에 비해 낮은 함수율을 보이는데, 어기 후 자체적으로 실시되는 어장청소에 의한 퇴적 유기물의 분산에 의한 것으로 추정된다. 강열감량 역시 낮은 수치를 나타내며, 저질 COD와 황화물량도 연중 매우 낮은 수준을 보인다. 대체적으로 새고막 양식장의 저질상태는 매우 오염도가 낮은 특징을 나타내어 대표적인 '환경 친화적인 양식'이라 할 수 있다.

CHAPTER 2

표 28. 새고막 양식장 월별 수질, 저질 환경(2000~2013년)

월별	COD (mg/L)	DIN(용존무기질소)(mg/L)	DIP(용존무기인)(mg/L)	규산 (mg/L)	엽록소-a (㎍/L)	알칼리도 (mg/L)	저질COD (mg/g)	황화물 (mg/g)
Jan.	2.07	0.072	0.058	0.149	8.54	124	9.39	0.022
Mar.	1.26	0.048	0.035	0.091	5.54	113	9.34	0.014
May	0.96	0.071	0.017	0.419	5.70	96	8.60	0.017
Jul.	1.71	0.190	0.033	0.521	11.33	81	8.46	0.016
Sep.	0.85	0.107	0.038	0.366	6.30	83	8.07	0.020
Nov.	1.01	0.160	0.060	0.574	5.01	108	9.52	0.015
Mean	**1.31**	**0.108**	**0.040**	**0.353**	**7.07**	**101**	**8.90**	**0.017**

6) 전복 양식장

전복양식장은 대부분 어류양식과 전복양식을 복합적으로 운영하고 있으며, 다시마 등 해조류의 급이에 따른 먹이찌꺼기가 침하하여 최근 오염도가 다소 높아지고 있다. 그러나 오염도는 어류양식장과 진주담치 양식장에 비하면 오염수준은 높은 편은 아니지만 전복의 폐사율은 50% 내외로 나날이 증가하고 있다. 수질은 일반적으로 양호한 수준이나 저질분야 COD가 '일본 수산자원보호협회'의 기준 20(mg/g)에 접근하고 있어 저질 경운(耕耘) 또는 저질개선제의 투입이 필요하다.

표 29. 전복 양식장 월별 수질, 저질 환경(2000~2013년)

월별	COD (mg/L)	DIN(용존무기질소)(mg/L)	DIP(용존무기인) (mg/L)	규산 (mg/L)	엽록소-a (㎍/L)	알칼리도 (mg/L)	저질COD (mg/g)	황화물 (mg/g)
Jan.	0.96	0.090	0.049	0.224	3.12	122	14.22	0.087
Mar.	0.58	0.074	0.026	0.198	1.67	104	13.19	0.082
May	0.98	0.231	0.022	0.242	2.09	94	15.84	0.066
Jul.	1.08	0.085	0.027	0.223	3.72	101	11.85	0.065
Sep.	0.77	0.113	0.027	0.248	4.67	96	11.77	0.089
Nov.	0.56	0.115	0.035	0.329	1.64	105	15.97	0.086
Mean	**0.82**	**0.118**	**0.031**	**0.244**	**2.82**	**104**	**13.81**	**0.079**

6) 일반해역(외양 적조 발생해역)

우리나라에서 적조가 최초로 발생하는 보돌해(保突海)는 외양에 면해있는 해역으로 수심이 20m 내외로 매우 깊어, 연중 수온의 변동 폭이 그다지 크지 않다. 염분은 하절기에 하절기를 제외하고는 거의 영향을 받지 않아 비교적 높은 염분분포를 보인다. pH는 플랑크톤의 현존량이 매우 적으므로 적조가 발생하는 8~9월을 제외하고는 안정된 pH가 형성된다.

용존산소는 수온의 변동 폭도 적고, 플랑크톤의 양도 적으므로 용존산소의 변동 폭은 크지 않다. COD는 육수의 영향이 거의 미치지 못하는 청정해역이므로 매우 낮으며, DIN도 비교적 낮은 농도를 보이고 있으며, 총인 역시 대체로 낮은 농도를 나타낸다. 그러나 인접된 여자만 해역 새고막의 대량폐사에 의한 간접영향으로 봄철 DIN과 DIP가 증가하는 경향을 보이기도 한다. 규산은 육수의 영향은 받지 않으나 플랑크톤의 양이 많지 않으므로 비교적 안정된 수치를 보이고 있다. 알칼리도 역시 육수 유입의 영향을 받지 않으므로 연중 균일한 농도가 나타난다. 일반해역 저면의 함수율은 일반 양식장에 비해 매우 낮은 함수율을 보이며, 강열감량 역시 낮은 수치를 나타낸다. 저질 COD와 황화물량도 연중 매우 낮은 수준을 보이며 일반해역의 저질상태는 매우 오염도가 낮은 청정한 특징을 나타낸다.

실제로 우리나라에서 적조가 최초로 발생하는 보돌해의 수질과 저질은 관내에서 가장 청정한 상태를 나타내며 질소와 인의 농도가 연중 매우 낮으므로 *Cochlodinium* 적조의 자체 발생을 연관지울 수 없으며, 쓰시마 난류 등 해류의 유입과 같은 다른 요인에 의한 것으로 추정된다.

표 30. 일반해역 월별 수질, 저질 환경(2000~2013년)

월별	COD (mg/L)	DIN(용존무기질소)(mg/L)	DIP(용존무기인) (mg/L)	규산 (mg/L)	엽록소-a (㎍/L)	알칼리도 (mg/L)	저질COD (mg/g)	황화물 (mg/g)
Jan.	0.87	0.099	0.043	0.319	2.35	120	6.34	0.009
Mar.	0.69	0.062	0.031	0.177	2.02	107	7.45	0.008
May	0.73	0.071	0.017	0.276	2.32	94	7.01	0.009
Jul.	0.90	0.101	0.019	0.221	3.26	85	5.93	0.008
Sep.	0.82	0.068	0.014	0.162	2.70	87	6.04	0.009
Nov.	0.67	0.111	0.026	0.308	1.41	105	7.95	0.021
Mean	**0.78**	**0.085**	**0.025**	**0.244**	**2.34**	**100**	**6.79**	**0.011**

5. 지속가능한 양식을 위한 방안

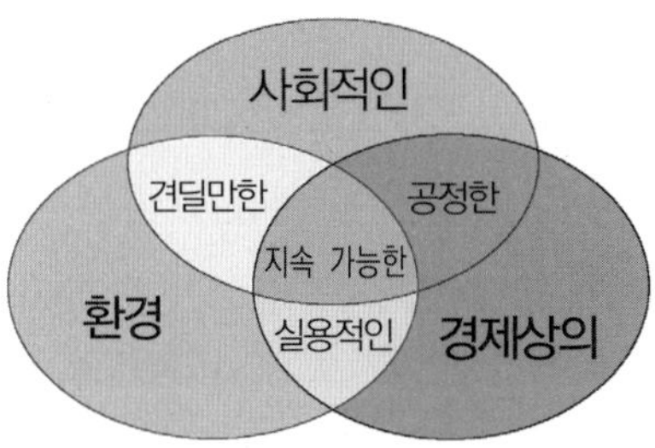

지속가능한 발전의 도해

'지속가능한 발전'은 환경을 보호하고 빈곤을 구제하며, 장기적으로는 성장을 이유로 단기적인 자연자원을 파괴하지 않는 경제적인 성장을 창출하기 위한 방법이다. 따라서 지속 가능한 양식은 환경과 공존하면서 사회적으로 모두에게 이익이 환원되는 것을 의미한다. 지금까지의 양식은 저비용 고효율의 경제 원리에만 치우쳐 어느 정도 환경을 오염시키는 것도 용인되어 왔다.

그러나 현재 세계적인 양식의 트렌드(trend)는 환경과의 공존을 넘어 수산자원의 유지·보전, 양식의 생태 효율성 제고, 공익적 기능 극대화, 안전한 고품질 수산물 생산에 초점을 맞추고 있다. 세부적으로는 수산물 품질의 우수성은 물론 '동물복지'를 비롯하여 양식과정에서 이산화탄소 발생을 줄이기 위한 노력, 항생제와 화학약품 사용의 절감 등이 환경 개선을 위해 필요한 부분이고, 양식업의 생산성을 높이는 일도 만만치 않은 데, 환경까지 고려한다면 당연히 추가적인 부담이 발생할 수밖에 없다.

지금까지의 양식은 어류양식을 비롯한 일부 패류양식에서 환경을 훼손하면서 얻어진 이익이라고 할 수 있으며 이는 '지속 불가능한 양식'이라고 할 수 있다. 따라서 환경수용력을 넘어선 양식은 연차적으로 줄여 나가야 하고, 어장환경 정화는 '수익자 부담의 원칙'과 '오염자 부담의 원칙'을 적용하여 환경오염에 대해서

CHAPTER 2

는 양식업자가 책임지고 처리해야 할 것이다. 아울러 사회와의 공존은 '로하스(LOHAS, Lifestyles of Health and Sustainability) (공동체 전체의 더 나은 삶을 위해 소비생활을 건강하고 지속가능한 친환경 중심으로 전개하자는 생활양식 · 행동양식 · 사고방식)'를 통해 국민의 건강증진을 목표로 '친환경 수산물'과 '유기수산물(有機水産物)'의 공급을 확대해 나가야 한다.

21세기의 양식은 세계화의 추세에 따라 보편적 개념으로 자리 잡은 GR(Green Round)의 영향을 받을 수밖에 없는 실정이며 2015년 12월 12일 체결된 새로운 기후변화협정인 파리협정(Paris Agreement)은 2020년 이후 전 세계가 참여하는 국제 기후 체제의 틀을 만들었으며 새로운 그린라운드가 출범했다는 점에서 주목할 만하다. 우리의 양식업도 세계화에 대비한 새로운 양식시스템을 구축하여야 하며 첫 번째 과제는 우리의 바다에 암 덩어리처럼 잠복된 오염 해저 퇴적물을 빨리 제거하는 것이다. 그리고 다시는 과거의 잘못을 반복하지 않도록 철저한 환경수용력에 입각한 양식으로 개편을 해야 한다.

해양 오염은 조금씩 진행되지만 회복하려면 천문학적인 예산을 비롯한 많은 시간과 고통을 동반하기 마련이다. 환경부하(環境負荷)가 높은 양식은 배합사료의 확대와 적정한 먹이공급, 친환경적인 생물약제 사용과 저 독성 약제사용을 통하여 자정작용이 가능한 수준으로 환경부하를 낮춰야 한다. 반면 환경에 영향을 끼치지 않거나 오히려 환경을 보호하는 해조류 양식 등은 직불제와 같은 방법으로 더욱 확대시켜 나가야 할 것이다. 21세기 양식의 목표는 '수산업과 환경의 공존'을 통해 상호보완적으로 발전해 나가야 하며 이를 통해 수산업이 해양을 살리고 지구환경을 살리는 견인차의 역할을 수행해야 할 때이다.

참고문헌

- 조주현 등, 2005, 2000~2004년 여수지역 양식어장 환경조사 연보, 여수지방해양수산청.
- 조주현 등, 2011, 2005~2009년 여수지역 양식어장 환경조사 연보, 전남해양수산과학원 여수지소.
- 조주현, 2008, 가두리양식장 제1차, 3차 정화사업 해양환경 용역보고서, 국립수산과학원 여수수산사무소.
- 조주현, 2010, 가두리 양식어장 정화시범사업 2차 해양환경조사 용역보고서, 전남수산기술사업소 여수지소.
- 노일현, 2003, 가막만 양식장 주변해역 퇴적물중 유기물량 분포 및 기원.
- 한명일, 2003, 광양만 및 여수해만 식물플랑크톤 생물량 변동에 영향을 미치는 환경 특성.
- 신우철, 2007, 친환경적 해상가두리양식장 관리방안에 관한 연구, 여수대학교 박사논문.
- 김정배외, 2001, 연안 양식장 퇴적물을 이용한 비료화 가능성 연구.
- 박종문·김근호, 2004, 혐기성 처리, DICER TechInfo Part I, Vol. 3, No. 10, pp. 150~164.
- 해양수산부, 2008, 양식어업의 경쟁력 강화를 위한 합리적 구조재편 방안 연구
- 정하영 · 조경제, 2003, 낙동강 하류 수계에서 저질퇴적층의 SOD와 영양염 용출.
- 김동성 · 최진우 · 제종길, 1998, 통영 저도와 가두리 양식장 퇴적물에 있어서 오염 모니터링을 위한 중형 저서생물의 군집구조.
- 해양수산부, 2005, 가두리 양식어장 정화방법 개발연구.
- 국립수산과학원, 2004, 한국해양환경 조사연보.
- 남해수산연구소, 2000~2001, 남해연안 어장환경현황.
- 국립수산진흥원, 2000, 해양환경정보 총람.
- 해양수산부, 2002. 연안어장 평가보고서.
- 해양수산부, 1997, 환경어업기본계획수립을 위한 연구.
- 남해 피조개양식협회, 2000, 피조개양식어장의 객토효과 지속성 연구.
- 환경부, 1995, 부영양화 및 적조현상 규명에 대한 연구.
- 농림수산부, 1993, 양식어장 저질개선 기술개발.
- 해양수산부, 2005, 해양환경공정시험법.

제2절 종묘생산 사육기질(Substrates) 및 인공 토양

최근 패류 종묘산업이 발달하면서 기존에 성행하던 부착성 패류에서 새조개, 백합, 왕우럭, 가무락, 가리맛, 개조개, 바지락 등 대부분 고급 품종인 비부착성 패류에 대한 관심이 커지고 있으며, 개불, 해삼, 갯지렁이와 같은 기타 수산생물도 대규모 종묘생산이 이루어지고 있다.

비부착성 패류의 종묘생산은 부유기 유생이 침착기로 전이되면서부터 사육기질에 잠입하는 특성을 가진다. 그러나 현장에서는 니질(泥質)이나 모래가 대부분 잠입기질로 사용되고 있으나 이것들은 단순한 기질로서의 작용만을 가질 뿐이어서 수질과 저질의 개선을 통한 침착기 유생의 생존율을 증가시키기 위한 효율적인 기질은 확보가 무엇보다 필요하다.

모래와 니질은 수질과 저질의 오염저감 효과가 전혀 없으며 특히 니질은 폐쇄적인 육상수조의 환경 하에서는 오히려 수질과 저질을 더욱 악화시키며, 모래 역시 먹이찌꺼기 같은 노폐물이 저층에 침적되면서 저질 COD의 증가와 유기물 분해에 따른 산성화 그리고 각종 유해물질(황화수소 등)의 발생에 의해 많은 폐사가 발생하게 되고 스쿠티카(scuticociliate) 충 등의 식해에 의해 대량 감모(減耗)가 많이 일어나게 된다.

따라서 사육기질은 단순한 잠입기능 외에도 유기물의 분해로 인해 산성화된 환경을 중화 또는 복원시키며, COD의 저감효과(低減效果)까지지도 가능한 환경정화 기능을 갖추어야 한다. 최근 우리나라에도 비부착성 패류의 종묘생산이 대규모로 이루어지고 있으나 종묘생산을 좌우하는 중요한 요소인 침착기질에 대한 연구는 거의 이루어져 있지 않다. 따라서 현장 적용가능성을 기준으로 다양한 침착기질의 성분과 효과에 대해 연구를 실시하였고 가능성이 확인된 몇 가지 물질을 소개한다.

1. 탄산칼슘

탄산칼슘은 화학식으로 $CaCO_3$ 이다. 자연계에 존재하는 염 중에서 가장 많이 분포하며 그 형태는 대리석·방해석·선석(霰石)·석회석·백악(白堊)·빙주석(氷洲石)·조개껍질·달걀껍질·산호 등으로서 존재한다. 일반적으로 무색의 결정 또는 백색 고체로, 825℃에서 분해된다. 가열하면 이산화탄소를 발생하고 생석회를 얻는데 이 반응은 이산화탄소와 생석회를 공업적으로 얻기 위한 중요한 반응이다.

$$CaCO_3 \rightarrow CaO + CO_2 \uparrow$$

탄산칼슘은 순수한 물에는 용해하지 않으나, 이산화탄소를 함유하는 물에는 용해하여 중탄산칼슘 〔$Ca(HCO_3)_2$〕 을 생성하며 녹는다.

$$CaCO_3 + CO_2 + H_2O \leftrightarrow Ca(HCO_3)_2$$

또한, 탄산칼슘에 산을 작용시키면 이산화탄소를 발생한다.

$$CaCO_3 + 2HCl \rightarrow CaCl_2 + H_2O + CO_2 \uparrow$$

이산화탄소를 함유하는 물은 땅속의 석회석을 만나면 용해하여 석회석 동굴을 만들며 이와 같이 용해한 물이 지열(地熱) 등에 의해서 분해되어 탄산칼슘이 침전한다. 이 침전이 석회석 동굴 속에서 이루어질 때 종유석이나 석순 등을 생성한다.

조개껍질을 습식 분쇄한 것을 호분(胡粉)이라 하는데 이 탄산칼슘은 값이 싸고, 비중도 크지 않아 공업 분야에서 널리 사용된다. 이와 같이 석회석·대리석은 시멘트의 주원료, 산화칼슘의 원료, 제철·건축재료 등의 각종 중화제로서 사용된다. 호분은 백색 안료·수성도료에, 침강 탄산칼슘은 안료(顔料)·도료(塗料)·치약 등에 사용되며, 고무에도 보강제로서 배합된다.

칼슘은 이온화 경향이 매우 강하기 때문에 수중의 황 화합물과 반응하여 황화칼슘(CaS)을 형성함으로써 독성물질인 황화수소를 제거하게 된다. 천연 탄산칼슘을 다량 함유하는 굴 패각의 성분에 대해 김 등(2002)이 분석한 결과는 다음과 같다.

표 31. 굴 패각의 성분

(단위 %)

탄산칼슘	이산화 규소	산화 나트륨	산화 마그네슘	산화 알루미늄	산화 규소	오산화인	아황산	염소
96.0	0.33	0.98	0.65	0.42	0.70	0.20	0.72	0.06

굴 패각의 성분은 거의 대부분 탄산칼슘으로 구성되어 있으며 광물 탄산칼슘에 비해 중금속의 함량이 매우 낮아 예로부터 한방에서는 '모려(牡蠣)'라고 하여 약용으로 널리 사용되어 왔으며 골다공증과 정신분열증의 치료제로도 사용되고 있다.

굴 패각 또는 새고막 분말의 특징은 사육수의 알칼리도를 높여 오염도의 증가에 의해 물이 깨지는 것을 방지하고, 저질중의 부패로 인한 유기산을 중화하고, 황화수소를 비롯한 황 화합물, 암모니아와 같은 질소화합물과 결합하여 무독화 시키는 작용을 한다.

뿐만 아니라 분해과정에서 패류 유생과 종묘에 칼슘이온을 공급하게 되어 껍질을 단단하게 하는 효과도 있다. 탄산칼슘은 상기의 패각 껍질 외에도 산호사(珊瑚砂)를 사용해도 가능하나 가격이 비싼 단점이 있다. 탄산칼슘에 의한 사육기질의 효과는 수질에는 알칼리도의 증가와 인의 감소 외에는 거의 영향을 미치지 않으며, 저질에는 황화물의 대폭 감소와 저질 COD의 부분적 감소효과를 거둘 수 있다. 또한 사육 수나 저질중의 유기산 물질들에 작용하여 독성을 감소시키는 작용을 하므로 사육기질로서의 효과가 매우 높다.

2. 황토

우리나라 황토는 중국 대륙에서 수십만 년 동안 날아온 황사로 이루어져있으며 황토의 효소 성분에는 카탈라아제, 디페놀 옥시다아제, 사카라제, 프로테아제의 4가지가 포함되어 있는데 이 효소들은 각기 독소 제거, 분해, 비료, 정화 작용의 역할을 하고 있다. 특히 그 중에서도 카탈라아제는 현재 황토의 효소 가운데 가장 높은 활성을 보여 주고 있는 것으로 알려졌으며, 이 효소는 생물에게 독성을 끼치는 과산화수소를 제거하여 생물이 살아갈 적절한 토양 환경을 만들어주는 역할을 한다. 한편 디페놀 옥시다아제는 황토의 산화력, 분해력을 강하게 해주는 역할을 하며 프로테아제는 단백질 속의 질소가 무기화 할 때 단백질을 아미노산으로 가수 분해시키는 효소로서 흙을 정화시키는 기능을 하게 된다.

따라서 뱀장어 등 어류 양식장에서는 출하 전 황토 지장수(地漿水) 처리를 통해 어류의 냄새제거 및 살균·살충 작용을 한다. 이와 같은 성질을 이용해 적조 구제물질로 사용되고 있으며, 패류 종묘장에서는 세균과 스쿠티카 충을 구제하는 용도로 쓰이고 있다.

패류 중에서 새조개는 황토가 폭우 등으로 대량 유입된 해에 풍작이 되고 있으며, 대규모 토목공사 후에는 새조개가 대량 생산되는 경우가 많다. 이는 황토의 성분이 새조개 유생의 침착 및 생존을 높이는 것으로 추정되고 있으며, 실제로 새조개 종묘생산 과정에서 황토의 존재는 절대적이라고 할 수 있다.

1) 황토의 구성 성분

오늘날 지표의 약 10%를 덮고 있는 황토는 다량의 탄산칼슘을 가지고 있고 이 탄산칼슘에 의해 황토는 쉽게 부서지지 않는 점력을 지니고 있으며 물을 가하면 찰흙으로 변하는 성질이 있다. 또한 실리카(SiO_2), 알루미나(Al_2O_3), 철분, 마그네슘, 나트륨, 칼륨 등으로 구성되어있는데 이러한 성분비와 다양한 효소들로 조성된 황토는 동식물의 성장에 꼭 필요한 원적외선을 다량 방사하므로 한방에서는 황토를 살아있는 생명체라고도 한다.

황토의 색을 좌우하는 것은 주로 산화철 광물이지만 그 함량은 극소량이며 황토의 주 구성광물은 점토광물과 석영, 장석, 점토광물과 방해석, 중사광물 등으로서 석영이 50% 이상을 차지하나 오랜 풍화작용을 거치면서 알루미늄 광물(점토광물) 과 산화철 광물만이 남게 되어 토양의 진화 단계에 따라 그 함량도 변한다.

황토를 구성하는 점토광물로는 캐올리나이트, 할로이사이트, 일라이트, 질석, 녹니석 등이 대부분이며 표면이 넓은 벌집구조로 수많은 공간이 복층구조를 이루고 있고 이 스폰지 같은 구멍 안에는 원적외선이 다량흡수, 저장되어 있어 열을 받으면 발산하여 다른 물체의 분자활동을 자극한다. 즉 황토는 유수한 세월동안 태양에너지를 흡수해 온 규소성 광물로서 쉽게 말해 '태양에너지 저장고'라고 할 수 있다.

2) 황토의 화학적 성분

표 32. 황토의 화학적 성분

성 분	함량 (%)	성 분	함량 (%)
실리카 (SIO_2)	50~60	산화철 Ⅲ (Fe_2O_3)	2~4
생석회 (CaO)	4~16	산화철 Ⅱ (FeO)	0.8~1.1
알루미나 (Al_2O)	8~12	산화티탄 (TiO)	0.5
산화마그네슘 (MgO)	2~6	산화망간 (MnO)	0.5

3. 벤토나이트(Bentonite)

벤노나이트는 약 2000만 년전 화산활동에 의한 화산 암석(용암)들이 열수 변질되어 형성된 천연광물로서 화학성분은 $(AI, Mg)_2Si_4O_{10}(OH)_2 \cdot 4H_2O$로 점토 광물의 일종이다. 벤토나이트는 수분을 흡수하여 원래 부피의 7~10배로 팽창하는 성질이 있으며, 이온 교환성이 높다. 알루미늄이 풍부한 광물이지만 암석의 변질로 인하여 생기며 점토가 함유된다.

벤토나이트는 상업적으로 다양한 분야에 활용되고 있어 많은 용도를 가지는 점토로 알려져 있다. 벤토나이트는 몬모릴로나이트(montmorillonite)라고도 부르며, 인체 내외 질환에도 사용되는 화산재의 풍화로 된 점토를 말한다. 이전부터 피부의 외상을 낫게 하고, 복용하면 위와 장의 통증개선, 치질, 빈혈, 여드름 등 체내와 체외의 치료제 작용을 하는 것으로 알려져 있는데 벤토나이트에는 게르마늄, 셀레늄, 알루미나, 나트륨, 마그네슘, 칼륨, 칼슘 등 66종 이상의 천연 미네랄 성분이 다량 포함되어 있기 때문이다.

벤토나이트의 성질은 수분을 갖게 되면 전자와 분자 성분이 빠르게 변화하여 전하를 생성시킨다. 이러한 작용이 독소, 불순물, 중금속과 다른 내부 오염물을 흡수한다. 벤토나이트는 팽창하는 성질을 가진 점토로서 벤토나이트 점토가 물과 섞이게 되면 다공성의 스폰지처럼 팽창하게 된다. 한편 벤토나이트는 황토보다 흡착력이 10배 이상 강하여 스킨케어나 팩 등 화장품으로도 사용된다.

벤토나이트는 인체 치료용 뿐 아니라, 동물의 사료 첨가용으로 널리 이용되고 있다. 벤토나이트 분말을 사료에 2.5% 정도 섞어서 급이를 하면, ① 이온 교환성 혹은 흡수, 흡착성으로 인한 연변의 방지, ② 체내의 독소를 제거하는 등 면역성을 강화시키는 등 천연 항생제 역할, ③ 20% 이상 현저하게 발육을 촉진해주며, 사료 섭취의 효율성을 9% 가량 증가시켜주는 것으로 연구결과 나타났다. 동시에 벤토나이트는 동물의 펠렛 사료 결착제로도 이용된다.

이와 같이 벤토나이트는 독성이 없는 물질로서 사육 기질로 이용할 수 있다. pH는 7.5~8.5로서 수질에 영향을 주지 않고, 입자는 미분부터 알갱이가 1~2mm까지 다양하며 유기물을 함유하지 않아 수질 및 저질 오염의 우려가 없고 세균이나 미세조류를 응집 침강시키는 작용이 가능하다. 비용이 다소 비싼 단점이 있으나 수중의 세균이나 콜로이드 상 물질제거, 알칼리도 증가 등의 효과가 있으며 저질의 황화물 제거에도 효과가 있을 것으로 보인다.

표 33. 벤토나이트의 성분(%)

SiO_2	Al_2O_3	Fe_2O_3	MgO	CaO	Na_2O	K_2O	강열감량
60~70	15~20	1~5	3~5	1~3	1~5	0.1~1.0	10~15

4. 버미큘라이트(Vermiculite, 질석)

질석(蛭石)의 화학성분은 (Mg, Fe, Al)$_3$ (Al, Si)$_4$O$_{10}$(OH)$_2$·4H$_2$O$_2$·4H$_2$O 으로서 알루미늄·마그네슘·철의 수산화규산염 으로 이루어진 점토광물이다. 색상은 회백색 또는 갈색이며, 진주광택이 난다. 산(酸)에 쉽게 분해되고, 양이온 교환능력이 크며 가열 시 팽창한다.

다공질이며, 흡수력이 좋아서 내열재 및 방음재로서 널리 이용되고 있다. 또한 화학적으로는 독성이 없으며 안정되어 있다. 농업에서는 사료, 비료, 토양 조절제, 응집 방지제, 삽목토 등으로 사용된다. 벤토나이트와 비슷한 성질을 가진 광물로서 농업에서 토양개량제로 많이 쓰인다.

5. 연탄재(煉炭재)

연탄재(석탄재 포함)는 가정과 화력발전소 등에서 대량으로 배출되며 주로 매립으로 처리되므로 처리하기 위한 비용도 막대하게 소요된다. 연탄재는 탄소성분이 연소되어 날아가고 주로 회분을 비롯한 산화규소, 산화알루미늄 등이 존재하고 있어 해양환경에 거의 영향을 미치지 않으며, 수중 서식생물에도 피해를 주지 않는다. 연탄재를 사용하기 위해서는 미분(微粉)으로 분쇄하는 과정이 필요하며 바로 사육수와 혼합하여 살포하면 되므로 작업이 용이하다. 자원으로 재활용하기 위하여 연탄재에 대한 수질과 저질개선 효과를 시험한 결과는 다음과 같다.

표 34. 연탄재 분말에 의한 수질 개선 실험

구 분	수 질					
	pH	DO (mg/L)	COD (mg/L)	총질소 (mg/L)	총인 (mg/L)	알칼리도 (mg/L)
대조구	7.17	8.66	1.89	0.134	0.387	118
연탄재 투입구 (2g)	7.22	**10.49**	2.24	0.168	**0.196**	120
연탄재 투입구 (5g)	7.19	**10.69**	1.76	0.159	**0.218**	120

연탄재 살포가 해수에 미치는 영향은 수소이온농도(pH)는 다소 증가하였으며, DO(용존산소)는 매우 증가하는 것으로 나타났다. COD는 다소 감소 내지 다소 증가하여 유의성을 보이지 않았으나 총질소는 다소 증가하였고 총인은 상당히 제거되는 것으로 나타났다. 알칼리도는 다소 증가하는 것으로 나타나 연탄재는 수질에

미치는 영향은 인의 제거효과가 높은 것 외에는 미미하였으나 특징적으로 용존산소가 높게 나타났다.

표 35. 연탄재에 의한 저질개선효과

구 분	저 질			
	함수율(%)	강열감량(%)	저질 COD (mg/g)	황화물 (mg/g)
대조구	51.37	7.30	16.84	0.306
연탄재 분말 2g	49.63	7.98	15.50	**0.097**
연탄재 분말 5g	45.82	7.71	15.12	**0.194**

연탄재의 저질 개선효과를 조사한 결과 함수율은 연탄재 투입구에서 다소 감소하였으며, 강열감량은 오히려 다소 증가한 것으로 나타났다. 저질 COD는 다소 감소하였으나 큰 효과는 없었고, 황화물은 36.6～68.3%가 제거되어 황화물의 제거효율이 매우 높게 나타났다. 따라서 그동안 쓰레기로 처리되던 연탄재의 효능이 예상외로 높게 나타났다.

한편 연탄재에 의한 이산화탄소 제거효과를 알아보기 위해 수온 6.8℃, 염분 34.3psu의 조건에서 해수 1L당 각각 5, 3, 1g을 투입 후 이산화탄소를 주입하여 실험을 실시하였다.

표 36. 연탄재에 의한 이산화탄소 제거효과

구분	투입 전		투입 즉시		1시간 경과		20시간 경과		43시간 경과		50시간 경과	
	pH	CO_2 (mg/L)	pH	CO_2 (mg/L)	pH	CO_2 (mg/L)	pH	CO_2 (mg/L)	pH	CO_2 (mg/L)	pH	CO_2 (mg/L)
5 g	7.53	1.36	5.61	736	7.02	190	**7.93**	2.85	8.55	2.54	8.54	3.24
3 g	7.53	1.36	5.64	726	6.57	202	**7.61**	2.71	8.36	2.30	8.47	3.16
1 g	7.53	1.36	5.63	681	6.20	430	7.08	29.3	7.72	2.30	7.98	2.97
대조구	7.53	1.36	5.56	880	5.62	656	6.56	324	6.31	84.7	6.34	91.4

연탄재 분말에 의한 CO_2 제거는 20시간 경과 후 95.7～99.6%, 43시간 경과 후 99.7%, 50시간 경과 후 99.6%로 나타나 단기간(20시간 내외)에 이산화탄소가 대부분 제거되었으며, 비교적 낮은 농도로 투입해도 이산화탄소 제거효율이 높게 나타났다.

이산화탄소 주입으로 인해 산성화된 수질의 pH 회복은 20시간 경과 후 원래의

pH를 상회하여 회복하였으며, 3g 이상 투입구에서 pH 회복이 빠르게 나타났다. 실험결과 연탄재에 의한 이산화탄소의 제거효과는 패류 껍질에 비해 더 높았으며, pH 회복도 더 빠르게 나타나 이산화탄소 제거와 이로 인한 해수의 산성화를 복원하는데 매우 효과적인 기질로 확인되었다.

표 37. 연탄재 분말에 의한 중금속 등 제거 효과

(단위: ppm)

구 분	Hg	Cd	Cu	Cr	Pb	As
연탄재 2g	0.018	0.215	167.6	20.3	17.7	1.89
연탄재 5g	0.016	0.180	122.7	16.5	18.2	1.93
대조구	0.020	0.245	137.0	22.4	22.0	1.73

연탄재에 의한 중금속 제거 시험결과 수은은 2g 투입구에서 10.0%, 5g 투입구에서 20.0%가 각각 감소하였으며 카드뮴은 2g 투입구에서 12.2%, 5g 투입구에서 26.5%가 각각 감소하한 것으로 나타났다. 구리는 2g 투입구에서 22.3% 증가하였으나, 5g 투입구에서는 10.4%가 감소하여 투여량이 많아짐에 따라 저감효과가 발생하였다. 크롬은 2g 투입구에서 9.4%, 5g 투입구에서 26.3%가 각각 감소하였으며 납은 2g 투입구에서 19.5%, 5g 투입구에서 17.3%가 각각 감소하여 투입량의 다과(多寡)에 따른 차이가 발생하지 않았다.

한편 비소는 2g 투입구에서 9.2%, 5g 투입구에서 11.6%가 각각 증가하였는데 투입량이 증가할수록 비소의 농도가 다소 증가한 것으로 나타났다. 연탄재에 의한 중금속 제거실험 결과 비소를 제외한 수은 등 중금속 4개 항목에서 연탄재 처리에 의해 확실한 저감효과를 보였으나, 비금속인 비소에서는 오히려 다소 증가하는 것으로 나타났다. 그러나 비소는 농경지 토양오염 우려기준(6ppm)의 32%, 토양오염 대책기준 (15ppm)의 13%에 불과하여 환경적으로 큰 영향을 미치지 않는 것으로 조사되었다.

6. 결론

위에서 패류의 사육기질로 사용가능한 몇 가지 물질을 살펴보았는데 자연 상태에는 수산용 자재로 사용 가능한 물질들이 매우 많이 존재한다. 결론적으로 사육기질의 조건은 수질에 큰 변화를 주지 않는 것, 유기물을 포함하지 않는 것, 자체적으로 수질, 저질 정화작용을 하는 것, 살균 및 살충작용을 가진 것 등의 조건을 충족해야 한다.

우리나라에서는 비부착성 패류 종묘생산의 발달은 중국에 비해 매우 느린데 이는 제대로 된 사육기질이 발굴되지 못했던 데서 원인을 찾을 수 있다. 중국의 패류 종묘사육장에서는 침착 치패의 생존율 향상을 위해 기상천외한 방법을 동원하여 많은 노력을 기울이고 있다.

치패 사육현장에서는 저질오염의 증가와 이로 인해 발생하는 스쿠티카 충의 식해로 인해 일시에 사멸에 이르게 되는데 맞춤형 기질을 활용하여 저질을 깨끗하게 관리하게 되면 사육환경을 호전시켜 생존율을 증가시킬 뿐만 아니라 대량 폐사의 원인이 되는 스쿠티카 충의 발생이 줄어들어 치패의 생존율을 높일 수 있을 것이다.

참고문헌

- 조주현 외, 전남해양수산과학원 여수지소, 2011, 2005~2009년 여수지역 양식어장 환경조사 연보.
- 서주영(Joo-Young Seo) · 김동규(Dong-Gyu Kim) · 김근업(Guen-Up Kim) · 조성수(Sung-Su Cho) · 박흠기(Heum Gi Park) · 이상민(Sang-Min Lee), 2009, 사육수조 내 사육기질이 어린 해삼의 성장 및 체조성에 미치는 영향, 한국양식학회지, 제22권 1호, pp.118~121.
- 남명모 · 이주 · 김미경 · 김재원 · 김영대, 코끼리조개, *Panopea japonica* (A. Adams) 의 수정란 발생과 유생 성장, 한국패류학회지 제30권 제4호, 2014.12, 303-309.
- 김성균 · 김경훈 · 김병권 · 김지일 · 김창훈, 2014, 바위털 갯지렁이(Marphysa sanguinea) 유생의 사육기질 유기물 함량에 따른 착저 및 생장, 한국수산과학회. p.45.
- 김정 등(여수대학교), 2005, 청정해역에 서식하는 살조개, *Protothaca jedoensis*의 대량종묘 생산기술개발, 해양수산부.

제3절 수저질 개선제

우리나라는 1980년 중반부터 해상가두리양식 본격화에 따른 어장노후화 현상이 심화되고 있으며 이에 따른 저질의 산성화 및 환원상태로 인한 어병 발생의 증가와 환경악화로 폐사율이 증가하여 생산성이 날로 저하되고 있다. 어류 양식장뿐만 아니라 패류양식에 있어서도 장기 연작에 따른 어장의 생산성이 떨어지고 있어 환경개선의 여론이 팽배해 있다.

지금까지의 수저질 개선제는 많은 제품이 출시되고 있으나 현장에서의 효과성은 아직 확인되지 않고 있다. 석회계를 비롯한 많은 저질 개선제가 출시되었으나 대부분 고가이며 효과가 검증되지 않고 있다. 그러나 저비용과 고효율의 조건을 충족할만한 개선제는 아직 미개발 상태이다. 따라서 어업인이 값싸고 실용적으로 사용할 수 있는 개선물질 개발의 필요성이 절실한 실정이다.

CHAPTER 2

1. 수저질 개선제의 종류

수질과 저질을 개선할 수 있는 종류는 석회계열, 마그네슘 계열, 분말황토(정제) 계열, 광물토양과 조개껍질을 주성분으로 하는 탄산칼슘 등으로 나눌 수 있다. 개선제 선택의 기본요소는 구입이 용이하고 가격이 저렴한 것, 수질에 영향을 크게 미치지 않는 것, 비용/효과가 높은 것, 약효가 장기간 지속되는 것, 수질은 물론 저질의 산성화 및 환원상태를 개선시킬 수 있는 것이어야 한다. 그러나 시판되는 대부분의 개선제가 값이 비싼 대신 효과가 검증되지 않아 시판되는 제품을 포함하여 천연물질로 자연계에 존재하는 물질까지 효과성을 검증하였다.

1) 산화칼슘(생석회)

산화칼슘(CaO)은 석회석($CaCO_3$)를 보통 1,000～1,200℃ 정도의 고온으로 가열하면 CO_2가 빠져나와 형성된다. 산화칼슘은 주로 소독제, 표백제, pH 조절제, 식품첨가제, 비료 등에 사용된다. 산화칼슘은 백색을 띄는 결정으로 공기 중에 놔두면 수분과 이산화탄소를 흡수하여 수산화칼슘(소석회)과 탄산칼슘으로 분해된다.

산화칼슘의 특징은 강한 알칼리성 물질로서 오염으로 인해 산성화된 수질과 저질을 중화시키는 작용을 한다. 또한 강력한 살균력을 보유하고 있으며, 산화칼슘을 물에 녹였을 때에 발생하는 OH Radical에 의해 세균, 곰팡이 등과 적조생물을 비롯한 미세조류를 신속히 제거한다.

이외에도 알칼리도를 높여 수중의 완충능력(Buffer Capacity)을 높이는 작용을 하고 특히 새우 노지양식장에서 알칼리도의 저하에 의해 물이 깨지는 현상을 방지한다. 그리고 수중의 이산화탄소를 제거하는 작용을 하고 유리된 칼슘이온은 새우 등의 껍질구성에 필요한 성분으로 매우 유용하다. 산화칼슘이 물과 접촉할 때의 화학식은 다음과 같다.

$$CaO+H_2O \rightarrow Ca(OH)_2$$

$$Ca(OH)_2 \rightarrow Ca^{2+}+2OH^-$$

$$Ca(OH)_2+CO_2 \rightarrow CaCO_3+H_2O$$

또한 해수 중의 인(P)과 결합하여 침강시키게 되므로 부영양화 수역에서 적조나 녹조의 발생을 근본적으로 억제할 수 있다.

$$3Ca+2PO_4^{2-} \rightarrow Ca(PO_4)_2(\text{인산칼슘})\downarrow$$

$$5Ca_2+OH^-+3PO_4^{3-} \rightarrow Ca5(OH)(PO_4)_3(\text{인회석})\downarrow$$

지금까지 산화칼슘은 농업용 토양개량제로 주로 사용되고 있었으나 최근 제품의 질과 순도가 높아지면서 수질에 있어서는 알칼리도의 증가와 pH 조절, 인의 제거에 유용하고, 저질에는 황화물의 제거와 COD의 저감효과를 가지고 있다. 뿐만 아니라 적조생물과 기생충 등의 구제에도 높은 효과를 나타낸다.

2) 수산화마그네슘

수산화마그네슘은 화학식으로 $Mg(OH)_2$ 이다. 산화칼슘과 마찬가지로 공기 중의 이산화탄소를 흡수한다. 알칼리성 물질로 산성화된 환경을 중화시키는 작용을 하며 수중의 알칼리도를 높이는 기능이 있다. 양식현장에서는 바지락 양식장의 저질 개선에 쓰이며, 적조 구제에도 효과가 있는 것으로 알려지고 있다.

3) 탄산칼슘

탄산칼슘의 화학식은 $CaCO_3$ 로서 자연계에 존재하는 염 중에서 가장 많다. 일반적으로 무색의 결정 또는 백색 고체로 가열하면 이산화탄소를 발생하고 생석회를 얻는다. 탄산칼슘은 중성으로 수질에 미치는 영향이 거의 없어 양식장에서 쉽게 사용 가능하며, 오래 지속되는 특징이 있다.

$$CaCO_3 \rightarrow CaO + CO_2 \uparrow$$

탄산칼슘은 순수한 물에는 용해하지 않으나, 이산화탄소를 함유하는 물에는 용해하여, 중탄산칼슘 〔$Ca(HCO_3)_2$〕 을 생성하며 녹는다.

$$CaCO_3 + CO_2 + H_2O \leftrightarrow Ca(HCO_3)_2$$

광물로서 탄산칼슘은 값이 싸고, 비중도 크지 않아 공업 분야에서 널리 사용된다. 즉, 석회석 ·대리석으로서 시멘트의 주원료, 산화칼슘의 원료, 제철 ·건축재료 등의 각종 중화제로서 사용된다. 탄산칼슘은 광물로서 자연계에 많이 존재하고 있으나, 패류양식의 부산물로도 많이 생산된다. 특히, 경남 통영에서는 굴, 전남 여수에서는 굴, 새고막 등에서 많은 패각이 발생되어 사업장 폐기물로 매립하고 있는 실정이다.

패각껍질은 단순하게 분쇄만 해도 양질의 천연 탄산칼슘을 얻을 수 있으며, 최근 이를 이용하여 바지락 양식장의 저질개선과 함께 생산성을 높인 사례가 보고되고 있어 자원의 재활용 측면에서 매우 고무적이라 할 수 있다. 조개껍질의 탄산칼슘은 수질에 대한 영향을 주지 않고 수중의 인과 저질의 황화물을 효과적으로 저감할 수 있는 물질이다. 일본 등에서는 조개껍질 분말을 황토와 뭉쳐 황토 공(ball)을 만들어 하천 정화용으로 널리 사용하고 있다.

4) 황토(黃土)

우리나라 황토는 중국에서 수십만 년 동안 날아온 황사로 이루어져있으며 황토의 효소 성분에는 카탈라아제, 디페놀 옥시다아제, 사카라제, 프로테아제의 4가지가 포함되어 있는데 이 효소들은 각기 독소 제거, 분해력, 비료 요소, 정화 작용의 역할을 하고 있다. 황토는 다량의 탄산칼슘을 가지고 있어 점착력이 강하다.

또한 실리카, 생석회, 알루미나, 철분, 산화마그네슘, 산화철 등으로 구성되어 있다. 황토는 물과 접촉하면 점도를 높여 콜로이드 상 물질을 침강시키는 응집 침전 기능을 하며 용존산소를 다소 높이는 효과가 있다. 황토가 오히려 pH를 낮춘다는 주장도 있으나 그 정도는 7.5~7.8의 범위로 그다지 낮지 않은 것으로 나타났다. 수질의 COD와 인을 감소시키고, 저질의 COD와 황화물을 감소시키는 효과가 있는 것으로 조사되었다.

5) 광물 점토(벤토나이트 등)

벤토나이트는 화산재의 풍화로 된 점토로서 점성이 강하므로 수 처리 분야에서 응집침전제로 사용된다. 성분은 실리카, 산화알루미늄, 산화철, 산화망간, 산화칼슘 등으로 구성되어 있다. 수산분야에서는 거의 사용되지 않고 있지만, 실험결과 녹조의 구제에 효과가 있는 것으로 나타났다. 벤토나이트는 황토와 비슷한 성분을 가지고 있으므로 수중의 인과 저질의 황화물을 제거할 것으로 보여진다.

2. 수저질 개선물질의 화학적 반응

탄산칼슘은 황화수소와 반응하면 칼슘이온이 황과 결합하여 무해한 황화칼슘으로 전환시킨다.

$$CaCO_3 + H_2S \rightarrow CaS\downarrow + H_2CO_3$$

생석회도 황화수소와 반응하여 황화칼슘으로 전환된다.

$$CaO + H_2S \rightarrow CaS\downarrow + H_2O$$

황토는 철성분이 황화수소와 반응하여 황화철로 전환된다.

$$FeO + H_2S \rightarrow FeS\downarrow + H_2O$$

한편 인(P)과 결합하여 불용화 시킨다.

$$Fe^{3+} + PO_4^{3-} \rightarrow FePO_4\downarrow$$

3. 수저질 개선제 효과조사 결과

1) 수질 개선제 효과조사

수질 개선제에 의한 개선효과를 확인하기 위해 비교적 오염도가 심한 어류 사육수 또는 질소와 인 등 영양염을 많이 포함하고 있는 지하해수를 사용하여 효과를 조사하였다. 수질개선의 효과에 있어서 COD는 황토(20g)과 맥반석 분말(1g), 석회 Y제품(2g)에서 우수하였으며, 총질소는 이산화염소(50mg)와 맥반석 분말(1g)에서 탁월하였다. 총인은 알칼리계의 석회 황토(1g)와 석회 Y제품(2g), 새고막 분말(1g)에서 우수한 것으로 나타났다.

표 38. 수질 개선제에 의한 개선 효과조사

(시료 1L 당 혼합량)

개 선 제	시 험 전					시 험 후				
	pH	DO (mg/L)	COD (mg/L)	총질소 (mg/L)	총인 (mg/L)	pH	DO (mg/L)	COD (mg/L)	총질소 (mg/L)	총인 (mg/L)
황토 20g	8.56	8.60	3.55	0.070	0.041	7.76	-	**1.98**	0.038	0.012
황토 3g	7.45	8.19	1.49	3.145	0.211	7.44	8.44	1.09	3.140	0.152
$Mg(OH)_2$ 2g	8.56	8.19	3.55	0.070	0.041	8.72	8.45	2.26	0.307	0.008
$Mg(OH)_2$ 1g	8.56	8.19	3.55	0.070	0.041	8.69	8.40	2.85	0.227	0.012
석회황토 1g	7.45	8.19	1.49	3.145	0.211	10.14	8.44	1.44	3.302	**0.010**
분말황토 1g	7.45	8.19	1.49	3.145	0.211	7.30	8.32	1.14	3.188	0.228
활성탄 1g	7.45	8.19	1.49	3.145	0.211	7.30	8.64	1.73	3.164	0.406
이산화염소(50mg)	6.49	-	1.39	2.780	0.039	7.83	-	0.62	**0.608**	0.057
맥반석분말 1g	8.15	6.49	1.97	3.063	0.090	8.15	5.68	**0.93**	**1.487**	**0.345**
석회(Y) 2g	7.12	6.77	2.94	1.194	0.257	10.05	7.30	**1.15**	1.232	**0.010**
새고막 분말 1g	7.56	9.05	1.92	3.578	0.485	7.95	9.15	1.60	5.368	0.298
새고막 분말 0.5g	7.56	9.05	1.92	3.578	0.485	7.85	9.13	1.04	5.256	0.387

알칼리도는 석회 Y제품(2g), 새고막 분말(1g, 0.5g)에서 높아진 반면 황토에서는 변화가 없거나 다소 저하되는 것으로 나타났다. 반면 새고막 분말(1g, 2g)에서는 총질소가 증가하였고, 맥반석 분말(1g)에서는 총인이 오히려 큰 폭으로 증가하는 것으로 나타났다. 석회 계는 pH의 급격한 상승이 일어났으나 마그네슘 계에서는 급격한 상승현상은 발생하지 않았다.

용존산소는 맥반석 분말(1g)을 제외하고는 모두 다소 증가하는 현상을 보였다. 한때 '황토가 바다를 산성화시키거나 오염을 증가시킨다'는 전문가들의 의견이 많았으나 실제로 시험한 결과는 오히려 상당한 '수질 개선효과'를 가지는 것으로 나타났다. 다만 다량으로 투입할 경우 pH가 다소 낮아지는 것으로 나타났으나 변화의 차이는 최대 1.0의 범위를 넘지 않았고 적은 양의 경우에는 거의 영향을 미치지 않았다.

새고막 패각 분말의 경우도 COD와 총인을 감소시키는 반면 총질소를 증가시키는 것으로 나타났으나 전반적으로 수질개선에 좋은 효과를 보였다. 따라서 그동안 폐기물로 처리되던 패류의 껍질은 수저질 정화제로 사용이 가능하며 그 효과도 매우 뛰어난 것으로 조사되었다.

2) 저질개선제에 의한 개선효과 조사

저질 개선물질의 개선효과를 확인하기 위해 비교적 오염도가 높은 어류양식장 해저퇴적물, 진주담치 양식장 퇴적물을 사용하여 오염저감 효과를 시험하였다.

전남 고흥

전남 여수

그림 17. 굴 껍질 분말을 활용한 바지락양식장 조성

표 39. 저질 개선제에 의한 개선 효과조사

(저질 50g당 혼합량)

구 분	시 험 전				시 험 후			
	함수율 (%)	강열감량 (%)	저질COD (mg/g)	황화물 (mg/g)	함수율 (%)	강열감량 (%)	저질COD (mg/g)	황화물 (mg/g)
황토4g	72.98	12.38	32.48	0.081	45.35	**5.31**	**6.01**	**0.000**
황토2g	72.98	12.38	32.48	0.081	46.51	**5.92**	**3.56**	**0.000**
$Mg(OH)_2$ 2g	65.21	9.05	26.11	0.082	63.26	7.64	**14.75**	0.031
분말황토 2g	54.88	4.49	9.88	0.327	52.37	5.31	11.20	**0.096**
석회(G) 2g	60.67	6.64	18.12	0.279	56.57	8.08	17.18	**0.093**
석회(G) 5g	60.67	6.64	18.12	0.279	53.56	8.96	17.83	**0.052**
석회(Y) 2g	54.88	4.49	9.88	0.327	52.55	5.82	9.50	**0.016**
석회(D) 1.5g	31.15	13.34	8.18	0.116	26.51	2.10	7.85	**0.040**
석회(C) 1g	58.5	11.80	14.0	0.351	55.4	3.5	20.1	**0.018**
슬래그 2g	57.99	7.49	12.90	0.226	58.94	7.86	16.91	0.164
굴 패각분말 4g	59.07	16.82	14.72	0.170	54.10	**6.69**	11.90	**0.006**
새고막 분말 5g	56.77	7.30	14.52	0.267	45.45	5.71	10.52	**0.108**
새고막 분말 3g	56.77	7.30	14.52	0.267	47.42	5.51	**7.65**	**0.095**

함수율은 황토(4g, 2g), 새고막 분말(5g, 3g)에서 낮았으며, 강열감량은 황토(4g, 2g), 굴 패각 분말(4g)에서 낮게 나타났다. 저질 COD는 새고막 분말(3g), $Mg(OH)_2$에서 낮았으며, 황화물은 황토(4g, 2g), 분말황토(2g), 대부분의 석회 계와 굴 패각 분말과 새고막 분말에서 낮게 나타났다. 반면 강열감량에서는 분말황토, 석회(C)를 제외한 대부분의 석회계 제품에서 높아졌고, 저질 COD에서는 슬래그, 석회(C), 분말황토가 오히려 높아지는 경향을 보였다.

굴 패각이나 새고막 패각은 그동안 '사업장 쓰레기'로서 바다에 되돌려주지 못하고 육상 매립장에 처리해야 하는 실정이었으나, 실험의 결과는 오히려 저질의 오염도를 낮추는 효과를 가지는 것으로 나타났다. 또한 황토도 일부 전문가들에 의해 적조 방제를 위해 살포하는 것이 저질을 산성화하여 오염시킨다는 우려가 있었으나 오히려 '저질을 개선시키는 효과가 탁월한 물질'임이 확인되었다. 이외에도 최근 핫 이슈가 되고 있는 해양 이산화탄소의 저감에는 탄산칼슘과 함께 석회계 제품들이 효과가 뛰어난 것으로 나타나 앞으로의 활용도가 더욱 높아질 것으로 예상된다.

종합적으로 판단하면 전 항목에 있어 황토와 패각 분말의 효과가 가장 현저하였고, 타 개선제는 강열감량과 저질 COD의 개선효과가 미흡한 것으로 나타나 오히려 제품화된 개선제가 천연물질인 황토나 패류 껍질 같은 탄산칼슘 계열이 더 효과적인 것으로 나타나 오염된 해역이나 저질을 정화하기 위해 준설(浚渫)이나 경운작업을 하지 않더라도 저비용으로 개선이 가능할 것으로 보인다.

4. 결론

최근 양식장 자가 오염이 심해지고 있어 생산력은 날로 저하되고 있는 실정이다. 따라서 양식장 환경을 정화하고 생산력을 높이는 것이 급선무라고 할 수 있다. 현재 시중에서 많은 수저질개선제가 판매되고 있으나 정확한 효과가 검증되지 않아 양식 어업인의 불신이 심해지고 있으며 따라서 보다 근본적인 방안이 필요하다.

수저질 개선제는 우선 값싸고 효과가 뛰어나며 지속성이 있어야 한다. 그러나 이를 만족하는 개선제는 실제로 존재하지 않으므로 자연에 존재하는 물질들을 사용하는 것이 가장 효율적이라 할 수 있다. 그리고 개선제는 꼭 화학약품일 필요도 없고 독성물질을 함유해야 할 필요도 없다. 일부 어업인은 우리 주변에 있는 다양한 물질을 대상으로 개선제로서의 가능성을 발견하여 양식 현장에서 적용하고 있으며, 이러한 방법은 비용의 절감은 물론 친환경 양식에 이르는 지름길이 될 것이다.

참고문헌

- 조주현 등, 전남해양수산과학원 여수지소, 2011, 2005~2009년 여수지역 양식어장 환경조사연보.
- 신우철, 2007, 친환경적 해상가두리양식장 관리방안에 관한 연구.
- 조주현, 2008, 저질개선제 효과조사, 전남 해양수산과학원 여수지소.
- 조주현, 2011, 패각을 이용한 연안어장 환경개선방안, 전남 수산기술사업소 여수지소.
- 김우항 · 김도희, 저질 개선제의 주입에 의한 수 환경에 미치는 영향 평가, 해양환경안전학회지 10(1), 2004.6, 69-73/ 10권 1호, 69-73.
- 이경선 · 김도희 · 류향미 · 박창만, 2007, 저질개선제 개발과 해양환경 및 생물에 미치는 영향, 해양환경안전학회 학술발표대회 논문집, 2007.11, 189-192
- 김남길 · 최종덕 · 장재길, 2010, 저질개선제(Bio-colony)를 살포한 가두리양식장의 저질 개선효과, 한국수산과학회 양식분과 학술대회, 2010.6, 55-56.
- 김진한 · 전세진, 2011, 하 · 폐수 중의 인 제거기술, 공업화학 전망, 제14권 제5호.
- 김운회 · 정형근, 2004, 수산화칼슘과 굴 껍질에 의한 인산 이온의 제거 모델에 관한 연구, 대한환경공학회, 2004 춘계학술연구발표회 C-3-2 논문집.

제3장 양식생물 사육관리

제1절 유용 미생물(Effective microorganism)

해양미생물은 해수, 해양 동식물, 퇴적층에 서식하는 세균, 진균류, 단세포 조류, 원생동물, 바이러스 등 작은 생명체를 총칭하나 연구대상으로는 일반적으로 세균, 진균류 및 바이러스로 그 범위를 한정하고 있다. 해양에서는 육상과는 다른 저온성, 빈영양성, 친압성, 호염성 등의 특성을 지닌 해양미생물이 서식한다. 해양미생물은 해수와 퇴적층에서의 물질순환에 아주 중요한 역할을 수행하고 있다. 근래에는 해양오염이나 어병문제뿐만 아니라 생물공학적인 활용 면에서도 해양미생물의 대사에 대하여 많이 연구하고 있다. 해양미생물은 수계에서 현탁물질에 미생물이 부착하여 유기물질을 분해하여 먹이연쇄를 통하여 해양세균들은 유기물질 분해, CO_2 생성 등 중요한 역할을 한다. 현탁물질과 세균과의 관계는 해양세균이 현탁물질(懸濁物質)에 부착하여 현탁물질의 분해와 함께 먹이로서의 중요한 역할을 한다.

패류 중의 하나인 진주담치는 부유물질을 제거한 후 현탁물질이나 균괴(菌塊, aggregate) 등을 섭취 또는 포식한다. 많은 동물플랑크톤은 세균을 잘 포식하며, 어패류 종묘생산 과정에서 중요한 먹이로 이용되는 로티퍼도 세균을 포식하면서 성장한다. 최근에는 해양세균 중에서 영양가가 높은 *Erythrobacter* sp. 등을 이용하여 로티퍼, 알테미아 등을 초기 먹이로 사용하기도 한다. 이러한 결과로 볼 때 '세균은 분해자인 동시에 먹이의 역할'을 하고 있음을 알 수 있고 따라서 세균과 식물성플랑크톤은 '해양의 1차생산자'라 할 수 있다.

지금까지 수산동물의 종묘생산을 위한 먹이로는 동, 식물 플랑크톤이 주로 이용되었으나 최근 많은 연구자들이 해양세균을 먹이로 하여 동물플랑크톤을 배양하고 먹이로 사용하고 있다. 뿐만 아니라 식물성플랑크톤에도 광합성박테리아를 투입하여 미세조류의 성장을 촉진시키는 방법도 많이 활용되고 있다.

小川(1977)는 세균의 균체가 모인 '균괴'를 이용하여 동물플랑크톤을 배양하였고, 多賀 安田(1979)는 해양세균을 이용하여 알테미아를 대량으로 배양하였으며, 이(1991)는 해양세균을 이용, 동물플랑크톤인 *Tigriopus japonicus*를 대량 배양하였다. 이와 같이 최근 광합성박테리아를 비롯한 각종 세균을 동물플랑크톤의 먹이로 사용하여 어패류 종묘생산을 시도하여 효과를 거둔 결과도 있다.

1. 해양 미생물의 특성

해양 미생물의 특성은 호염성으로 최적의 성장을 위하여 염분이 필요하며, 보통 25‰~40‰의 염분농도에서 최적의 성장을 보인다. 대부분의 해양세균은 친냉성이거나 냉온성이며, 호기성이거나 통성 혐기성균이지만 산소가 있는 상태에서 다 잘 자라며 절대적 혐기성세균의 분포비율은 낮은 편이다.

해수에 존재하는 대표적 세균으로는 *Pseudomonas*, *Vibrio*, *Flavobacterium*, *Spirillum*, *Alcaligenes*, *Hyphomicrobium*, *Cytophaga*, 방선균 등이 있다. 해양의 퇴적층은 유기물이 축적되어 있어 종속영양세균의 번식에 유리한 조건으로 표층 아래에는 혐기성세균이 많이 분포하고 있다. 일부 미생물들은 무기호흡과정에서 황산염을 최종 전자수용체로 이용할 수 있는데 이에 속하는 세균은 절대 혐기성세균인 *Desulfovibrio*, *Desulfotomaculum*, *Desulfomonas* 등이 있다. 위와 같은 환원의 결과 황화수소가 생성된다. 해양세균은 표층에 가장 많이 분포하며 수심에 따라 감소하는데 연안, 하구, 만, 용승류 발생해역에서는 상대적으로 개체수가 많다. 퇴적층의 경우는 주로 표층으로부터 수 cm에는 많이 존재하지만 수심이 깊어지면 그 수가 급격히 감소하는데 이는 영양물질의 고갈이 주된 원인으로 여겨진다.

해양환경에서 미생물의 가장 중요한 역할 중의 하나는 육상과 마찬가지로 분해자로서의 역할이다. 미생물은 대부분의 물질을 분해하여 성장할 수 있기 때문에 해양에 유입되는 여러 오염물질을 분해함으로써 해양의 자정작용의 중추적 역할을 담당하고 있다. 해양 종속 영양세균은 해양의 일차 생산량의 30~50%를 분해하는데 이러한 종속영양세균은 분해자일 뿐만 아니라 먹이망에 있어서 중요한 먹이가 된다.

실제로 해양세균의 30~50%는 매일 미세 편모조류에 의해 섭식된다. 또한

*Pseudomonas*와 같은 미생물은 방향족 화합물, 석유의 탄화수소, 목재의 펄프 등을 비롯한 다양한 복합물질을 분해하는 능력을 지니고 있다. 매년 선박사고로 많은 기름이 해양으로 유출되기 때문에 미생물의 유류 분해능(分解能)은 큰 주목을 받고 있다. 석유의 탄화수소를 분해할 수 있는 미생물로는 분류학적으로 다양한 세균과 효모 등이 있다. 미생물은 무척추동물의 유생이 단단한 표면에 부착되는 과정에도 관여를 한다. 비브리오균이 생산하는 물질이 다른 생물의 유생의 착생을 유도하며 슈도모나스가 생산하는 다당류나 당(糖) 단백질은 갯지렁이류 유생의 착생과 변태를 유도한다고 밝혀졌다.

또한 해양미생물은 고부가 가치의 고분자물질이나 효소 등의 신소재, 의약품 및 농수산용 신물질의 생산자로서 앞으로도 무한하게 개발할 필요가 있는 해양자원이다.(출처: 국립해양조사원)

2. 갯벌에서의 미생물의 역할

연안의 갯벌과 모래사장 등은 실트(微砂), 모래, 자갈, 그리고 조개껍질 등으로 구성되어 있는데, 그 기질 표면에는 여러 가지 미생물이 생식하고 있다. 기질의 입자 표면에 있는 미생물은 통상 호기성 미생물로서 해수중의 현탁성과 용해성 유기물을 먹이로 하며, 일부는 미생물 자체의 증식에 사용하고 나머지는 C, N, P 등으로 무기화된다.

미생물에 의한 정화능력은 수역의 유기물 농도와 저질의 성상, 수온 등의 환경조건에 따라 변동한다. 저질은 펄과 같이 입자의 지름이 작아질수록 투수성(透水性)과 통기성이 악화되기 때문에 산소를 선호하는 호기성 미생물을 줄어들고, 대신 산소가 없어도 번식할 수 있는 혐기성 미생물이 증가한다.

혐기성 미생물은 혐기정도에 따라 유기물의 분해과정에서 암모니아 태 질소의 생성과 황산환원 세균번식에 의한 황화수소(H_2S) 발생, 메탄세균에 의한 메탄(CH_4) 생성 등 유해한 가스를 발생시켜 어패류의 생존을 위협한다. 혐기성 미생물의 유기물 분해속도는 호기성 미생물의 약 1/10로 알려져 있어, 혐기성 미생물이 우점한 환경은 유독가스 발생과 저질의 유기오염 확대에 의해 열악한 환경을 형성하게 된다.

미생물의 서식밀도를 살펴보면, 개펄과 해변 등의 연안 역에는 해수 중의 수백배에서 수천 배에 달하는 미생물수가 존재하는 것을 알 수 있다. 또 연안과 하구역의 기질에서는 질화세균(窒化細菌)이 $10^2 \sim 10^5$ 균수/g, 더욱이 모래사장에서는 탈질세균(脫窒細菌)이 $10 \sim 10^3$ 균수/g 정도 존재하며, 갯벌과 모래사장 속의 미생물은 유기물의 분해와 함께 생성되는 암모니아 태 질소의 질화·탈질이 작용하여 질소의 제거에도 도움이 되고 있다.

3. 바이오플록 기술(BFT, Bio Floc Technology)

흔히 양식장에서 사육되는 물고기는 심한 스트레스를 받는다고 한다. 좁은 공간에서 최소의 비용으로 많은 수익을 내기 위해서 대부분의 양식장은 밀식사육(密植飼育)을 하게 된다. 폐사가 일어나지 않을 최악의 수질 조건의 선을 넘지 않는 수준에서 사육되는 물고기는 스트레스를 받을 수밖에 없다. 이런 환경에서의 사육의 장기화와 사육 환경의 변화 등은 물고기의 면역능력을 약화시켜 물고기는 병이나 바이러스에 쉽게 감염 된다. 하지만 병에 대한 물고기 치료는 다음과 같은 제약을 받는다.

- ○ 오직 몇몇 약품만 물고기에 사용할 수 있도록 허가되었고, 허가된 약품도 모든 종류의 병에 효과적인 것이 아니다.
- ○ 화학약품 사용은 대부분 독성에 의한 2차 스트레스를 가져온다.
- ○ 양식장에 물고기 치료를 위해 사용이 허가된 모든 약품은 다른 생물의 돌연변이 혹은 암(癌)을 일으킬 확률이 높다.

그러나 양식을 할 때 질병을 예방하는 목적으로 인체에 해로운 여러 화학약품을 살포하여 사회 문제로 대두되고 있는 실정이다. 그러나 물고기를 양식할 때 독성 화학약품이 아닌, 친환경적인 유용 미생물을 사용한다면 물고기 병을 예방 할 수 있고, 또한 치료 효과까지 얻을 수 있다. 바이오 플록 기술을 적용하게 되면 아래와 같은 효과를 기대할 수 있다.

- ○ 알과 유생의 보호로 치어 생산량 증가
- ○ 성장과 사료 효율 증가
- ○ 병충해에 대한 저항성 증진 및 활동성 증가, 특히 수송 과정 중 스트레스 감소
- ○ 체외 기생충(Ectoparasite)에 대한 빠른 치료효과
- ○ 2차 감염 방지 효과
- ○ 피부 보호 효과로 바이러스의 침투를 억제
- ○ 해로운 중금속과 살충제의 중화 효과로 독성 제거

1) 바이오 플록기술의 원리

바이오 플록 양식기술이란 오염물 분해 능력이 뛰어나고 물고기에 유익한 미생물을 양식수조에서 물고기와 함께 기르는 새로운 양식기술이다. 미생물이 사료찌꺼기나 배설물에서 발생되는 오염물을 분해하고 물고기에 잡아 먹혀 단백질 등 양분을 공급하기도 하여 수확량을 높여주고 물갈이도 거의 필요치 않아 물과 에너지를 절약할 수 있는 첨단 양식기술이기도 하다.

이와 같이 좋은 결과를 얻을 수 있는 바이오 플록 양식기술의 핵심에는 유용미생물이 있다. 어떤 종류의 미생물을 잘 활성화 시켜 유지시켜 주는 가에 따라 성공여부가 달려있다. 바이오 플록의 성공은 미생물과 물 관리에 달려 있다. 일반 양식과는 달리 바이오 플록 양식기술이 물을 절약하고 수확량을 높일 수 있는 방법이지만, 그 만큼 관리의 어려움도 있다.

미생물과 물고기를 함께 같은 수조에서 기르기 때문에 ① 산소 공급량도 많아져야 하고, ② 적절한 혼합이 이루어 져야 하며, ③ 미생물의 농도도 일정하게 유지시켜야 하고, ④ 적절한 pH를 유지해야 하며, ⑤ 잉여 미생물도 처리해야 하는 등 성공을 위한 전제 조건이 많이 있다. 최근 우리나라는 물론 동남아의 일부 새우 양식업자도 BFT를 실시하고 있다.

BFT는 반 폐쇄적인 양식을 위한 혁신적인 방법이지만 성과를 거두기에는 아직 많은 기술력의 진보가 필요하다. BFT는 여러 가지 기술이 모여 구성된 컨버전스(convergence) 기술이므로 양식과 미생물외에도 환경공학, 생물학, 조류학, 미생물학 등 다양한 학문을 함께 연구해야 한다.

표 40. 바이오플록 양식기술의 장점과 단점

장 점	단 점
밀집 사육으로 수확량 증가	산소 공급량 증가로 인한 에너지 소비 증가
병충해 피해 방지	미생물 정착을 위한 시운전 기간 필요
물 관리의 편리성	질산화의 중요성 증가
사료 효율증가	알칼리 성분 추가 필요
사육 면적 감소	적정 농도의 미생물 관리 필요
계절적 변화에 민감하지 않다.	잉여 미생물 처리 필요
물 절약	산소공급 장치의 중요성 증가

바이오 플록 양식기술에는 몇 가지 단점이 있지만 거의 미생물 관리에 관계되는 것으로 이 단점만 극복한다면 좁은 면적에서 일반 양식에 비해 5~30배 많은 양을 수확할 수 있다.

2) 바이오플록 양식용 제품

(1) 종균제

찌꺼기 분해 능력이 탁월하고 엑스트라셀룰라 효소(extracellular enzyme)를 발생하여 플록 형성을 돕는 농축미생물제이다. 균의 종류로는 *Bacillus subtilis*, *Bacillus amyloliquefaciens*, *Bacillus lichenformis*, *Cellulomonas* sp, *Cellulomonas biazotea*, *Pseudomonas stuzeri*, *Pseudomonas denitrificans*, *Rhodopseudomonas palustris* 이 있다. 사용방법은 처음 시운전 시(seeding) 수조 용량대비 10~100ppm을 투입하고, 물이 깨지거나 물갈이 한 후 같은 양 투입한다.

(2) 미생물 촉매제

미생물촉매제는 미생물이 지속적으로 세포 분열하여 성장하도록 촉매제 역할을 한다. 주성분은 12가지 필수 아미노산 및 비타민 B_6, B_{12}이다. 사용방법은 처음 시운전 시(seeding) 수조 용량대비 10~100ppm 일괄 투입하며 이후 매일 1~10ppm 정량 투입한다.

(3) 질산화 미생물

독성을 띠는 암모니아성 질소(NH_3-N)을 무독성 질산성 질소(NO_3-N)로 바꿔주는 미생물 농축액으로 주성분은 *Nitromonas europaea*, *Nitrobacter winogradiskyi* 이다. 사용방법은 처음 시운전 시(seeding) 수조 용량대비 10~100ppm 일괄 투입, 물이 깨지거나 물갈이 한 후 같은 양 투입한다.

(4) 미네랄 제

70여 가지 천연 유기미네랄로 미생물과 물고기의 건강을 증진시키고 병충해로부터 보호한다. 주성분은 휴믹산과 풀빅산이며, 사용방법은 처음 시운전 시(seeding) 수조 용량대비 10~100ppm을 일괄 투입하고, 이후 매일 1~10ppm 정량 투입해 준다.

(5) 성장촉진제

수용성 비타민 B_9 농축액으로 미생물과 물고기의 성장을 촉진한다. 주성분은 비타민 B_9이며, 처음 시운전 시(seeding) 수조 용량대비 10~100ppm 일괄 투입, 이후 매일 1~10ppm 정량 투입한다.

4. 광합성 세균(PSB, Photo Synthetic Bacteria)

광합성 세균은 수계에서 폐쇄된 만의 저층과 같은 산소가 없는 곳인 혐기적인 환경이나 산소가 1ml/L 이하인 열악한 환경에서, 광을 이용하여 ATP 등 광에너지 화합물로 전환시키면서 증식하는 미생물로 연안해역의 오염된 곳, 천해 퇴적 니토(泥土), lagoon이나 tide pool 등에서 생활한다.

광합성 세균은 광 에너지를 이용하여 유화수소를 유황 또는 유산까지 산화하고 유화수소를 무해화하기 때문에 환경보전에 큰 역할을 하고 있다.

1) 광합성 세균이란?

광합성 세균은 광합성을 하여 당분을 만드는 세균으로서 혐기성 세균이다. 세균은 동화 색소를 가지고 있지 않으므로 광합성을 할 수 없지만, 홍색 황세균, 녹색 황세균은 박테리오 클로로필(bacterio chlorophyll)을 가지고 있어 이산화탄소(CO_2)와 수소 화합물(황화수소, H_2S) 등을 원료로 광합성을 한다. 홍색 황세균의 광합성에서는 고등 식물이 환원물질로 물(H_2O)을 사용하는 대신 H_2S(황화수소) 등을 사용하며, 발생하는 기체도 산소가 아니라 황(S)이다.

최초에 태양 에너지를 이용할 수 있는 색소를 가진 세포가 출현하였을 무렵, 지구의 대기 조성은 물 이외의 무기물이 수소의 공여체로서 이용되었을 가능성이 높다. 그러므로 세균형의 광합성은 진화의 역사에서 조류나 고등 식물의 광합성보다 오래된 형태이다.

광합성 세균은 자연계에 존재하는 미생물로써 토양이나 수중에서 사람이나 동물의 먹이 찌꺼기나 배설물 등의 유기물이 분해되면서 나오는 유화수소나 질소 화합물 등 식물이나 가축 그리고 어류의 생육에 해로운 물질을 자신의 먹이로 섭취 제거하면서 증식한다.

증식하면서 발생되는 분비물은 토양이나 가축의 장내에서는 유산균, 방선균 같은 유익 미생물의 증식을 촉진하고 수중에서는 클로렐라 같은 미세조류의 발생과 증식을 늘리며 자신은 동물성 플랑크톤인 윤충이나 알테미아 등의 먹이로 활용된다.

또한 광합성 세균의 균체는 영양학적으로도 훌륭하며 동물에 대한 독성이 전혀 없으므로 가축, 어류의 초기 사료가 됨은 물론이고 사료 첨가물로도 훌륭한 영양 공급원이 되며, 작물에 있어서도 생육촉진과 수량이나 품질을 향상시키는 비료로 활용되는 등 그 이용도가 다 방면에 걸쳐 연구되고 있는 우수한 미생물이다.

광합성 세균에는 홍색 황세균, 녹색 세균의 클로로비움(*Chlorobium*), 홍색 황세균의 크로마튬(*Chromatium*), 홍색 비황세균의 로도스피릴륨(*Rhodospirillum*), 로도박터(*Rhodobacter*) 등이 있다. 로도박터 속에는 로도박터 캡슐라타(*Rhodobacter capsulata*), 로도박터 스패로이즈(*R. sphaeroides*), 로도박터 루브럼(*R. rubrum*)등이 있다.

2) PSB의 종류

광합성세균은 'Truper'에 의하여 생리학적 성질에 따라 4과로 분류되었다.

(1) Chlorobiaceae(Green Sulfur bacteria) : 녹색 유황세균

(2) Chloroflexaceae(Gliding filamentous green sulfur bacteria) : 활주성 녹색 유황세균

(3) Chromatiaceae(Purple sulfur bacteria) : 홍색 유황세균

(4) Rodospirillaceae(Purple nonsulfur bacteria) : 홍색 비유황세균

광합성 세균이란 광을 에너지원으로 이용하여 생육하는 세균을 총칭하며, 홍색 유황 세균, 홍색 무 유황 세균, 홍 녹색 유황 세균으로 분류된다.

표 41. 광합성 세균의 특성

종 류	색 깔	생육에 유효한 수소공여체		비타민 요구성	생 육 조 건	질 소 고정력
		무기물	유기물			
홍색 무유황세균	자, 적갈색	+	+	+	호기명 혐기명 호기암	+
홍색 유황세균	자갈색	+	+	-	혐기명	+
녹색 유황세균	녹색	+	-	-	혐기명	+

「표 41」에서 보는 바와 같이 R-PSB(홍색 무유황세균)은 유기 오염물질에서 나오는 저급 지방산을 유기물로 이용하며, 혐기명(嫌氣明), 호기명(好氣明), 호기암(好氣暗)등 어떤 조건에서도 생육하는 최적의 균이다.

3) 광합성 세균의 기능 및 특성

(1) 광합성 세균의 기능

광합성 세균은 다량의 카로티노이드(carotinoid)가 함유되어 있어 광합성 능력이 있으므로 식물에 유기 탄소를 공급한다. 질소 고정능력 우수하여 식물에 유기태 질소를 공급하는데 토양 내 질소 공급량의 50%정도에 달한다. 기능성 물질을 생산하는데 아미노산(proline 등), 핵산(uracil, guanine 등), 비타민(biotin 등), 생리활성 물질(ubiquinone, porphyrin 등) 등을 분비하여 토양의 식물 생육을 촉진한다.

유해 물질 제거하는데 산소를 소비하지 않으면서 유기물을 분해하고, 암모니아, 황화수소, 퓨트레신(putrescine), 메칠 메르캅탄, 아민류 등의 가스 물질을 영양원으로 하여 아미노산, 핵산(核酸) 등으로 전환함으로써 유해 물질 제거 효과가 있다.

퓨트레신은 디아민(diamine)으로 ($NH_2(CH_2)_4NH_2$)의 구조를 가지고 있으며 통상 폴리아민(polyamine)으로 분류되는데 식물 조직의 생장을 촉진하며 노쇠를 지연시키고 세포막을 안정시켜 스트레스에 강하게 하며 세포내 유독물질인 암모니아의 저장기능을 가지는 것으로 알려져 있다.

한편 항균물질, 항바이러스 물질 등을 생산하여 유해균의 생장을 억제한다. 그리고 토양 미생물상을 개선하는 작용을 하는데 알칼리성 물질을 분비하여 산도 교정 등을 함으로써 토양 미생물상을 개선하여 유익균의 번식 조건을 조성한다.

실제로 수산에서는 전복 종묘를 비롯한 패류 종묘생산에 있어 유생사육 기간동안 광합성 세균을 활용하여 관리한 결과 생존율과 부착율에 있어 상당한 효과를 거둔 것으로 나타나고 있다. 어류의 자·치어 사육에 있어서 입이 작은 능성어 같은 어류에서는 초기 먹이의 공급이 어렵지만 광합성 박테리아가 수질정화와 함께 영양이 풍부한 먹이를 공급하게 되므로 기형발생과 폐사를 줄일 수 있을 것으로 기대된다.

(2) 광합성 세균의 특성

가. 균체의 세포벽이 유연하다.

대부분의 광합성 세균은 운동성이 있으며 한 개 내지는 수 개의 편모를 가지고 있다. 이 편모는 갑각질을 함유하고 있으며 세포벽과 세포막은 클로렐라 등의 타 조류와 차이가 있어 아주 탄력성이 유연하다(OKUDA, 1964). 이것은 광합성 세균을 먹었을 시 소화 흡수율이 높음을 알 수 있다.

나. 단백질 함량이 아주 높다.

표 42. 광합성 세균(*R. capsulatus*)의 일반성분 조성(%)

구 분 / 시 료	조단백질	조지방	가용성 당류	조섬유	회분
광합성세균	**57.95**	**7.19**	**20.84**	**2.92**	**4.40**
클로렐라	53.76	6.31	19.28	10.33	1.52
쌀	7.48	0.94	90.60	0.35	0.72
콩	38.99	19.33	30.93	5.11	5.68

「표 42」에서 보는 바와 같이 광합성 세균 체의 단백질은 57.95%로 클로렐라 등 다른 단백원에 비해 그 함량이 극히 높으며 이 균체에서 추출된 단백질은 카세인(casein) 같은 양질의 단백질로 이루어져 있는 것으로 보고되어지고 있다.

다. 양질의 필수 아미노산을 함유하고 하고 있다.

표 43. 광합성 세균, 클로렐라, 효모중의 아미노산 조성(g/100g 건조량)

시 료 / 구 분	Photo synthetic Bacteria	Chlorella	Yeast
Lysine	2.86	2.17	3.76
Histidine	1.25	1.06	0.90
Arginine	3.34	3.24	2.50
Aspartic acid	4.56	4.74	3.11
Threonine	2.70	2.28	2.65
Serine	1.68	2.12	2.75
Glutamic acid	5.34	4.62	6.21
Proline	2.80	2.12	1.77
Glycine	2.41	2.28	2.18
Alanine	4.65	2.98	2.86
Valine	3.51	3.02	3.20
Methionine	1.58	0.27	0.51
Isoleucine	2.64	2.44	2.63

구 분 \ 시 료	Photo synthetic Bacteria	Chlorella	Yeast
Leucine	4.50	4.46	3.54
Tyrosine	1.71	0.96	1.30
Phenylalanine	2.60	2.65	2.20
Tryptophan	1.09	0.64	0.66
NH_3	4.01	2.58	5.30

광합성 세균 체의 아미노산 조성은 표 43에서 보는 바와 같이 양질의 필수 아미노산을 균등하게 함유하고 있으며, 그 양 또한 전반적으로 높다. 특히 메치오닌은 클로렐라의 5배, 효모의 3배나 함유하고 있다.

라. 핵산을 많이 함유하고 있다.

핵산은 세포의 핵을 구성하는 주성분으로 동식물의 생명을 유지하는데 광합성 세균체중에는 핵산을 5.9%에서 7.1%이상 함유하고 있는 것도 있다. 일반적으로 광합성 세균의 핵산함유량은 DNA 1.0% RNA 4.9%로 효모의 DNA 1.0% RNA 5.5%와 거의 비슷하다.

마. 다량의 천연색소 성분을 함유하고 있다.

광합성 세균은 세균 체의 14.0% 정도나 되는 많은 량의 색소를 함유하고 있다. 광합성 세균의 특징은 무엇보다도 균체 내에 많은 양의 박테리오 클로로필을 가지고 광합성을 행하며 다량의 카로틴계의 적색 색소를 합성하기 때문에 광합성 세균수가 증가할수록 적색이 진해진다. 또한 토마토의 홍색 색소와 동일한 리코펜(Lycopene)의 색소 함유량은 무려 18%나 된다.

바. 비타민 함유량이 풍부하다.

균체 중에 비타민 함유량이 많은 것으로 알려진 효모에 비하여도 훨씬 높은 함량을 가지고 있으며, 비타민 E도 156mg/100g이나 가지고 있는 것으로 보고되어 있다.

표 44. 광합성 세균(*R. capsulatus*) 중의 비타민 함유량

Vitamin	Photo synthetic bacteria(r/100g)	Yeast (r/100g)
B_2	3,600	2,900
B_6	3,000	2,400
Folic acids	2,000	1,700
B_{12}	200	1
C	20,000	-
D	10,000 IU	300,000 IU

특히 생리상 항빈혈인자로 알려 졌으며 적혈구 형성에 필요하고 균류의 증식을 촉진시키는 B_{12}는 200r/100g이상을 가지고 있으며 균류에 따라서는 2000r/100g에 달하는 것도 있다. 광합성 세균은 증식과 더불어 B_{12}가 균체 외로 나오는 분비량이 증가되는 것을 보여준다.

사. 중요한 생리 활성물질을 함유하고 있다.

생체 산화 환원 반응에 관여되는 전자 전달 물질의 하나로써 동물 조직에서 세포 내의 미토콘드리아 중에 존재하는 '유비퀴논(ubiquinone)'과 포르피린(porphyrin)' 등은 최근 천연에서 발견되어 생리적으로 중요한 작용을 하며 항암제로 연구가 활발하게 되고 있는 등 중요한 생리 활성 물질을 함유하고 있다. 유비퀴논은 조효소 Q(coenzyme Q, CoQ), UQ 로 불리며, 포르피린은 생체 내에서의 산화환원반응에 중요한 구실을 하는 혈색소·시토크롬·엽록소 등의 색소 성분을 구성하는 화합물이다.

(3) 세균 광합성의 특징

① 광합성

수소 원으로 물을 사용하지 않고 황화수소(H_2S)나 수소(H_2)를 사용하기 때문에 산소의 발생을 볼 수 없다. 광합성 세균은 세균 엽록소를 가지고 있어서 빛에너지를 이용한다.

홍색 황세균 녹색 황세균	$6CO_2 + 12H_2S \rightarrow C_6H_{12}O_6 + 6H_2O + 12S$
홍색 세균	$6CO_2 + 12H_2 \rightarrow C_6H_{12}O_6 + 6H_2O$

② 화학 합성

빛에너지 대신 무기물을 산화시킬 때 나오는 화학 에너지를 써서 탄소 동화를 하는 것을 화학 합성이라 한다. 화학 합성의 일반적 과정은 다음과 같다.

무기 화합물 + O_2 → 산화물 + 화학 에너지 ↓ $6CO_2 + 12H_2O \rightarrow C_6H_{12}O_6 + 6H_2O$

아질산균	$2NH_3$(암모니아) + $3O_2$ → $2HNO_2$(아질산) + $2H_2O$ +150kcal
질산균	$2NO_2$ + O_2 → $2HNO_3$(질산) + 43.2kcal
황세균	$2H_2S$ + O_2 → $2H_2O$ + 2S + 66kcal
철세균	$4FeCO_3$ + O_2 + $6H_2O$ → $4Fe(OH)_3$ + $4CO_2$ + 81kcal

이와 같이 광합성 세균도 종에 따라 사용하는 에너지원과 재료(이산화탄소, 황, 수소 등)가 다르므로 광합성의 매카니즘이 서로 다르게 되고, 어떤 종은 화학합성을 하기도 한다.

5. 수산업에서 세균의 이용

현재 양식 산업에서 가장 큰 문제점은 질병발생을 사전에 통제할 수 있는 방안이 절실히 요망되고 있다. 무분별한 항생제와 화학약품의 남용은 각종 병원균이 항생제에 대한 내성 증가와 함께 친환경적이어야 할 양식산업이 오히려 환경을 오염시키는 역설적인 결과를 초래하고 있다. 현재 질병에 대처하는 대안 중 하나는 프로바이오틱스(probiotics, 유용미생물)를 이용하여 병원균인 유해미생물을 퇴치하거나 또는 통제하고 나아가 질병이 발생하지 않도록 사육환경을 정화시키는 방법이다. 이를 위해서는 병원균과 기생충을 억제할 수 있는 물질의 생산으로 오염가능성을 사전에 제어하여, 초소형의 뛰어난 영양가를 지닌 먹이생물로서 유용미생물의 사용, 또 다른 먹이생물인 식물플랑크톤과의 공생 등을 들 수 있다.

식물플랑크톤과의 공생은 식물플랑크톤의 배양에 있어 광합성 세균의 투입은 균체나 그 분비물에 '프롤린(proline)'과 '우라실(uracil)'이 많이 포함되어 있으며 이것이 식물성플랑크톤에 흡수되어 생식과 생장이 촉진된다. 광합성 미생물에서 분비되는 아미노산의 종류는 글루타민산, 글리신, 알라닌, 발린, 로이신, 프롤린, 리신, 메티오닌, 아르기닌 등을 포함한다.

더욱이 광합성미생물의 분비물 중에는 고에너지 인산 화합물인 ATP, ADP, GDP가 포함되어 있다. 식물플랑크톤의 배양액에는 영양소와 금속성분, 비타민 등 비교적 단순한 물질로 구성되어 있기 때문에 생리활성물질이나 성장촉진 물질이 필요하게 되는데 이 역할을 광합성세균에 의해 수행될 수 있다.

Yasuda와 Taga(1980)는 박테리아가 식품으로서 뿐만 아니라, 어류의 질병 치료제로서 그리고 양식 호지(湖池)서 영양염류를 분해하여 재사용하게 할 수 있는 방안이 될 것으로 예견하였다. 수생동물의 장내의 미생물상은 스스로 정착된 것으로서 환경과 생물과의 상호작용의 결과에 의하여 생기는 것으로 추측된다. 많은 과학자들이 이미 장 내 미생물상은 수중 환경이나 먹이와 연계되어 있음을 구명하였다.

양식분야에서 프로바이오틱스에 관한 초기 연구는 유어(幼魚)에 집중되어 있으나, 근래에는 특히 어류의 유생, 패류 및 먹이생물에 더 집중되고 있다. 육상 포유동물들은 어미와의 접촉을 통하여 자연스럽게 태어나면서부터 세균들을 획득하게 되는데 비해 수산동물은 세균을 얻을 수 없다. 유생의 초기 사육단계는 이들을 양육하는 물에 있는 미생물상의 구성에 생존율이 좌우되기 때문에 사육수 중의 유용 세균의 조성은 매우 중요하다.

프로바이오틱의 정의에 의하면 살아있는 미생물들로서 사육생물의 장내, 사육대상의 표면, 그리고 사육 환경에서 번식함으로서 병원균의 발생을 억제하고 사료에 첨가함으로서 사료의 효율을 최대화시키며, 수질을 개선시키거나 숙주의 면역체계를 향상시킬 수 있어야 한다.

어류는 초기 자어에서 소화기관이 생기면서부터 장내 미생물상이 생성되며, 이러한 미생물상이 침입하는 병원성 미생물에 대해 장벽의 역할을 하는 것으로 추정되고 있다. 패류의 유생들은 수중의 미생물을 호흡과 함께 여과 섭식할 수 있다.

최근 새우 종묘생산을 비롯하여 어류와 패류에서도 종묘 생산과정에서 질병방지와 생존율 향상을 위해 다양한 미생물을 투입하는 사례가 늘고 있으며 훌륭한 성과를 거두는 경우가 보고되고 있다. 프로바이오틱스의 효과는 생존율 향상 등 양적인 효과와 함께 유생의 건강도 증진을 통해 우량 종묘를 생산하는 질적인 향상도 가져올 수 있다.

프로바이오틱스 균주를 미세조류에 주입시켜 패류 등 유생에 먹이면 병원균의 밀도가 현저하게 감소되었다고 하며, 실제로 미세조류를 사육생물에게 공급하게 되면 미세조류와 공생하는 세균의 분비물에 의해 항균, 항바이러스 작용이 생성되어 유생의 생존율이 높아지는 것으로 알려지고 있다.

6. 고세균(Achaebacteria 또는 Archaea)

고세균(古細菌)은 Woose(1977)에 의하여 제창되었고, 30~40억년전에 출현된 세균군으로 생각되며 원핵생물이나 진핵생물과 다른 제3의 생물계통이다. 통상 지구상 생물을 6계로 구분하는데 진정세균(Eubacteria 또는 Bacteria), 고세균(Archaea), 진핵생물(Eukaryota)로 구분되며, 진핵생물은 다시 동물(Animals), 식물(Plants), 균(Fungi), 원생생물(Protista)로 구분되어 진정세균, 고세균, 원생생물, 균, 식물, 동물의 6계를 이룬다.

현재까지 Achaebacteria로 생각되고 있는 것은 메탄생성균(*Methanobacterium, Methanococcus, Methanospirillum*), 고농도 호염세균(*Halobacterium, Halococcus*), 유황세균(*Sulofobus*), 호열호산성 세균(*Thermoplasma*)으로 되어 있고 서식환경으로는 고염분 환경이나 고열, 고산(高酸) 환경 등의 극한 환경에서만 서식하고 있다.

1977년에 처음 발견되었으며 메탄을 생성한다는 특징을 지니며 세균과 진핵 세포의 특징을 동시에 가진다. 유전자의 50%는 세균이나 진핵 세포와 겹치는 부분은 전혀 없는데 이는 아주 오래 전에 공통 조상을 가지긴 하지만 독립적으로 진화해왔다는 뜻이다.

고세균 *Thermoplasma* 는 세균과 진핵세포의 특징을 동시에 갖는다. 진핵생물처럼 DNA는 단백질로 둘러싸여 있지만 핵은 없다. *Thermoplasma*는 높은 열의 산성 환경에서 번성한다. 달랜드(Gary Darland)는 처음 이러한 세포를 발견했을 때, 여러 가지가 혼합된 특징들에 놀라며 이 세포를 '불가사의한 생물(wonder organism)'이라 이름 지었다.

1) 초호열 미생물

해저 열수분출공의 특징은 두 가지로서 하나는 온수형으로 6~23℃이며, 다른 하나는 온도가 270~380℃의 열수형이다. 후자는 해저열수공에서 분출하는 열수 중에는 다량의 H_2S와 H_2, CH_4, NH_3, SO_3^2, NO_2, Fe^{2+}, Mn^{2+} 등이 함유되어 있다. 분출공 근처의 세균으로는 *Thiobacillus* sp., *Thiomicrospira* sp., *Thiothrix*, *Beggiatoa* 와 같은 유황산화 세균들이 분리되었고, 이 세균들은 CO_2를 에너지원으로 H_2S, S_2O_3를 산화한다. 이외에도 질산세균, 수소 산화세균, 철 및 망간 산화세균, 메탄 이용세균 등이 분리되었다.

2) 고세균의 이용

PCR에서 사용하는 polymerase는 중합효소 연쇄반응을 일으키는 효소인데 이 효소는 섭씨 70도의 고온에서 최적으로 생육하는 세균 '테르무스 아쿠아티쿠스'(*Thermus aquaticus*)가 없었다면 불가능하다. 뜨거운 심해저 화산이나 온천 지대, 추운 남극과 북극, 고농도 염분, 강산이나 강알칼리가 존재하는 환경 등은 극한미생물들에게는 오히려 최적의 환경이라고 할 수 있다. 이런 극한미생물들이 생산하는 효소들은 중합효소 연쇄반응 이외에도 식품공업·정밀화학·세제 등 여러 분야에서 유용하게 쓰이고 있으며, 그 유전자원과 생산물질은 중요성을 인정받고 있다. 최근 태평양 심해저 열수구(熱水口)에서 분리한 고세균(archaea)을 이용해 바이오수소를 실증 생산하는 기술이 개발됐다. 한국해양연구원 강성균 박사 연구팀은 '해양 초고온 고세균을 이용한 바이오수소 생산기술 개발'의 연구로 특히 개미산(formate)이나 일산화탄소를 원료로 바이오수소를 생산하는 기술로서 고세균을 이용해 수소로 전환하는 기술이 개발되었다.

이 '테르모코쿠스 온누리네우스(*Thermococcus onnurineus*)'라는 고세균은 섭씨 80℃ 안팎인 심해저 열수구에 서식하는 종으로 수소를 생산하는 대사작용이 구명되는 등 앞으로 고세균의 발굴에 따른 활용가능성은 실로 무한하다고 할 수 있다.

참고문헌

- Kimura Kenji, 2006, 갯벌의 현황과 향후 보전대책, 8. 미생물에 의한 정화, 환경 관리 연구소. 월간 첨단환경기술. 2006년 8월호. pp.13~23.
- 탄혜연구소, 2000, Probiotic Bacteria as Biological Agents in Aquaculture, Microbiology and Molecular Biology Reviews, December 2000, pp.655-671, Vol. 64, No. 4.
- 곽이성·김영배, 초호열성 고세균, 1997, *Thermococcus profundus*의 내열성 Amylolytic Enzymes 생성 최적조건 한국생물공학회, KSBB Journal 12(5), 1997.12, 579-581.
- 김종걸·박수제·이성근, 염전으로부터 농화 배양된 호염 메틸영양 미생물 군집의 특성, 한국미생물학회, 미생물학회지 46(3), 2010.9, 286-290 .
- Su Kyoung KIM·Hyun Jeong Lim·Je Cheon JUN·Na Young SHIM·In Kwon JANG,

URBAN AQUACULTURE OF SHRIMP AND FISH BASED ON BFT CIRCULATING SYSTEM WITH AQUAPONICS, 한국수산과학회 양식분과 학술대회, 2015.5, 336-336.

- In-Kwon Jang·Su-Kyoung Kim·Hyung-Chel Seo, CULTURE TRIALS WITH THREE-PHASE BFT SYSTEM TO IMPROVE SHRIMP PRODUCTION IN GREENHOUSE-ENCLOSED SYSTEM, 한국수산과학회 양식분과 학술대회, 2015.5, 219-219.
- Jong-Heon Jeong·Seo-Hyun Cho·Hye-Jin Lee·Hyo-One Kim·Myung-Hee Kim·Dae-Jung Kim·Kwang-Hyun Kim·Chin-Bum Lee·Sang-Pil Oh·Chang-Hee Han, 2015, EFFECT OF AERATION INTENSITY ON CONCENTRATION OF INORGANIC NITROGEN COMPOUNDS IN BFT CULTURE TANKS, 한국수산과학회 양식분과 학술대회, 2015.5, 382-382.
- 李光雄, 1971, 光合成細菌의 生理 및 利用에 關한 最近의 動向, 한국미생물학회, 미생물학회지 9(3), 1971.9, 130-138.
- 김홍기·서범석·강종구·양승렬·천상욱·부희옥, 2009, 광합성세균 *Rhodospirillaceae capsulatus*의 배지 내 혼입처리가 양액재배 오이의 생육에 미치는 영향, 한국원예학회, 원예과학기술지 27(1), 2009.3, 67-72.
- 정은주·김정보·조경숙·박경주·정해윤·조정섭·김중균, 2003, 금붕어 사육을 통한 광합성 세균의 수질 정화 효과 측정, 한국생명과학회, 한국생명과학회 심포지움, 2003.10, 116-116.
- Hyung-Jun Noh·Soo-im Choi·Jang-Sun Suh·Jang-Sik Kwon, 2006, Effect of photosynthetic bacteria on treating organic waste water, 한국토양비료학회, 한국토양비료학회 학술발표회 초록집, 2006.10, 161-161.
- 안경준, 2001, 광합성 세균의 광합성에 미치는 영향요인, 서원대학교 미래창조연구원, 기초과학연구논총 15, 2001.2, 79-92.
- 최경민·양재경·박응로·배진우·서용기·이성택, 1997, 광합성세균 균체대사산물의 자원화에 대한 기초적 연구, 유기성자원학회, 유기물자원화 5(1), 1997.6, 63-69.
- 김희성·박유헌·김성진·지규만, 1994, 산란계에서 광합성 세균체(Phototrophic bacteria)의 사료첨가 효과, 한국가금학회, 한국가금학회 정기총회 및 학술발표회, 1994.11, 67-67.
- 권혁도·송홍규, 2010, 수환경에서 분리한 세균 균주들의 식물생장 촉진능, 강원대학교 환경연구소, Journal of the Environment 7(1), 2010.12, 39-46.

제2절 바이오약품(Biotic Pesticide)

바이오약품이란 일반적으로 동물, 식물, 미생물에서 유래한 약제이다. 그 범위에 대한 정의는 뚜렷이 정의된 바 없으나 생물 또는 그것으로부터 유래된 물질을 인위적으로 합성, 조작 등을 거치지 않은 상태로 제품화한 것을 의미한다. 바이오약품은 미생물 농약과 생화학농약, 천적으로 나누어지며, 그중 미생물농약은 작물보호를 위하여 사용하는 세균, 진균, 원생동물, 바이러스 등의 살아있는 미생물을 이용한 약품을 말한다.

미생물 농약의 작용기작은 미생물로부터 생산된 항균물질이 병원균의 생육을 억제, 세포막의 용해, 세포전체의 용해 등에 작용하여 방제하는 항생, 식물에 기생하여 병을 일으키는 식물병원균에 미생물이 기생하여 병원균을 괴사시키는 기생, 병원균이 식물로부터 배출되는 영양분이나 토양의 영양분을 이용하지 못하도록 하는 경쟁, 그리고 식물의 면역력을 높이는 저항성 유도 등의 방법이 있다.

이러한 방법을 이용한 미생물약품은 토양, 식물, 익충 및 인축에 안전하며 잔류 걱정 및 약해가 없어 생육시기에 관계없이 사용 가능한 장점이 있다. 또한 내성과 작물에 스트레스가 없으며 작물의 생육이 촉진되며 토양병해충 방제의 경우는 장기적 방제측면에서 이익이 된다. 파이토케미칼(Phytochemical)은 과일이나 채소 등에서 발견할 수 있는 물질로서 식물이 병원균 해충, 곰팡이 등으로부터 자신을 보호하기 위해 뿌리나 잎에서 만들어지는 모든 화학물질을 말한다. 이러한 화학물질이 인체 내의 항산화물질을 억제하고 세포 손상을 막는 것으로 알려지고 있다.

우리가 평소 식생활에서 섭취하는 마늘, 양파, 고추, 고사리, 강황(Turmeric, 薑黃), 생강(ginger, 生薑), 쑥, 겨자, 후추, 초피, 녹파, 허브(herb) 등도 항균, 항바이러스 작용과 해충구제 작용을 하므로 천연 약품이라 할 수 있고, 한약재로 쓰이는 계피, 황칠, 참 옻, 은행(銀杏)잎, 고삼, 오배자(五倍子) 등과 창포, 담배, 국화과 식물인 캐모마일(Chamomile), 제충국, 매리골드 등도 해충구제 효능이 있는 것으로 알려져 있다.

최근에는 천연 염료로 활용되는 인디고식물(Indigo plant)이 항종양에 유용한 성분이 함유되어 있는 것으로 알려지면서 천연 생물약제의 범위는 더욱 넓어질 전망이다. 인디고 식물의 종류에는 쪽, 대청, 인디고페라(Indigofera) 등이 있으며, 유용성분은 항균, 항암, 항종양, 항바이러스, 항염증, 항알러지, 항내독소 작용과 함께 항산화 효과와 면역조절 작용을 하는 것으로 보고되어 있다.

1. 바이오약품의 정의

농업에서 농약은 농작물 재배를 위한 농경지 및 농작물을 병해충, 잡초로부터 보호하고, 수확한 농산물의 저장 시 병해충에 의한 농업 생산물의 손실을 방지하기 위한 목적으로 사용되는 모든 수단을 의미한다. 대표적으로 살균제, 살충제, 제초제가 있으며, 그 밖에 기피제, 유인제, 발아억제제, 식물생장 조절제 등 농업에 이용하는 다양한 화학물질을 포함한다.

이들은 자연계에 있지 않았던 합성화학물질로서 "화학농약"이라고도 한다. 이런 개념에서 바이오약품(biopesticide)은 화학농약을 대신하여 병, 해충, 잡초를 방제하거나 작물의 생장을 돕기 위하여 사용되는 '생물과 그 생물들이 생산하는 물질'이라고 할 수 있다.

생물학적 방제란 유용 미생물, 천적(天敵) 및 식물추출물 등과 같은 생물적 소재를 이용하여 병해충 및 잡초를 방제하는 기술을 의미한다. 생물학적 방제는 현재 획일적으로 이루어져 오던 합성농약에 의한 화학적 방제에서 탈피하여 좀 더 친환경적인 방제전략을 도입하고자 하는 사회적 인식과 노력 속에서 최근 들어 범세계적으로 많은 주목을 받고 있다. 이러한 생물학적 방제에 근간을 이루는 바이오약품은 넓은 의미로 '병, 해충, 잡초를 방제하기 위하여 이용되는 미생물, 생물 또는 천연물로부터 유래된 물질'을 모두 포함하는 것으로 인간의 건강과 농작물 생산에 유해한 생물들을 방제하는데 사용하는 자연산 생물이나 물질을 말하는데 기생성, 포식성 곤충·선충, 미생물류, 페로몬과 같은 통신물질, 자연산 물질, 생물의 형질변환에 이용하는 유전자들을 모두 포함하고 있다.

이와 같이 일반적으로 농약은 화학약품과 바이오약품으로 분류된다. 현재까지 국내에서 등록된 중요한 바이오약품에는 미생물농약으로 Bt제, 미생물에서 유래한 항생제에는 streptomycin, oxytetracyclin 등, 미생물에서 유래한 살충제로 spinosad와 avermectin, 식물에서 유래한 식물생장조절제에는 GA(gibberiliic acid), IAA(indole-3-acetic acid), IBA, 6-BA 등이 있다. 그러나 국내에서 사용하는 전체 농약에서 바이오약품이 차지하는 비중은 아주 적은 실정이다.

2. 농업에서 바이오약품의 현황

최근 유기합성 농약의 오남용으로 인한 생태계 오염에 대한 우려는 친환경 안전 농산물에 대한 소비자의 관심을 증폭시키고 있다. 따라서 농작물의 생산에 사용되는 화학농약을 대체하기 위한 노력으로 자연계에 존재하는 토착미생물을 직접 이용하거나 이들의 유용기능을 활용한 생물농약이 속속 개발되고 있다.

이들의 기능을 작물생육을 촉진하는 식물 호르몬 생산, 항생물질 생산, 식물 방어기작의 활성화 등 작물보호를 위한 유용한 기능을 갖는다. 그러나 바이오약품은 화학농약에 비하여 약효가 떨어지고 약효가 균일하지 않은 단점이 있다. 이러한 단점에도 불구하고 바실러스 속 유용미생물을 중심으로 한 많은 미생물 약제들이 산업화되고 있으며 국내에도 31종의 바이오약품이 등록 시판되고 있다.

한국과학기술원 장호남, 이상엽, 장용근 교수팀은 바실러스 튜링기엔시스(Bt, *Bacillus thuringiensis*)라는 미생물 균이 사과해충에 살충효과가 있는 독성단백질을 만들어낸다는 사실을 발견하였다. 이 무공해 바이오약품은 미생물이 세포내에서 생산하는 독성단백질이 먹이와 함께 해충의 소화기에 들어가 세포를 파괴, 해충을 죽이는 기능을 가지고 있으며 독소가 단백질로 구성돼 있어 인체에 해가 없고 일정기간이 지나면 저절로 분해돼 없어지기 때문에 환경 공해를 일으키지 않는 것이 특징이다.

표 45. 미생물약품의 특징

구 분	미생물약품	화학농약
원료	미생물	화학물질
효과적인 사용방법	발병 시기에 예방적으로 사용하면 더욱 효과적	약제내성과 독성으로 예방적 사용 어려움
약효지속성	지속성	유지 지속성 떨어짐
작용기작	생물학적 작용기작, 길항성(拮抗性) 양분 및 공간경쟁 효소작용 물리적 장벽 저항성유도	화학적 작용
내성	없음	약제내성 발생
독성	안정성확보	독성문제 야기
잔류성	잔류문제 없음	잔류농약 검출
환경호르몬	안전	환경호르몬 약제 보고
생태계 미치는 영향	환경친화적	환경오염/생태계 파괴
유기농재배	친환경농산물생산 사용허가	사용제한

자료: (주)KIBC

바이오약품은 농작물에 발생하는 병, 해충 및 잡초를 제거하기 위하여 자연환경으로부터 유래한 천연물, 천적 및 유익한 미생물을 골라서 농업용으로 이용할 수 있도록 제품화 한 것을 말한다. 바이오약품에는 미생물 농약과 생화학 농약 등이 있는데 그중에서도 가장 많이 개발되고 있는 것은 세균, 곰팡이, 바이러스, 선충 등으로 개발하는 미생물농약이다. 미생물농약은 작물보호 활성을 가지면서 거의 독성이 없는 식물, 미생물, 동물 및 조류(algae) 등 천연자원에서 기원한 생물농약을 말한다.

3. 친환경농업과 바이오약품

늘어나는 친환경 농산물의 생산을 위해서는 무엇보다도 화학농약과 비료를 대체할 수 있는 것이 필요하다. 화학농약의 대체 약제 확보, 인·축·환경독성 문제 해결 및 친환경 농산물 생산을 위한 가장 중요한 기술로서 바이오약품(biopesticide)이 제시되고 있는데 생물 방제제로 불리는 바이오약제는 자연계에 존재하는 생물체 및 그로부터 유래한 소재를 이용하여 농작물 생산 및 보존에 피해를 미치는 병원균, 해충 및 잡초 등을 방제하는 작물보호제를 말한다.

미생물 약품은 진균(眞菌), 세균, 바이러스 및 원생동물 등 살아있는 미생물을 이용한 농업용 미생물방제제로서 화학농약에 비해 안전성이 높은 미생물을 원료로 하기 때문에 인체 및 환경에 대한 독성이 없거나 그 수준이 매우 낮으며, 꾸준히 사용해도 잔류성이나 내성발생, 약해가 거의 없어 지속적인 친환경농업 실천에 매우 적합한 자재로 평가받고 있다. 바이오약품은 화학농약의 여러 가지 문제점으로 인한 대안으로서 각광을 받고 있다. 이러한 바이오약품은 화학농약보다 독성이 약해 대상 병해충이나 근연종에만 영향을 미치므로 조류나 곤충 그리고 포유류에게는 매우 안전하다. 또한 환경에 노출 시 빨리 분해되므로 화학농약이 일으키는 환경오염이나 잔류독성의 가능성이 매우 낮다.

4. 해충 방제를 위한 생리활성물질

최근 농약의 남용으로 인한 환경오염 등 피해의 확대에 따라 해충방제에 대한 새로운 접근방식이 필요하게 되었으며 저독성, 선택성을 가지는 살충제 개발에 주력하게 되었다. 또한 생태계에서 부작용을 극소화하는 환경친화형 물질로서 해충방제 방안이 제안되었다. 식물에 존재하는 종 특유의 독성발현물질, 유인 물질, 섭식 또는 산란저해물질, 기피물질 및 곤충 생장조절 물질을 2차 대사산물이라고 한다. 지금까지 보고된 이러한 2차대사산물들은 크게 질소화합물, 테르펜화합물 및 페놀화합물로 나눌 수 있다.

1) 탄닌(tannin)

탄닌은 플라보노이드를 단량체(單量體)로 하는 페놀화합물로서, 일반적으로 박테리아나 균류의 침입에 대한 식물의 방어역할을 하며, 독성을 가지고 있어서 초식동물의 먹이에 탄닌을 첨가하면 생장과 생존력이 감소한다.

2) 테르펜화합물(terpenoids)

테르펜화합물은 구조 및 기능적으로 매우 다양한 화합물이며, 지금까지 약 7,500종 가량이 보고되어 있다. 많은 테르펜 화합물들은 곤충 등의 공격으로부터 식물을 보호하고 방어하기 위한 이차대사물이라 할 수 있다. 테르펜은 일반적으로 물에 녹지 않으며 테르펜의 일종인 모노테르펜 및 그 유도체들은 살충작용을 갖는 것으로 알려져 있다. 예를 들어, 국화의 잎과 꽃에 있는 피레트로이드(pyrethroid) 불리우는 모노테르펜의 에스테르 화합물은 강력한 살충효과를 나타내며, 박테리아와 균류에 대해서도 저항성을 보인다.

3) 질소화합물

(1) 알칼로이드(alkaloids)류 : 식물에 가장 많이 분포하는 2차대사산물인 알칼로이드류는 지금까지 약 1만여 가지 이상 알려져 있다. 이중 담배의 니코틴(nicotine)은 16세기부터 진딧물 등 해충의 방제에 이용된 것으로 알려진 오랜 연구역사를 가지는 살충성 천연 알칼로이드류의 대표적 화합물로서 담배 잎의 주성분이다. Physostigmine은 콩과식물의 일종인 calabarbean에 함유된 독성분으로 살충제로 개발되었다.

(2) 아미노산 류 : Nereistoxin은 해안에 서식하는 환형동물인 바다갯지렁이(*Lumbriconereis heteropoda*)에 함유된 아미노산계 신경독성분으로 Nereistoxin 유도체는 아미노산계 살충제로 개발되어 약품으로 실용화되었다.

4) 페놀화합물

페놀화합물은 수산기와 방향 환을 가지고 조류와 진균류를 제외한 모든 식물체에 존재하며, 4,000여 종의 플라보노이드(flavonoids)를 포함하여 약 5,000가지 이상이 보고되어 있다. 플라보노이드에는 치환기의 구조에 따라 안토시아닌(anthocyanin), 플라본(flabone), 플라보놀(flabonol), 이소플라본(isoflabone)의 네가지로 나눈다. 대표적인 살충성 화합물로는 로테논(rotenone)과 그 유도체를 들 수 있는데, 이 화합물은 오래 전부터 살충 혹은 살어성(殺魚性) 성분으로 이용되고 있다.

5. 바이오약품의 미래전망과 수산업의 이용가능성

농업에 있어 바이오약품을 이용한 식물 질병의 친환경적 방제는 최근의 건강한 삶을 추구하는 소비문화의 정착에 따라 무농약 채소류의 소비가 급속하게 증가하고 있다. 바이오약품은 본래 자연 상태에 있는 토착화된 미생물을 이용하기 때문에 생태계에 미치는 영향이 거의 없으며 화학농약과는 반대로 생물농약은 계속 사용하여도 약효가 감소하지 않아 화학농약의 반복사용으로 인하여 방제되지 않는 병해충에도 효과적인 장점이 있다.

또한 바이오약품은 적은비용으로 개발이 가능한 반면에 화학농약보다 방제효과가 늦고, 효과에 비하여 아직 비싸며, 균일한 효과를 내지 못하는 단점이 있다. 이러한 단점에도 불구하고 바이오약품은 환경생태계 오염에 대한 우려를 불식시키며 깨끗하고 안전한 고품질 농산물에 대한 소비자의 욕구를 충족시켜 건강한 삶을 지향하는 소비문화의 정착에 기여할 뿐만 아니라 생산자의 소득증진에도 기여할 것이다.

독일에서는 '천연의약품은 식물약품'이라는 개념이 자립잡고 있으며 중국에서 '팔각(八角)나무' 씨에서 추출한 쉬킴산(Shikimic acid)으로 만들어진 '타미플루(Tamiflu)'는 무한한 가능성을 보이고 있다. 최근 '개똥 쑥'을 원료로 한 아르테미시닌(artemisinin)은 말라리아 치료제로 개발되어 노벨상까지 수상한 바 있다. 이외에도 버드나무에서 추출한 아스피린은 살리실산(salicylic acid)을 합성하여 아세틸살리실산(acetyl salicylic acid)으로 만든 것이며, 항암제인 탁솔(Taxol)은 주목(朱木)나무에서, 혈액순환장애 치료제인 징코-플라보노이드(ginkgo-flavonoid)는 은행(銀杏)잎에서 추출되는 등 천연 식물을 이용한 수많은 천연물 신약이 개발되고 있는 중이다.

농업에서의 널리 쓰이는 바이오약품은 수산업에도 충분히 적용될 수 있으며, 종묘생산뿐만 아니라 성어양식에도 사용되어 질 수 있다. 실제로 종묘생산 과정

중에 많은 피해를 입히는 스쿠티카 충을 비롯한 기생충 질병은 물론 세균성 질병의 예방에도 효과를 나타내고 있다. 1980년 이후 국민생활 수준이 향상되면서 안전하고 친환경적인 농수산물에 대한 소비자들의 기대수준이 높아졌고, 최근 웰빙(well-being)을 통한 건강에의 욕구가 증가하고 있는 추세이다.

친환경 수산업은 양식 생태계의 건강유지, 생물다양성 추구, 생물학적 순환체계유지 등을 통하여 환경과 양식을 조화시켜 양식의 지속가능성과 생산성의 경제성을 확보함은 물론 환경보존과 수산물의 안전성과 고품질화 등을 추구하는 형태로서 친환경 인증 수산물이 증가하고 있다.

그러나 아직도 대부분의 양식과정에서는 항생제의 남용과 화학약제의 대량사용으로 인해 건강을 우선시 하는 소비자의 기대에 미치지 못하고 있다. 또한 환경을 보전하는 동시에 사육 동물의 복지까지 고려하면서 수산물을 생산하는 '유기수산물'생산이 날로 확대되고 있다. 이러한 소비자들의 니즈(needs)를 적극 반영한 양식시스템의 전환이 필요하나 친환경 약제의 개발과 보급이 지지부진하고 양식현장에서는 효과가 떨어지는 경우가 많아 확산되지 못하고 있는 실정이다.

앞에서 살펴본 바와 같이 농업에서는 다양한 천연자원을 이용하여 실용화 단계에 접어들고 있으나 수산분야에서는 아직 초보단계로서 국립수산과학원의 '오배자 추출물을 함유한 어류용 사료혼합물' 등의 특허를 비롯해 실용화된 연구사례가 그다지 많지 않다. 많은 천연약제들이 사람의 건강을 보호하면서 환경에 미치는 영향이 적고 구입의 용이성 등 많은 장점을 가지고 있다. 앞으로의 양식은 치료보다는 예방이 중요하고 수산동물이 자체 면역력을 키워 질병을 이겨내는 양식으로 발전해 나가야 한다. 질병의 치료도 비교적 약한 '천연 독'을 가진 물질을 통해 사육생물에는 피해를 주지 않고 세균과 기생충을 구제하는 방법으로 전환해야 한다. 천연약제의 기본적인 조건은 사람이 섭취했을 때 인체에 해를 주지 않는 것이라야 하며 이러한 물질만을 섭취한 양식 생물이 소비자인 사람의 건강을 해치지 않는다는 것은 두말할 나위가 없다. 이러한 발상의 전환을 통해 고품질 친환경 수산물을 생산하여 부가가치를 높이는 미래형 양식으로 나아가야 한다.

농림수산검역검사본부는 축산업계 및 소비자의 요구에 부응하기 위해「동물용의약품등 안전성 · 유효성 심사에 관한 기준」및「제조업 · 품목허가등 지침」을 개정, 생약제제 동물용의약품의 허가 기준을 새롭게 마련하는 등 관련고시 3종을 2009년 12월 30일 개정하였다. 따라서 천연약제에 대한 허가 기준 마련으로 안전성 및 유효성이 확보된 생약제제 수산용의약품의 사용이 조만간 가능할 전망이다.

천연약제의 구충효과를 조사하기 위해 종묘생산 과정에서 가장 큰 피해를 주는 스쿠티카 충을 대상으로 시험한 결과 농업용 바실러스 약제(제품명: 솔빛채)는 30mg/L(4시간)만에 대부분 사멸되었으며, 탄닌은 30mg/L(3시간)에서 대부분 구제되었다. 시판되는 은행잎 추출물(제품명: 가든키퍼)은 20mg/L(3시간), 명반은 30mg/L(2시간)에 대부분 구제되는 것으로 나타났다.

본 실험은 많은 천연약제를 대상으로 하지 않았으나 비교적 저독성 물질인 명반, 탄닌, 은행잎 추출물이 사용가능성이 높은 것으로 조사되었고 그 외에도 농업에서 해충방제용으로 사용되는 바실러스 제제도 종묘 생산과정에서 해충 구제효과가 높은 것으로 나타났다.

주로 농업용 토양개량제로 사용되는 산화칼슘(이온화 칼슘)도 현장 실험 결과 세균 및 바이러스 살균능이 높았고, 백점충 및 스쿠티카 충 등 기생충 구제(200~300mg/L)에도 탁월한 효과를 나타내어 사용가능성이 높아질 것으로 보인다. 앞으로 자연계에 풍부하게 존재하는 많은 식물과 광물 등의 약리효과를 구명하여 전 양식과정이 자연과 함께하는 '환경과의 공존'을 통해 미래지향적인 지속가능한 양식이 실현되어야 할 것이다.

CHAPTER 3

참고문헌

- 남효송, 2011, 친환경 농업과 생물농약, 공업화학 전망, 제14권 제4호, 전라남도 생물산업진흥재단 생물방제센터.
- 박경석, 2011, 미생물농약의 개발현황과 바실러스 미생물의 중요성, KIC News, Volume 14, No. 4(2011), 농촌진흥청 국립농업과학원.
- 조미희·배은경·하상도·박지용, 205, 천연항균제의 식품산업에의 응용, 식품과학과 산업. 2005.6월호.
- 박창석, 2005, 생물농약의 실용화를 위한 제언 : 미생물 살균제를 중심으로, 한국농약과학회 학술발표대회 논문집, 2005.10, 16-18.
- 박진우·고민정·김택수·이세원·이상엽·박경석, 2012, 미생물제제 처리에 의한 딸기 생육 촉진 및 병 방제효과, 한국농약과학회, 한국농약과학회 학술발표대회 논문집, 2012.11, 164-164.

- 박진우·김택수·최형석·고민정·이세원·한지희·박경석, 2012, 미생물제제 처리에 의한 토마토 생육촉진 및 병 방제효과, 한국농약과학회 학술발표대회 논문집, 2012.11, 166-166
- 정호섭·조인선·장희섭·조일규, 2015, 담수어류 영향시험에 대한 미생물 유기농업자재의 시험가이드라인에 따른 고찰, 한국농약과학회 학술발표대회 논문집, 2015.4, 77-77.
- 이지원·홍수명·권오경·임건재·김진효, 2011, *Lactobacillus* 속 미생물의 천연작물보호 소재 및 성분조사연구, 한국농약과학회 학술발표대회 논문집, 2011.4, 138-138.
- 문병주, 2006, 식물관련 *Bacillus* 속 미생물을 이용한 친환경 미생물 살균제 개발, 한국농약과학회 학술발표대회 논문집, 2006.4, 39-40.
- 조재구·김미선·최현정·권민·강태구·정창국·김균·오승민·박철범, *Burkholderia pyrrocinia* CAB08106-4 원제가 잉어 및 물벼룩에 미치는 영향 연구, 한국농약과학회, 농약과학회지 18(1), 2014.3, 21-25.
- 김경훈·김아라·조은지·주성제·박종훈·문지영·염종화·김태훈·권현주·이현태·김영만·이은우, 2014, 오배자(*Rhus javanica*)추출물의 어병세균 Vibrio ichthyoenteri 와 *Streptococcus iniae*에 대한 항균활성, 한수지 47(1), 018-022.
- 권영명 등, 1999, 식물생리학, 아카데미서적, pp.249-254.

제3절 영양 및 면역강화 물질

최근 양식 산업의 발달로 인공종묘 생산을 통한 양식이 본격화되고 있으며, 특히 어류양식에 있어서는 우량종묘의 대량생산을 통한 경쟁력 강화에 나서고 있다. 그러나 인공종묘의 단점 중 하나는 자연산과 같은 기형이 없는 종묘를 생산하기가 매우 곤란하다는 점과 자연종묘에 비래 질병에 대한 면역력이 약해 폐사율이 매우 높은 실정이다. 따라서 종묘생산 현장에서는 다양한 영양 강화제를 공급하고 있으나 그다지 탁월한 효과를 거두지 못하고 있다.

따라서 일반적인 영양 강화제가 아닌 자연계에 널리 분포하는 보다 다양한 물질들을 발굴해 양식과 종묘생산에 적용할 필요가 있다. 특히 초기 먹이가 되는 미세조류는 그자체로도 많은 영양물질을 가지고 있으나 더욱 더 다양한 생리활성 물질을 미세조류에 투입하여 섭취시킨 후 2차 먹이를 통해 간접적으로 섭취시키는 방안이 상당히 합리적일 것이다.

이를 위해 동물이 직접 섭취가 힘든 무기물을 비롯한 물질을 발굴하여 식물성 플랑크톤에 흡수케 하여 로티퍼(rotifer)나 알테미아(artemia)에 먹이는 방법이 우량종묘를 만드는 지름길이 될 수 있다. 아직 수산분야에는 활용이 되지 않고 있으나 농업에서 다양하게 활용되고 효과가 검증된 영양 강화물질을 소개하고자 한다.

1. 부식산(humic acid, 腐蝕酸)

부식은 부식질(Humic substances)이라고도 하며 토양유기물이 변해서 된 것이다. 부식이란 비부식이 더욱 변화되어 갈색-흑색의 유기 교질(Colloid)로 된 유기물을 말한다. 부식은 이화학적 특성에 따라 부식탄(휴민, Humin), 휴믹산(Humic acid), 풀빅산(Fulvic acid), 울믹산(Ulmic acid) 등으로 구분한다. 휴믹산 제품은 종류에 따라 사용방법이 조금씩 다르기는 하지만 농업에서 경작지의 토양처리, 작물의 엽면처리, 모든 가축의 사료첨가용 등으로 뛰어난 효과가 있다고 알려져 있다.

부식화된 유기물이란 녹조, 수생식물, 이끼류, 습지대의 풀, 나무 등과 같은 유기물이 죽으면 미생물에 의해 이산화탄소와 물로 분해되어 흔적을 남기지 않아야 하지만, 식물이 죽어 물속에 잠기면 한정된 산소 때문에 미생물 분해가 매우 제한적이 되므로 기본적으로 식물체가 가지고 있는 단백질, 탄수화물, 리그닌(lignin), 탄닌, 테르페노이드(terpenoid), 알칼로이드, 플라보노이드, 비타민 등의 유기 탄소

화합물 즉, 천연 고분자들이 미생물에 의해 이산화탄소와 물로 분해되지 못하고 부분적으로 산화된 형태의 천연의 고분자 물질인 부식화된 유기물인 휴믹염, 휴믹산, 풀빅산 등의 형태로 존재하게 된다.

따라서 우리나라에서 부식화된 천연 고분자 물질들은 산속의 습지나 호수 바닥, 해안가 습지, 목재가 많이 묻힌 폐기물 매립장 등에서도 존재하여 거의 모든 지하수나 강물에 일정한 양이 존재하는 물질이다. 부식화된 유기물의 가장 대표적인 물질인 휴믹산의 경우 C/N비는 대체적으로 30 내외로, 대표적인 천연 킬레이트제로 이용이 되고 있으며, 부식화된 유기물 분자 내부에는 지방족 공중합체에 미생물이 쉽게 영양원으로 활용이 가능한 당 분자와 아미노산 분자까지 결합되어 있어 곰팡이와 박테리아와 그리고 원생동물에 이르기까지 미생물들이 에너지로 아주 쉽게 이용할 수 있는 고품질의 유기 탄소 화합물이다.

부식화된 유기물의 이러한 특성 때문에 농업적으로 염류 집적 토양의 개량, 토양 미생물 복원, 농약의 독성 물질 제거, 암모니아 장애 개선 등의 목적으로 사용되고 있으며, 환경학적으로 중금속 오염 토양과 폐수, 유류 오염 토양과 폐수 그리고 환경 독성 물질 오염 토양과 폐수의 정화 사업 등에 광범위하게 사용되고 있다.

1) 풀빅산이 인체에 미치는 영향

(1) 풀빅산은 세포막을 부드럽게 만들고, 분자크기가 작아, 쉽게 세포막을 통화하여 세포 속으로 들어간다.

(2) 풀빅산은 킬레이트(Chelate)반응이라는 화학반응을 일으켜 각종 영양분과 미네랄들을 세포속으로 운반하고, 세포 속에 있는 농약, 중금속, 방사능 물질 등 각종 유해물질들을 세포 밖으로 운반한다.

(3) 풀빅산은 강력한 항생물질이므로 각종 세균을 박멸한다. 공인기관인 한국과학시험연구원의 시험결과, 각종 세균에 대하여 99%이상의 멸균효과가 있었다.

(4) 풀빅산은 임파구 및 킬러 T세포와 대식세포(大食細胞) 생산을 촉진하여 인체의 면역력을 길러준다.

(5) 풀빅산은 세포를 재생하고 신생세포 생산을 촉진한다.

(6) 풀빅산은 인체의 신진대사를 촉진한다.

(7) 풀빅산은 피부세포를 재생하고 신생세포 생산을 촉진한다.

(8) 부식산의 강력한 항균작용과 해독작용으로 피부질환을 치료한다.

(9) 풀빅산은 각종 악취의 원인물질과 반응하여 냄새를 없앤다.

(출처 : VanVitamin.com)

미국 FDA는 2003년 고농도 풀빅산을 건강보조식품으로 공인했으며, 미국, 일본, 독일, 오스트레일리아, 네덜란드 등 선진국에서는 건강 보조식품, 미용음료, 화장품 첨가제, 발모제, 농업용 작물재배와 축산, 어류양식의 사료첨가제로 사용된다.

2) 수산양식에 있어 풀빅산의 이용

(1) 용도

가. 물속의 잔류 사료 또는 어류 부산물 침전으로 인한 물의 부패 방지와 개선

나. 물속의 중금속, 유해 화학성분 등 스트레스를 초래하는 환경 독성 극성 중화를 통한 해독 작용

다. 용존 부식산의 pH 완충작용(緩衝作用)으로 안정화

라. 부식산의 항 곰팡이(眞菌), 항 박테리아, 항염증 반응으로 건강한 수생태계 유지

마. 물속의 호기성균의 생장 촉진을 통한 암모늄을 흡착 분해하여 악취 발생 억제

(2) 휴믹산의 기능

수용성 유기 탄소 복합물인 휴믹산과 풀빅산은 토양 내부 물에 녹아들어 모든 물속 유용 미생물의 에너지원인 유기 탄소 성분을 보강하고 동시에 과잉 질소와 미량원소들을 고정하여 미생물의 유효태 영양으로 변환시켜 수질을 개선하고 어류 생육을 촉진한다.

휴믹에서 녹아나온 부식산(휴믹산과 풀빅산)은 물고기에 스트레스를 주는 물속의 용존 중금속, 다이옥신을 비롯한 난분해성 화학 물질, 환경 독성 물질과 킬레이트 반응을 통하여 불용화 시키게 된다.

표 46. 풀빅산의 효과

식이 효과	폐기물 분해 촉진
• 항 염증 • 항 바이러스, 항 곰팡이 • 위장 내벽 보호층 형성 • 피부 외벽 보호	• 호기성 미생물의 탄소원 • 중금속, 다이옥신 킬레이트로 고정 및 불용화 • 암모늄 이온 고정 • 물의 부패 방지

(출처 : www.moringa.co.kr/ (주) 일광 BT)

2. 키토산(Chitosan)

1) 키토산의 효능

바닷게와 같은 갑각류의 껍질에서 추출한 키토산(Chitosan)을 효소분해(신기술)로 분자량이 5,000이하이고 4-7당이 80% 이상 함유된 키토올리고당을 주성분으로 한다.

키토산의 효능은 면역력 증강, 면역기전의 활성, 면역세포의 부활작용, 치어의 생존율 및 성장 촉진, 원충류 스쿠티카 충의 예방 효과, 간 기능 개선 및 스트레스 방지, 육질개선 및 어류의 신선도 증가, 소화기능 강화 및 질병 예방 효과, 장내세균총의 정상화 및 유해세균에 대한 경쟁적 배제작용 등에 효과가 있다. 일반적으로 키토산 올리고당의 흡수율은 분자량에 따라 많은 차이가 발생하며 분자량 5,000 이상의 키토산 올리고당은 체내 흡수율이 극히 미약하다.

키토산은 양식어류용 사료와 혼합하여 경구 투여 방법으로 공급하기 때문에 소량투여로 효과가 확실하다. 사료에 함유되어 있는 영양성분에 대한 상승효과를 부여하여 계속투여 또는 과다 투여 시에도 면역저하 등의 내성이나 부작용이 없다. 특히 저온에서 성장이 중지되는 어종의 경우 저온조건에서도 소화력 증강과 성장을 지속시켜 건강하고 어육의 품질이 우수한 양식어를 사육할 수 있다. 담수 어종의 양식장에서 대량 폐사를 유발하는 세균성, 바이러스성, 기생충성 어병을 예방 및 치료할 수 있을 뿐만 아니라, 면역을 증강시키고 생리활성을 촉진시킬 수 있다.

허(2010)는 키토산을 송어과 어류(brook trout)에 투여함으로써 절창병(癤瘡病)의 원인세균인 *Aeromonas salmonicida*에 대한 저항성이 증가하였다고 하며, 이외에도 키토산의 전구체인 키틴을 투여하여 역시 각종 어병세균 및 바이러스의 감염에 대해 저항력이 증가하는 효과를 볼 수 있다고 한다. 그리고 비브리오 병에 의한 누적폐사율이 유의성 있게 감소했다고 보고하였다.

2) 키토산의 기능

- ○ 면역 기전의 활성 및 면역세포의 부활작용
- ○ 치어의 생존율 및 성장촉진
- ○ 원충류, 스쿠티카 충의 예방효과
- ○ 간 기능 개선 및 스트레스 방지
- ○ 소화기능 강화 및 질병예방 효과
- ○ 장내 세균총의 정상화 및 유해세균에 대한 경쟁적 배제작용

3. 프로폴리스(propolis)

프로폴리스란 꿀벌(Apis Melifers)의 소방(巢房)을 구성하는 소재의 하나로서 꿀벌에 의해 화분 및 식물 분비물(수액 등)과 자신들의 분비물(밀납 등)이 혼합되어 만들어진 것으로, 수지, 밀납, 방향유, 유기산류 등으로 이루어져 있는 수지 상태의 물질을 말한다. 프로폴리스는 라틴어의 프로프(PROP: 기둥)와 그리스어의 폴리스(POLIS: 도시)의 합성어로 '벌들의 도시를 지탱하여 주는 기둥'이라는 의미이다.

꿀벌은 벌집의 틈이 난 곳에 프로폴리스를 발라 병균이나 바이러스로부터 스스로를 보호하고, 말벌이나 쥐와 같은 적의 침입을 막는 것으로 알려져 있으며, 1965년 프랑스의 '레미 쇼방'이 꿀벌의 몸에 박테리아가 없음에 대하여 연구하던 중 프로폴리스가 항생물질임을 밝혀냈다. 프로폴리스는 20종이 넘는 다양한 플라보노이드를 함유하고 있으며, 이러한 플라보노이드들이 프로폴리스의 기능성을 나타내는 것으로 생각된다.

건강기능식품으로 사용되는 프로폴리스추출물은 꿀벌이 식물에서 채취한 수지에 자신의 분비물을 혼합하여 만든 프로폴리스에서 왁스를 제거하고, 물이나 주정으로 추출하거나 이산화탄소를 이용하여 추출한 후 식용에 적합하도록 만든 것이다. 육상에서의 대표적인 곤충인 꿀벌은 지구상의 수많은 오염원과 병원균을 프로폴리스를 통해 효과적으로 방어하여 왔다. '자연은 자연을 스스로 치유한다'는 말이 있듯이 식물에서 유래하고 곤충이 만든 프로폴리스가 물속에 사는 어류를 각종 오염과 병원균으로부터 보호하는 효과적인 어병관리 물질로 활용 할 수 있는 가능성은 충분히 있으며 일부 국가에서는 이미 실용화되고 있어 우리나라에서도 프로폴리스가 양식장에 상용화될 가능성이 있다.

기존의 항생제를 대체할 천연물질로 주목받는 프로폴리스가 항균, 항바이러스,

면역증강 등 다양한 생리활성을 지니고 있는 프로폴리스를 이용해 독성이나 내성문제가 없는 천연항생제가 개발되었다고 하며 넙치, 조피볼락, 새우 및 뱀장어 등에 적용할 수 있는 생리활성 및 성장촉진, 면역증강에 효과를 보인 것으로 알려졌다.

프로폴리스는 강력한 면역증강 효과는 물론 어병 유발요인사전 차단과 강력한 항균 및 항 바이러스작용, 기존의 항생제가 안고 있는 항생제 잔류문제나 내성문제가 없어 안심하고 사용이 가능하다. 또 수용성으로 수질오염 및 2차감염의 우려가 없고 최근 항균력이 뛰어난 프로폴리스를 양식장에 어병예방, 치료 등의 목적으로 활용하기 위한 시도가 이루어지고 있다.

4. 당밀(treacle)

당밀은 사탕수수로 설탕을 정제하는 중에 생기는 시럽(syrup) 같은 부산물이다. 일반적으로 "산업용 당밀"에는 사탕수수 당밀(糖蜜), 사탕무우 당밀, 제당 당밀, 전분 당밀, 감귤 당밀, 헤미셀룰로즈 추출물(목재당밀) 및 수수 당밀이 포함되며 사탕수수와 사탕무우로부터 생산되는 설탕 1억 톤의 35%인 3천 5백만 톤의 당밀이 연간 생산된다. 산업용 당밀의 모든 형태는 부산물로서 얻어지기 때문에 그 조성이 항상 일정치 않고 색깔, 향기, 점도, 당분함량, 및 비중 면에 있어서 상당한 차이가 있다. 사탕수수 당밀은 사탕수수로부터 설탕의 제조 또는 정제 후에 얻어지는 부산물이다.

바이오 플록의 주요 미생물 중의 하나는 종속 영양세균인데 종속 영양세균은 외부로부터 탄소원을 얻어 성장하는 세균을 일컫는다. *Bacillus subtilis, Bacillus amyloliquefaciens, Bacillus lichenformis, Cellumomona sp., Cellulomonas biazotea, Pseudomonas stuzeri, Pseudomonas denitrificans, Rhodopseudomonas palustris* 등의 미생물이 여기에 속한다. 종속 영양세균은 탄소와 암모니아를 섭취하여 성장한다. BFT 시스템에서 충분한 양의 종속 영양세균을 확보하기에는 부족한 부분이 많다. 일단 탄소원이 부족하고, 각종 미네랄과 비타민 등이 부족한 경우가 많다. 따라서 적절한 C/N 비(20:1)를 맞추기 위해 탄소원(당밀, 설탕 등)을 추가하여 부족한 유기물을 확보하고, 비타민과 미네랄을 추가하므로 건강하고 충분한 양의 종속 영양세균을 확보할 수 있는데 가격이 싸고 다양한 성분이 함유된 당밀을 주로 사용한다.

종속 영양세균의 번식 속도가 질산화 미생물보다 훨씬 빠르기 때문에 암모니아

제거 속도가 그 만큼 빠르다. 따라서 암모니아가 높아질 때 탄소 원을 투입하면 빠른 시간 내에 암모니아를 제거할 수 있다. 하지만 종속 영양세균에 흡수된 암모니아는 혐기상태가 되면 다시 암모니아로 유출될 수 있다.

한편, 암모니아는 종속 영양세균에 섭취되어 단백질로 저장되어 새우나 물고기의 먹이가 되어 추가적인 단백질 원이 되기도 한다. 당밀은 EM같은 발효균과 사용 시 뛰어난 효과가 있다는 것이 입증되어 많이 사용되고 있다. 한편 수산분야에서는 최근 새우양식을 중심으로 BFT 기술이 확산되고 있는 추세이다.

그리고 어·패류의 초기먹이로 많이 사용되는 미세조류의 배양에 있어서도 기존의 배지에 당밀을 추가하면 당밀에 함유되어 있는 당분 외에도 Biotin, Folic acid, Inositol, Ca-Pantothenate, Pyridoxine, Riboflavin, Thiamine, Nicotinic acid 등 다양한 비타민과 함께 미네랄, '미지성장인자(UGF: unknown growth factor, 未知成長因子)'등을 포함하고 있어, 영양 강화와 함께 에너지원으로 사용될 수 있으므로 미세조류의 번식속도가 빨라지는 이점이 있다.

참고문헌

- 차선희(Seon Heui Cha)·조미란(Mi Ran Jo)·이정석(Jung Suck Lee)·제종선(Song Seon Je)·전유진(You Jin Jeon), 2008, 키토산과 목초액 혼합용액 코팅제로 코팅한 EP(extruded pellet)사료가 양식 넙치에 미치는 영향, 한국키틴키토산학회지, Vol.13 No.3, [2008].
- 김종태(Chong Tai Kim)·최애진(Ae Jin Choi)·신원선(Weon Son Shin)·김철진(Chul Jin Kim)·조용진 (Yong Jin Cho)·한호규(Hoh Gyu Hahn)·남기달(Kee Dal Nam), 2005, 대하 양식중 키토산함유 사료첨가제의 흰반점 바이러스 억제효과 및 품질특성, 한국키틴키토산학회지, Vol.10 No.1, [2005].
- 김종태 Chong Tai Kim)·강병철(Byung Chul Kang)·지호균(Ho Kyun Jee)·최애진(Ae Jin Choi)·김철진(Chul Jin Kim)·조용진(Yong Jin Cho)·한호규(Hoh Guy Hahn)·남기달(ee Dal Nam), 2005, 키토산 사료첨가제 급이가 양식넙치의 생장과 품질특성에 미치는 영향, 한국키틴키토산학회지, Vol.10 No.3, [2005].
- 차선희(Seon Heui Cha)·강성명(Sung Myung Kang)·제종선(Song Seon Je)·이정석(Jung Suck Lee)·전유진(You Jin Jeon), 2007, 키토산으로 코팅한 EP(extruded pellet) 사료가 양식 돌돔의 혈액성상에 미치는 효과, 한국키틴키토산학회지, Vol.12 No.3, [2007].

▪ 차선희(Seon Heui Cha)·전유진(You Jin Jeon), 2010, 양어 EP(Extruded Pellet) 사료 개선용 기능성 천연 다당류 코팅제 개발 및 양식 넙치 사육에 미치는 영향 양어 EP(Extruded Pellet) 사료 개선용 기능성 천연 다당류 코팅제 개발 및 양식 넙치 사육에 미치는 영향, 한국키틴키토산학회지, Vol.15 No.1, [2010].

제4절 소독제(Disinfectant)

소독이란 미생물 오염을 안전한 수준까지 감소시키는 것으로서 수산양식의 규모가 커지면서 그 필요성이 날로 증가되고 있다. 소독의 대상은 사육대상 종은 물론 기구와 시설에 대해서도 실시되고 있으며, 발생되는 질병은 세균성 질병부터 바이러스성 질병까지 다양하며, 기생충도 외부 기생충부터 내부 기생충까지 다양하게 발생되면서 그 피해가 날로 가중되고 있는 실정이다. 따라서 질병의 사전 예방을 위한 소독의 중요성은 아무리 강조해도 지나치지 않는다.

소독제의 종류도 종래의 화학약품 위주에서 벗어나 최근에는 인체나 사육생물에 피해를 적게 미치는 저독성 소독제가 많이 개발되어 사용되고 있다. 국내에서 허용된 소독제는 13종 19개 제품(2014 수산용의약품 제품요약해설집)이며, 이산화염소(6종), 클로라민-T(1종), 황산동(1종), 황산동+설폰산(2종), 자몽 씨앗추출물의 생물학적 집합물(1종), 목초액 원액(1종), 과산화수소(1종), 포비돈 요오드(1종), 과산화 설페이드 칼륨(1종), 차아염소산 칼슘(1종), 4급암모늄+유카추출액(1종), 치오황산나트륨(1종), 치오황산나트륨+메틸렌블루(1종)이다.

소독제 중에는 최근 식물추출물인 유카 추출물(Yucca extract)을 주성분으로 하는 생물농약도 출현하고 있다. 친환경양식이 대세를 이루는 현 시점에서는 화학제품보다는 다양한 천연소재에서 발굴한 천연 소독제의 지속적인 개발이 필요하며, 농업분야에서의 대대적인 바이오약품(미생물, 식물추출물, 광물 등)의 개발동향은 참고할 만하다 하겠다.

1. 소독(消毒, Disinfection)이란?

질병은 병원체(세균, 바이러스, 곰팡이 등)과 감염경로 (공기, 물, 사료 등) 등의 요건이 갖추어질 때 발생된다. 이 때, 이 요건들로부터 영향을 받지 않도록 하는 것 즉, 병원체를 없애거나 줄이고 수산생물에 해가 없도록 병원체로부터 접근을 방지하는 것을 소독(Disinfection)이라고 하며 이러한 목적으로 사용하는 제제를 소독제(Disinfectant)라고 한다.

2. 소독제의 조건

소독제가 가져야 할 조건은 첫째, 효력발휘 범위가 넓을 것, 둘째, 신속한 사멸이 가능할 것, 셋째, 수용성이며 쉽게 조제할 수 있을 것, 넷째, 안정성을 가질 것, 다섯째, 유기물 찌꺼기, 경수(硬水)등에 대한 내성이 있을 것, 여섯째, 환경 친화적이며, 독성이 적을 것, 일곱째, 경제적이고, 사용하기에 안전할 것 등이 있다.

3. 소독제의 주요작용

1) 균체 막의 파괴 : 균체의 외벽(세포벽, 세포막)을 깨뜨려 막에 구멍이 생기면 세포 내 성분 즉, 세포질이 새어나와 균이 죽게 된다.

2) 균체 단백질의 변성 : 균의 몸체 주요부분은 단백질로 되어있는데, 소독약의 화학작용은 이를 변성시켜 세포 내 성분(세포질)을 유출 시키거나 세포 내 단백질의 응고를 일으켜 세포발육을 저지한다.

3) 균체 표면을 둘러싸서 세포의 호흡을 방해한다.

4) 효소 저해작용에 의해 세포의 생존과 증식에 필요한 효소활성 저해 : 효소는 단백질의 상호작용을 통하여 세포 내 반응을 조절하는데 이를 저해하여 세포의 증식은 물론 생존을 어렵게 한다.

FDA가 승인한 소독제(1996)의 종류

1) 염소(Chlorine)
2) 이산화염소/산화염소계 화합물
3) 요오드 화합물(Iodophors)
4) 4가 암모늄 화합물
5) 산성 음이온 소독제
6) 카르복실 산 소독제
7) 과초산 복합체(Peracetic Acid compounds)

1) 염소소독

염소소독은 세균이나 유기물 등을 산화하거나 살균시켜 안전하게 섭취할 수 있도록 사용해야 하는데 요즘은 어류나 기타 수산동식물의 양식에 사육수의 살균이나 배설물의 산화 등에 사용된다.

과거에는 고체형태의 클로로칼키, 액체형태의 차아염소산나트륨(제품명: 락스)

등이 사용되었으나, 이들은 유기물과 결합하여 발암물질인 THM(trihalomethane)을 형성하므로 선진국에서는 오존에 의한 소독방식으로 전환되는 추세에 있으며 최근 수산동식물의 양식에 사용되는 염소제의 형태도 THM을 형성하지 않고 물에 이취미(異臭味)를 주지 않는 이산화염소(ClO_2)나 오존(O_3)의 형태로 전환되고 있다. 한편 염소계 물질에 의한 소독반응은 다음과 같다.

$$NaOCl(\text{차아염소산나트륨}) + H_2O \leftrightarrows HOCl + NaOH$$

$$Ca(OCl)_2(\text{클로로칼키}) + 2H_2O \rightleftarrows 2HOCl + Ca(OH)_2$$

$$Cl_2(\text{염소가스}) + H_2O \rightleftarrows HOCl + H^+ + Cl^-$$

(1) 염소소독의 이론과 원리

염소는 상온, 상압에서 강력한 냄새가 있는 황록색의 기체로서 비중은 2.5이고, 약간 수용성으로 통상 물속에서 1mg/L 정도면 살균력을 나타낸다. 살균은 염소화합물이 생체 내 세포의 대사에 필요한 효소에 작용하여 불 활성화시켜 사멸시키게 된다.

염소의 살균력을 지배하는 요인은 pH, 수온, 접촉시간, 알칼리도(Alkalinity), 산도(Acidity), 산화 가능한 물질, 질소화합물, 염소농도 등에 영향을 받기 쉬우며, pH가 낮을 경우 살균효과가 높고, 대부분 유효한 살균력을 나타내기 위해서는 30분에서 1시간이 소요된다.

알칼리도는 살균력을 감소시키고, 산도는 증가시키며 Fe, Mn, H_2S, 질소화합물 및 기타 유기물 등의 산화 가능한 물질은 살균력을 감소시키며, 부유고형물(SS)은 살균으로 부터 보호하는 역할을 하여 살균작용을 저하시키게 된다. 질소화합물로는 암모니아(NH_3)와 아민(NH_2)이 염소살균에 크게 영향을 미치며, NO_2와 NO_3가 환원되어 아민을 생성시키기 때문에 염소이온이나 잔류염소에 영향을 미치게 된다.

가. 유리 잔류염소(Free Chlorine)

수중의 염소는 물의 pH(수소이온농도)에 따라 HOCl이나 OCl^-의 형태로 존재하는 율이 달라지며 pH 6.7이하에서는 HOCl이 살균력이 좋다. 낮은 pH에서는 HOCl이 많고, 높은 pH에서는 OCl^-이 많다. 이 두 물질의 살균력은 HOCl이

CHAPTER 3

OCl^- 보다 80배 이상 강하다.

$$Cl_2 + H_2O \rightarrow HOCl + HCl \text{ (pH 5}\sim\text{7 일 때)}$$

$$HOCl \rightarrow OCl^- + H+ \text{ (pH 9}\sim\text{10 일 때)}$$

차아염소산(HOCl) 및 차아염소산이온(OCl^-)으로 공존하는 염소를 유리 잔류염소라고 하며 HOCl의 살균력이 염소살균의 주요물질이다. 특히 pH가 낮을 경우 HOCl 이 많이 생성되며, pH가 높을수록 OCl^-이 많이 생성되며 HOCl의 살균력이 OCl^- 보다 80배 정도 강하다. pH 10은 pH 5보다 염소주입량이 15배 정도 많이 소요된다. pH 5이하가 되면 Cl_2는 수중에서 HOCl과 OCl^-인 유리 잔류염소가 된다.

나. 결합잔류염소 (Chloramine, 클로라민)

수중에 암모니아가 존재하면 염소와 작용하여 반응을 일으켜 클로라민을 형성하는데 이때 형성되는 클로라민의 종류는 물의 pH, 암모니아의 량, 그리고 온도에 따라 결정된다.

$$Cl_2 + H_2O \rightarrow HOCl + HCl$$

$$HOCl + NH_3 \rightarrow H_2O + \underline{NH_2Cl} \text{ (PH 8.5 이상)}$$

$$HOCl + NH_2Cl \rightarrow H_2O + \underline{NHCl_2} \text{ (PH 4.5)}$$

$$HOCl + NHCl_2 \rightarrow H_2O + \underline{NCl_3} \text{ (PH 4.4 이하)}$$

(※ 밑줄친 것이 결합잔류염소)

pH 8.5~4.5일 때 NH_2Cl과 $NHCl_2$의 혼합물이 생성되며, 이 혼합물이 클로라민 중 가장 살균력이 높다. 클로라민의 살균작용은 염소보다 약하며, 소독 시 주입량이 많이 요구되고, 접촉시간은 30분을 요한다. 이러한 결합잔류염소는 소독 후에도 냄새와 맛이 없고, 살균작용이 오래 지속되는 장점이 있다.

다. 파괴점(Break Point, 破壞點) 염소 주입

상수에서 Cl_2(염소)의 주입은 파괴점 이상 주입하는데 파괴점이란 염소를 계속해서 투입하면 질소산화물과 염소가 결합한 클로라민이 없는 상태로서 파괴점 이상

염소를 주입하게 되면 물의 냄새를 제거할 수 있고, 소독효과도 좋아지게 된다. 살균능력은 HOCl > OCl^- > 결합잔류염소 순으로 높다. 그리고 pH에 따라서 다음과 같이 이온화(ionization) 한다.

$$HOCl \leftrightarrow OCl^- + H^+$$

라. 염소소독의 원리(살균작용)

염소의 살균작용은 잔류염소의 형태 잔류염소의 형태, pH, 수온에 따라 크게 지배되는데 결합 잔류염소가 유리 잔류염소와 같은 살균효과를 올리기 위해서는 25배의 주입량이 필요하며, 같은 양일 때도 100배 정도의 접촉시간을 요한다.

pH 6~8인 물에서 유리 잔류염소 0.2mg/L로 10분간 접촉시키면 완전 살균할 수 있으나, pH 8~9에서는 0.4mg/L, pH 10 이상에서는 1mg/L을 주입하거나, 접촉시간을 4시간으로 하여야 한다. 물에 NH_3가 함유된 경우 염소주입량을 감소시킴으로서 N과 결합한 결합 잔류염소량이 증가하다가 거의 0에 가까워진 파괴점(Break Point)을 지나서, 다시 염소를 주입하면 유리 잔류염소가 나타난다.

마. 염소소독의 이용

잔류염소는 정수처리 시 살균 외에 냄새제거, BOD 제거 등의 목적으로 이용된다. 그러나 최근 염소가 물속에 함유된 유기물인 휴믹산(Humic Acid)과 결합하여 인체에 해로운 염소화합물을 만들며, 그중에서도 발암물질인 THM을 생성하기 때문에 최근에는 상수도 소독처리는 오존(O_3)처리법으로 전환되는 추세에 있다. 하수 등의 악취가 혐기성 부패로 생성된다면, 염소주입으로 처리 가능하다.

$$H_2S + Cl_2 \rightarrow 2HCl + S\uparrow$$

염소주입량은 대부분 5~10mg/L 정도로서 악취 제거가 가능하다. 염소요구량은 하수 중 유기물과 무기물에 쉽게 결합할 수 있는 염소량을 말하며, 이 양은 시간마다 매일 그 차이가 심하며, 특히 여름철에 부패가 심하면 그 변화가 많고 겨울철에는 적다.

염소는 대장균 등 소화기계통의 전염성병원균(수인성)에 특히 효과가 크다. 바이러스는 대장균보다 염소에 대한 저항력이 강해 생존할 염려가 있고, 대부분의 박테리아는 음(−)으로 대전되어 있어 OCl^-의 접근이 어렵고, HOCl의 효력이 높다. 염소를 1ppm 주입 시 BOD는 2ppm 감소, 알칼리도는 0.7～1.4ppm이 감소한다. NH_3의 제거에는 파괴점 염소주입으로 NH_3를 제거할 수 있다.

$$2NH_3 + 3HOCl \rightarrow N_2\uparrow + 3HCl + 3H_2O$$

이때 암모니아는 N_2(질소가스)로 공기 중으로 날아간다.

바. 질소제거 방법

NH_4의 제거는 일반 수 처리에서는 pH를 높여서 NH_3로 전환시킨 후 탈기하여 액상으로부터 공기 중으로 날려 보내는데, 생물을 사육하는 양식시설에는 이 방법을 사용할 수 없다. 왜냐하면 이온화되지 않은 암모니아(NH_3)는 독성이 심하여 사육생물에 치명적인 피해를 주게 되며, 특히 해수에서 독성이 더 심하다. 그래서 일반적으로 파괴점 염소처리에 의해 제거하는 것이 일반적이다.

사. 염소처리의 실제 효과

염소처리에 의해 수중의 미생물과 미세조류, 세균 등을 사멸시킬 수 있는 농도는 다음과 같다.

표 47. 염소처리에 의한 생물 사멸농도

구 분	염소주입농도 (mg/L)	구 분	염소주입농도 (mg/L)
남조류	0.5～3.0	규 조 류	0.5～3.0
녹조류(단세포)	0.3～1.0	와편모조	0.3～1.0
빈모류	1.0	박테리아	0.5～1.0

2) 오존(Ozone)

(1) 원리

오존(O_3)은 특유한 비린내 나는 엷은 청색의 기체로서 강력한 산화력을 이용하여 상수로 처리하는 방법이다. 오존은 여과, 건조한 공기 중에서 고압방전에 의해서 얻어지며, 오존 발생기로 발생하는 오존을 물에 혼합하여 살균하는 것으로 오존의 주입량은 2～3mg/L로 충분하다. 최근 수중의 오염도가 높아짐에 따라 염소처리로서는 충분한 효과를 얻을 수 없어 오존의 이용도가 높아지고 있으며, 특히 탈색, 탈취, 중금속의 분해 등에 효과가 있다. 오존의 살균원리는 O_3가 산소와 발생기산소(1/2 O_2)로 분해되고 발생기산소에 의해 소독작용이 일어난다.

$$O_3 \rightarrow O_2 + [O] \text{ (발생기산소)}$$

(2) 오존의 특성

오존은 강한 산화력을 가지고 있어 탈색, 탈취, Fe, Mn, CN 화합물, 페놀류의 분해, ABS(경성세제)의 거품제거, BOD와 COD의 제거, 기타 유해성 유기물의 무해화 등에 효과가 있다. 또한 다른 물질과 결합하여 산소를 방출하므로 과잉투입에 의한 2차오염이 없다. 그러나 오존은 분해하기 쉽고, 용해도가 낮아 효율이 낮으며, 잔류성이 없어 안정성이 없다.

오존은

(1) Cl_2 보다 더 강력한 산화제이다
(2) 저장시스템의 파괴로 인한 사고가 없다
(3) 생물학적 난분해성 유기물을 전환시킬 수 있다
(4) 모든 박테리아와 바이러스를 살균시킨다.

오존은 O_3 로서 산소분자(O_2)에 산소원자(O) 하나가 더 결합하여 강한 산화력을 갖는 천연원소로서 이러한 오존의 살균력을 이용한다. 오존 소독설비는 살균, 산화, 탈취 등을 위해 설치하고, 직접 접촉반응에 의해서 소독한다.

(1) 오존발생기에서 생성된 엷은 청색의 기체 상태인 오존은 수중에서 자기 분해하여 강력한 산화력을 가진 H_2O와 HO 라디칼을 생성하는데 이들이 직접 각종 세균의 벽을 파괴시킨다.

(2) 오존은 자극성 냄새를 유발하며 염소보다 산화력이 강력한 산화제로 살균이 빠르고 효과적이나 유기물의 제거에는 오존의 산화 특성상 한계가 있어, 다량의 오존을 필요로 하므로 처리비용도 높아진다.

(3) 오존의 효과 및 한계

오존의 효과로는 색도제거, 악취제거, TOC(total organic carbon, 총유기탄소),

COD, 일부 n-핵산 추출물질의 제거가 가능하며 NO_2-N, Fe^{2+}, Mn^{2+}의 산화와 미생물 플록(floc)에 의한 탁도 물질의 제거, 세균제거, 고분자 유기화합물의 저분자화가 가능하며 반면 용존산소가 증대된다. 한계로는 PO_4-P, NH_3-N, 중금속, 염류 등의 제거는 불가능하다.

3) 이산화염소(Chlorine dioxide)

이산화염소(ClO_2)는 아염소산염을 염소로 산화하거나, 염소산염을 염화수소(HCl)로 환원하여 얻어지는 적황색의 기체이며, 강력한 산화제이다. 질소화합물과 결합하여 클로라민을 형성치 않고, 염소처럼 페놀을 분해할 때 발암물질인 클로로페놀을 형성치 않고 분해하므로 페놀 처리에 유효하다. 그러나 폭발성과 독성이 강하므로 취급에 유의해야 한다.

염소는 암모니아의 파괴만 가능하며 냄새는 부분적으로만 제거가능하나 이산화염소는 암모니아의 파괴와 함께 맛과 냄새의 완전한 분해가 가능하다. 일반 염소 제는 파괴점 염소주입을 제외하고는 여러 가지 단계를 거쳐서 파괴되지만 이산화염소나 오존은 바로 NH_3에서 N_2로 날려 보낼 수 있어 더 효과적이다.

이산화염소는 바이러스, 세균, 곰팡이, 이끼류, 시설물에 부착한 잡패류, 지렁이류, 해면류 등 각종 부착성 해적생물을 사멸시킬 수 있다. 이산화염소계의 특징은 타 염소제제보다 산화력이 2.5배 강하여 발암물질인 THM을 형성하지 않고, 다른 물질과 결합하여 화합물을 만들지 않는다. 또한 넓은 pH 영역(2~10)에서 강력한 살균효과를 발휘하며, 인체나 물고기에 해가 없으며, 살균력이 오래 지속되는 장점이 있다.

시중에 유통되는 이산화염소제는 유효농도가 3%로서 물 $1m^3$당 200ml을 투입하면 이산화염소(ClO_2)로서 6ppm이 되는데 에드워드, 연쇄상구균 등에 의한 소독, 백점병(白点病)의 예방 등에 효과적이다.

(1) 이산화염소의 장점

이산화염소는 음용수에서 살균 및 산화목적의 염소소독제 대신 사용하고 있는 수처리제로서 현재 국내뿐 아니라 미국, 독일 등 외국에서도 지역적으로 사용되고 있다. 이산화염소는 무기 oxychlorine계 화합물로서 냄새는 염소와 비슷하다. 액상의 염소는 검붉은 빛을 띠며 실제 수 처리에서 사용되는 농도는 0.1~5mg/L이다.

이산화염소는 페놀, humic 물질, 맛, 냄새 유발물질의 제거능이 탁월하다. 이산화염소의 살균력에 있어서 이산화염소 1~5mg/L의 농도에서 *Escherichia coli*와 *Bacillus anthracoids*에 유효함을 입증하였다(Trakhtman, 1946). 이산화염소는 효율적인 소독제로서 먹는 물에서 변할 수 있는 pH의 범위에서 영향을 받지 않고, 박테리아를 불활성화 시키는 속도가 매우 빠르다. biofilm(생물막)의 제거에는 염소보다 우수하다고 발표되었으며(Mayacke, 1984; Welch et al., 1959), 조류의 제거효율이 황산구리보다 우수함이 입증되었다(Chen et al., 1985; Ringer et al., 1946). 한편 염소에 비해 각종 바이러스의 불활성화에 더 효율적인 것으로 나타났다(Taylor et al., 1982; Harak et al., 1981; Berg et al., 1980; Smith et al., 1973).

이산화염소는 물과 반응하여 차아염소산(HClO)을 생성한다. 통상 이산화염소는 다른 염소계 제품보다 2.5배 이상의 산화력과 5배 이상의 소독능(消毒能)을 가진다. 이산화염소의 특징은 차아염소산나트륨에서 발생하는 소독부산물(THMs, HAAs, HANs)이 없다. 한편 빛에 의해 쉽게 분해되므로 인체에 비교적 무해하고 환경피해가 없다.

○ THMs : Trihalomethanes
○ HAAs : Haloaceticacids
○ HANs : Haloacetonitriles

이산화염소의 특징은 넓은 pH(2~10) 범위에서 살균력을 유지한다. 또한 유기물과 거의 반응하지 않아 부산물이 형성되지 않는다. 소독지속성으로는 박테리아 등의 재 번식을 크게 억제하고 미생물의 멤브레인(membrane) 침투력이 강하여 세균 막을 제거하는 효능이 있다. 미생물의 제어능력은 염소에 비해 5배 정도 강하며, 식품에 잔류하는 농약을 분해하고 철, 망간, 페놀 및 독성물질을 제거한다.

4) 자외선(紫外線, Ultra Violet)

자외선(UV)은 가시광선 파장보다는 짧고, X선보다는 긴 파장을 가진 전자 방사선으로 세포 내부의 핵산(DNA) 변화, 신진대사 장해, 증식능력 상실을 유도해 살균한다.

자외선의 특징은

(1) 자외선의 강한 살균력으로 바이러스에 대해 효과적으로 작용한다.

(2) 유량과 수질의 변동에 대해 적응력이 강하다.
(3) 과학적으로 증명된 정밀한 처리시스템이다.
(4) 전력이 적게 소요되고, 램프수가 적게 소요되므로 유지비가 낮다.
(5) 접촉시간이 짧다(6~10초).
(6) 화학적 부작용이 적어 안전하다.
(7) 전원의 제어가 용이하다.
(8) 인체에 위해성이 없다.
(9) 설치가 용이하다.
(10) pH의 변화에 관계없이 지속적인 살균이 가능하다.

자외선 소독설비는 자외선을 투사함으로써 수중에 존재하는 병원성 세균 및 기타 유해 미생물을 살균하기 위하여 설치한다. 자외선 소독작용은 주된 파장이 254nm인 자외선을 미생물의 DNA에 주사하여 미생물의 DNA를 파괴하거나 증식작용을 막음으로써 수중에 생존할 가능성이 있는 세균 또는 미생물을 살균하는 것이다. 자외선 소독에 있어서의 강도에 영향을 미치는 주요인자는 수질의 자외선의 투과율, 부유물 농도, 용존 유기물 농도, 총 경도에 따라 다르며, 램프의 상태에 있어서는 슬리브(Sleeve)의 깨끗한 농도, 사용기간, 노후상태 등에 따라 다르다. 또한 접촉시간도 중요한 요소이며 유량 및 접촉조의 설계에 따라 다르다.

(1) 자외선 투과율

자외선의 투과율은 시료 1cm를 자외선이 통과한 후에 흡수되지 않고 남은 254nm 파장을 가진 자외선의 백분율(%)로 정의된다. 이 투과율은 수중에 용해 또는 부유 상태의 물질의 농도에 따라 좌우되는데 , 투과율이 낮으면 수중에서 자외선의 강도가 떨어지므로 적절한 투사량을 유지시키기 위하여 더 오랜 시간 자외선을 투사시켜야 한다. 즉 접촉시간을 늘려야 한다.

(2) 용존 유기물의 농도

하수에 포함되어 있는 유기물은 살균효과를 갖는 파장범위에 있는 에너지를 흡수할 수 있다.

(3) 부유물의 농도

부유물은 입자들로 되어 있으므로 광선을 분산시키거나 흡수함으로써 자외선의 투과를 저하 시키며, 박테리아가 자외선에 노출되는 것을 막아서 살균효과를 감소시킨다. 그러므로 부유물의 농도가 높으면 더욱 강한 자외선의 투사가 필요하거나 접촉시간을 더 늘려야 한다.

(4) 총경도

하수 내에 마그네슘이나 칼슘의 화합물이 많이 존재하면 석영 슬리브에 스케일을 씌우는 역할을 한다.

(5) 슬리브의 깨끗한 농도

자외선의 소독효과를 최대로 하기 위해서는 석영 슬리브를 항상 청결하게 유지해야 하며, 이 슬리브에 막이 생기면 물에 투과하는 자외선 량이 줄어들게 되므로 일반적으로 이차처리수의 소독 시에 1년에 2~3회 정도의 세척빈도가 요구된다.

(6) 사용기간 및 노후상태

1년 사용한 자외선램프의 자외선 강도는 100시간 사용 후 강도의 약 65%에 해당되며 2년 후에는 58% 정도로 줄어든다.

(7) 처리공정

생물학적 처리공정에 따라 자외선 투과상태가 달라지고 슬리브의 세척빈도가 다르므로 UV 시스템의 효율이 다르게 나타나게 된다.

(8) 유량

유량은 접촉시간을 결정하게 되며, 유지시간 및 자외선의 강도에 따라 자외선 조사량이 결정된다.

(9) 반응조의 설계

반응조 내의 수리학적 특성은 소독효과에 결정적인 영향을 미치는데 살균작용에 있어서 가장 적절한 수리학적 형태는 플러그 흐름(plug flow) 상태이며, 손실수두(損失水頭)가 적어야 한다.

※ plug-flow(tubular flow) : 압출류형 반응기=모든 물질이 체류시간 동안 반응이 일어남.

5) 산화칼슘(Calcium oxide)

(1) 산화칼슘이란?

산화칼슘(CaO)는 석회석($CaCO_3$)를 보통 1,000~1,200℃ 정도의 고온으로 가열하면 CO_2가 빠져나와 형성된다. 생석회는 주로 소독제, 표백제, pH 조절제, 식품첨가제, 비료 등에 사용된다. 산화칼슘은 백색을 띄는 결정으로 공기 중에 놔두면 수분과 이산화탄소를 흡수하여 수산화칼슘(소석회)과 탄산칼슘으로 분해된다. 산화칼슘의 가장 큰 첫 번째 특징은 살균작용이며 천연원료로 식품첨가물이면서 99.9%의 살균력을 보유하고 있다.

산화칼슘을 물에 녹였을 때에 발생하는 강알칼리성의 세정력에 의해 일반세균, 곰팡이, 식중독의 원인균 등이 제거된다. 음이온이나 미네랄에 의한 항균 코팅 효과가 발생하여, 식품 재료 등의 보존이 향상된다. 강력한 살균, 소독효과를 가지며(99.99%) 각종 부패균, 식중독균, 바이러스를 효과적으로 살균한다.

병원성대장균, 곰팡이(진균류), 박테리아, 살모넬라균, 황색포도구균, 장 비브리오 레지오넬라균, 사스, 조류독감, O-157, 칸피로 바쿠타, 녹농균, 노로 바이러스, 장염비브리오, 폐렴균, 비브리오균 등 거의 모든 세균에 효과적이다. CaO와 H_2O가 결합하면 OH^- 수산기가 형성되며, OH-라디칼의 의한 가수분해가 이루어진다.

(2) OH Radical (Hydroxyl Radical)의 특징

(1) 독성이 없는 인체에 무해한 천연 물질이다.
(2) 모든 오염물질을 살균, 소독한다.
(3) 화학적으로 분해하고, 제거할 수 있는 가장 강력한 물질이다.
(4) 산화력(살균, 소독, 탈취, 분해하는 능력)이 강력하지만 인체에는 독성이 있거나 유해한 물질이 아니다.
(5) 공기와 물속의 오염물질에 직접적으로 관여하여 모든 오염물질을 안전한 물(H_2O)과 이산화탄소(CO_2)로 환원시켜 인체에 무해하게 한다. 한편 유해한 황화수소에 작용하여 무해한 황화칼슘으로 침전시킨다.

$$H_2S\uparrow + CaO(\text{산화칼슘}) \rightarrow CaS\downarrow + H_2O$$

$$H_2S\uparrow + Ca(OH)_2(\text{수산화칼슘}) \rightarrow CaS\downarrow + 2H_2O$$

(3) 산화칼슘에 의한 유해물질 제거

사육수나 사육기질이 오래되거나 환수가 불량하면 유독물질인 황화수소 등의 황화합물과 암모니아 등의 질소화합물이 발생하게 된다. 사육 중 발생하는 화학물질은 황 화합물, 질소화합물, 지방산 등이 있다.

황 화합물로는 메틸메르캅탄(CH_3SH), 황화메틸[$(CH_3)_2S$], 이황화메틸(CH_3SSCH_3)과 계란 썩는 냄새를 내는 황화수소(H_2S)가 있다.

질소화합물로는 분뇨냄새를 내는 암모니아(NH_3), 에틸아민($CH_3CH_2NH_2$)과 생선 썩은 냄새를 내는 메틸아민(CH_3NH_2), 트리메틸아민[$(CH_3)_3N$] 등이 있다. 산화칼슘에 의한 반응원리는 다음과 같다.

$$NH_4OH(\text{암모니아}) + CaO \rightarrow NH_3\uparrow + Ca(OH)_2\downarrow$$

$$CH_3NH_2(\text{메틸아민}) + H_2O + CaO \rightarrow CH_3NH_2\uparrow + Ca(OH)_2\downarrow$$

$$H_2S(\text{황화수소})\uparrow + CaO \rightarrow CaS\downarrow + H_2O$$

$$CH_3SH(\text{메틸메르캅탄})\uparrow + CaO \rightarrow CaS\downarrow + CH_3OH$$

6) 과산화수소 (Hydrogen Peroxide)

과산화수소는 물과 산소로만 만들어진 것으로 과산화수소는 각종 병균이나 바이러스와 적조생물 등을 신속히 산화(oxidation, 酸化)시킨다. 따라서 과산화수소는 비교적 안전한 강력 살균제라고 할 수 있다. 과산화수소는 미생물을 산화작용으로 제거시키며, 과산화수소가 미생물을 산소와 물로 분해시켜버리는, 일종의 "절제된 연소 작용"이라고 할 수 있다. 과산화수소는 물과 발생기산소(1/2 O_2)로 분해되고 이 발생기산소가 강력한 살균작용을 한다.

$$H_2O_2 \rightarrow H_2O + [O]((\text{發生期 酸素})$$

과산화수소는 강력하지만 빠르게 분해되는 특성으로 인해 농업에서 농약 대체제로도 사용되어 진다. 실제 농업에서는 내성균이 생기지 않고 제어하기 어려운 흰 가루병이나 잿빛곰팡이, 탄저병을 동시에 해결할 수 있다고 알려져 있다. 최근에는 과산화수소에 나노실버 콜로이드를 용해시켜 안전성을 극대화한 제품이 판매 중에 있으며 과산화수소의 수십 배의 강력한 살균력을 발휘한다고 알려져 있다.

4. 결론

종래에 있어 염소소독은 상수원의 정화에 사용되는 방법이었으나 요즘은 육상양식의 발전과 더불어 수질정화와 기구, 시설 등을 소독하기 위해 사용되고 있다. 그러나 독성이 강하고 중화가 필요하므로 이산화염소로 대체되고 있다. 그리고 사육생물이나 인체에 해가 적은 오존이나 자외선살균에 의한 소독이 보급될 것으로 전망된다.

그러나 설치비용이 고가이므로 독성이 비교적 약한 과산화수소를 사용하기도 한다. 그리고 최근 강알칼리성 물질인 산화칼슘이 소독제로 사용되는 경우가 있는데 바이러스와 세균은 물론 기생충 제거에도 효과가 있는 것으로 조사되고 있다.

양식은 가급적 약품에 의존하지 않고 실시되어야 하지만 해수와 담수의 오염이 날로 심해가고 있고 각종 병원성 미생물에 의한 피해가 증가되어 가고 있으므로 되도록 환경에 영향을 적게 미치는 저독성 소독제를 사용하여 처리해야 할 것이다. 소독제는 상기의 소독제 외에도 천연약제를 사용하는 것도 바람직하나 이를 위해서는 다양한 현장 실험이 정립되어야 할 것이다.

참고문헌

- 김흥윤(Heung-Yun Kim)·김진도(Jin-Do Kim), 2003, 이산화염소(ClO_2) 처리해수에 노출된 넙치, Paralichthys olivaceus의 생존과 생리적 반응, 韓國養殖學會誌, Vol.16 No.3, [2003].
- 박경희(Kyung-Hee Park)·오명주(Myung-Joo Oh)·김흥윤(Heung-Yun Kim), 2003, 이산화염소의 해산어류 병원세균 살균효과, 韓國養殖學會誌, Vol.16 No.2, [2003].
- Puji Rahmadi·Jae-Yoon Jo, 2010, Effects of Different Levels of Ozone on Ammonia, Nitrite, Nitrate and Dissolved Organic Carbon in Seawater, 한국수산과학회 양식분과 학술대회, p.19.
- Ranee Surakarnkul·Pakorn Unprasert·Juan L. Silva, 2015, OZONE ENHANCES QUALITY AND SHELF LIFE OF DRIED *Trichogaster pectoralis*, 한국수산과학회 양식분과 학술대회, Vol.2015 No.5, [2015].
- 오명주·조현서, 2001, 오존처리에 따른 해수 중 어류 병원체의 관리 오존처리에 따른 해수중 어류 병원체의 관리, 韓國養殖, Vol.13 No.2, [2001].

- 이정열·김경환·성용식·류경남·하만수, 2001, 학술발표회 : 5) 양식분야 : 포스터발표 ; 콘크리트 사육수조에서 향어(*Cyprinus carpio*)의 성장 및 수질에 미치는 자외선 – 오존 램프의 영향, 2001년 춘계 수산관련학회 공동학술대회발표 요지집.
- 박성순·성정민·정진웅·박기재·임정호, 2012, 전기분해수 및 이산화염소수 처리에 따른 배추의 미생물 제어 효과, 한국식품과학회지 44(2), 2012.4, 240-246.
- 이윤진·이선종·이동찬·김현·이환·이혈효·남상호, 2002, 정수소독공증에 이용되는 염소, 이산화염소, 오존 소독제의 비교, 고찰에 관한 연구, 한국환경보건학회지 28(3), 2002.9, 1-8.
- 한국환경수도연구소, 1998, 살균기법 및 부산물 제어기술, 환경부.

제5절 환경상식

1. 이산화탄소의 화학적 성질

미생물의 호흡이나 물질의 연소에 의하여 생기는 탄산가스는 물에 녹아서 탄산이 되며 탄산은 전리하여 HCO_3^-나 CO_3^{--}를 생성시킨다.

$$CO_2 + H_2O \rightarrow H_2CO_3$$

$$H_2CO_3 \rightarrow H + HCO_3^-$$

$$HCO_3^- \rightarrow H + CO_3^{--}$$

$$CO_3^{--} + H_2O \rightarrow HCO_3^- + OH^-$$

자연수 중의 알칼리도는 주로 석회암 등의 광물에서 유래하며 대부분이 중탄산염(HCO_3^-)의 형태를 하고 있으며 탄산염이나 수산화물의 형태는 적다. 이것은 수중에 CO_2가 있어 탄산염이나 수산화물은 중탄산염으로 변화시키기 때문이다.

$$CO_3^{--} + CO_2 + H_2O \rightarrow 2HCO_3^-$$

$$OH^- + CO_2 \rightarrow HCO_3^-$$

중탄산염은 냉수 중에서 OH^-를 거의 내지 않으므로 중탄산염의 양이 많아도 pH는 높아지지 않는다. 특히 용존하는 CO_2가 많을수록 OH^-가 나오기 어려워 pH는 높아지지 않는다. 석회수($Ca(OH)_2$)에 이산화탄소를 통하면 탄산칼슘($CaCO_3$)를 생성하고 백색으로 탁해진다.

$$Ca(OH)_2 + CO_2 \rightarrow CaCO_3 + H_2O$$

이산화탄소를 계속해서 통하면 중탄산칼슘($Ca(HCO_3)_2$)을 생성하여 녹고, 액체는 투명해진다.

$$CaCO_3 + CO_2 + H_2O \rightarrow Ca(HCO_3)_2$$

이 반응은 이산화탄소의 독특한 성질이며, 종유석도 이 반응에 의해서 생긴다. 많은 금속 산화물이나 수산화물과 반응하여 탄산염을 생성한다. 특히 수산화칼슘과 반응하면 다음과 같은 반응이 진행된다.

$$Ca(OH)_2 + CO_2 \rightarrow CaCO_3 + H_2O$$

$$CaCO_3 + H_2O + CO_2 \rightleftarrows Ca(HCO_3)_2$$

탄산칼슘은 물에 잘 녹지 않지만, 탄산수소칼슘(중탄산칼슘)은 물속에서 칼슘이온(Ca_2^+)과 탄산수소이온(HCO_3^-)으로 비교적 쉽게 나눠지고, 이런 이온들은 물에 잘 녹게 된다. 자연에서 지질 석회암의 주성분인 탄산칼슘은 이산화탄소가 빗물 등과 접촉하여 반응을 하면 탄산수소칼슘이 되면서 용해된다.

2. 수 처리 공정과 알칼리도

수 처리과정에서 발생하는 이산화탄소(CO_2), 알칼리도, pH 간의 관계는 다음과 같다.

1) 폭기에 따른 pH 변화

이산화탄소는 보통 폭기(曝氣)를 하여 제거시킬 수 있고 이산화탄소(CO_2)는 산성의 기체이므로 이산화탄소를 제거하게 되면 pH가 상승하게 된다. 보통 공기는 부피로 약 0.03%(300 ppm)의 이산화탄소를 포함하고 있다. 고 알칼리도의 물은 폭기에 따라 더 높은 pH로 되고 저 알칼리도의 물은 폭기에 따라 낮은 pH로 되는 경향이 있다.

2) 조류의 번성에 의한 변화

지표수에는 조류가 번성하게 되고 대규모 녹조 발생 등에 의해 pH 10까지 상승하는 것이 관찰된다. 조류는 광합성 작용을 통하여 이산화탄소를 이용하게 되므로 수중의 이산화탄소가 조류로 인하여 소모됨에 따라 pH는 높아지게 된다. 이산화탄소를 제거하기 위한 폭기의 경우, 적당한 알칼리도를 가진 물을 폭기한 경우에는 pH는 8~9정도로 상승되나, 조류는 유리 이산화탄소의 농도를 공기와의 평형농도 이하로 감소시킬 수 있으므로 pH는 폭기의 경우보다 더 높은 상태를 유지하게 된다. pH가 상승함에 따라 다음과 같이 탄산염으로부터 조류 성장에 필요한 이산화탄소를 생성한다.

$$2HCO_3^- \leftrightarrow CO_3^{2-} + H_2O + CO_2 \text{ (A)}$$

$$CO_3^{2-} + H_2O \leftrightarrow 2OH^- + CO_2 \text{ (B)}$$

조류에 의한 이산화탄소의 소비는 알칼리도의 형태를 탄산수소염 → 탄산염 → 수산화물로 변화시키면서 높은 pH를 나타내게 된다.

수중에서 중탄산염의 평형반응식은 다음과 같다.

$$H_2CO_3 \leftrightarrow HCO_3^- + H^+$$

$$HCO_3 \leftrightarrow CO_3^- + H^+$$

중탄산 이온은 수중에서 평형반응을 이루고 있는데 수초나 식물성플랑크톤이 광합성을 위해서 이산화탄소를 HCO_3^- 에서 획득하게 된다면 다음의 반응이 일어난다.

$$HCO_3^- \leftrightarrow CO_2 + OH^-$$

이때 부산물로 생성되는 수산화이온(OH^-)은 pH를 상승시키는 역할을 한다. 해수는 자체 특성 때문에 중탄산 버퍼(buffer)가 충분히 있어 완충능력이 강하므로, pH가 급격하게 변하지 않으나 담수는 광합성작용에 따른 pH의 변동 폭이 매우 크다. 일반적인 담수 부영양화 호소나 못에서는 중탄산 버퍼가 부족해서 한낮에 광합성의 결과물로 인해 pH가 10~11까지 올라가기도 한다.

외부로부터 녹아들어 가거나 수중 내 존재하는 '탄산칼슘의 용해' 등으로 중탄산염이 공급되는 해수는 버퍼가 충분히 있기 때문에 pH의 변화가 적은 곳도 있다. 조류는 그 성장을 저해하는 pH인 대략 10~11에 도달할 때까지 계속하여 물속의 이산화탄소를 소비하고 야간에는 조류의 호흡과정에 따라 이산화탄소 소모량 <조류의 이산화탄소 생산량의 형태로 변화한다.

(∵ 호흡과정 > 광합성 과정).

이 경우 이산화탄소의 생산은 반대효과를 나타내게 되고, pH를 감소시킨다. 조류의 광합성 및 호흡으로 인해 지표수에서 pH의 일변화가 일어나는 것은 흔히 있는 현상이며. 상당한 양의 Ca^{2+}을 포함하고 있는 자연수에서는 (A)식에 의하여 탄산이온 농도가 충분히 많아져 용해도곱을 초과하게 되면 탄산칼슘의 침전이 일어난다.

$$Ca^{2+} + CO_3^{2-} \leftrightarrow CaCO_3$$

3. 이산화탄소와 알칼리도의 관계

흔히 알칼리도와 높은 pH를 나타내는 알칼리화를 혼동하는 경우가 많은데 알칼리도의 투입은 pH를 안정화시키는 역할을 하나, 강 알칼리성 물질의 투입에 의한 알칼리화는 단순히 pH를 높이는 것에 지나지 않는다. 알칼리도를 높이기 위해서는 투입물질이 반드시 알칼리성일 필요가 없다. 또한 알칼리도가 높다고 pH가 높아지는 것은 아니며 pH의 변화는 없다. 반면 pH가 높다고 알칼리도가 높아지지는 않는다.

최근 대기 중 이산화탄소의 농도가 급증하면서 많은 이산화탄소가 해양으로 유입되고 있으며, 이로 인한 해양산성화가 조금씩 진행되고 있다. 해양의 pH는 통상 8.1~8.2를 유지해 왔으나 최근 들어 8.0~8.1로 0.1 정도 낮아지고 있다는 보고가 있다.

그동안 해양에서의 pH는 100~130mg/L의 수준을 유지하는 알칼리도로 인해 큰 변화가 없었으나 최근 남해안 연안의 알칼리도가 100mg/L 이하로 내려가는 경우가 많아지고 있다. 알칼리도의 저하는 pH의 급격한 변화를 막아주는 해양의 '완충능력' 저하를 의미하며, 이산화탄소의 증가 추세가 지속되면 알칼리도를 낮추게 되고, 또 알칼리도가 낮아지면 산성화물질을 방어하는 능력이 소실되어 pH의 저하가 걷잡을 수 없이 진행될 수도 있다.

그렇다면 알칼리도를 높일 수 있는 방법을 찾아내야 하는데 칼슘과 마그네슘 등의 양이온에 의해 알칼리도를 높일 수 있다. 그러나 약품으로 투입하게 되면 높은 비용으로 인해 곤란하다. 자연계에 존재하고 있는 다양한 물질을 대상으로 알칼리도를 높일 수 있는 물질을 연구한 결과 의외로 가장 흔하고 쓰레기로 버려지는 굴 껍질 등 패류의 껍질이 함유하는 탄산칼슘에 의해 알칼리도가 130mg/L 이상으로 높아지는 것을 확인하였다.

현장에서 해양의 산성화를 예방하는 방법 중 하나는 패류 채취 시 발생되는 패각 껍질을 분쇄하여 현장에서 바다에 뿌려주는 것이 가장 쉬운 방법으로 생각된다. 해양산성화에 대한 외국의 연구사례는 철분을 해양에 뿌려 미세조류를 증식시켜 이산화탄소를 제거하는 방안을 제시하고 있으나 비현실적이라는 이유로 많은 반대에 부딪쳐 실현되지 못하고 있다.

해양산성화는 이미 '발 등의 불'이 되고 있으며 모든 잘못을 이산화탄소에 뒤집어씌우는 것은 불합리하다. 이산화탄소는 인류가 그동안 무분별하게 사용해온 화석연료의 발자국이므로 우리세대에서 산업화의 잔재 물인 이산화탄소를 자원화하고 환경을 파괴하지 않도록 조절해 나가는 것은 '미래 세대를 위한 최소한의 의무'라 할 수 있다.

4. 환경용어

1) **BOD(Biochemical Oxygen demand)** : 생물화학적 산소요구량. 어떤 유기물을 미생물에 의하여 호기성 상태에서 분해 안정화시키는데 요구되는 산소량. BOD가 높으면 유기물의 오염도가 높음을 의미한다. 유기물질이 수계에 유입되면 수계에 서식하는 미생물은 용존산소를 결핍시키는 잠재능력의 평가가 중요하다. 실험실에서는 관습적으로 20℃에서 5일간 시료를 배양했을 때 소모된 산소량을 측정하는데 그 값을 5일 BOD 또는 BOD_5라고 하며, 통상 BOD라고 한다.

2) **COD(Chemical Oxygen Demand)** : 화학적 산소요구량. 수중의 피 산화성 물질(주로 유기물)을 산화제($K_2Cr_2O_7$, $KMnO_4$)를 이용 화학적으로 산화시킬 때 소비되는 산소량을 말한다. COD는 BOD와 아울러 폐수의 유기물 함유도를 측정하기 위한 중요한 척도이며 폐수 내 유기물의 함량을 간접적으로 나타내는 지표가 된다.

   COD는 유기물질의 추정을 목적으로 하는 경우가 많으나, 측정치에는 아질산염(NO_2^-), 제일철염(Fe^{++}), 유화물(S^{--})등의 무기물, 환원성 물질이 포함된다. COD의 장점은 2시간 정도의 단시간에 측정 가능하다. 일반적으로 하천이나 도시하수는 BOD 값을 많이 채택하며, 공장폐수, 해수의 오염지표로는 COD 값이 많이 쓰인다.

3) **용존산소(DO: Dissolved Oxygen)** : 용존산소 측정법은 윙클러-아지드화 나트륨 적정법이 사용된다. 적정법의 원리는 시료에 염화망간(또는 황산망간)과 알칼리 요오드화 나트륨용액을 첨가하면 망간이온이 염기 용액 하에서 수산화 제일망간으로 침전된 후 용존산소에 의해 수산화제이망간으로 산화된다.

   수산화제이망간은 다시 산에 의해 용해되고 요오드이온에 의해 환원되어 용존산소 농도에 대응되는 요오드가 유리된다. 유리된 요오드를 티오황산나트륨으로 적정하여 용존산소 농도를 측정한다.

$$Mn^{2+} + 2OH^- \leftrightarrow Mn(OH)_2$$

$$Mn(OH)_2 + 1/2O_2 \leftrightarrow MnO(OH)_2$$

$$MnO(OH)_2 + 4H^+ + 2I^- \leftrightarrow Mn^{2+} + I_2 + 3H_2O$$

$$2S_2O_3^{2-} + I_2 \leftrightarrow S_4O_6^{2-} + 2I^-$$

4) **SS(Suspended solids)** : 무기물과 유기물을 함유하는 고형물질로서 0.1㎛ 이상의 입자상 물질이며, 부유물질은 탁도(濁度)를 유발하는 원인물질로서 현탁물질로 통칭된다.

5) **강열감량(强熱減量, Ignition Loss)** : 저질 분석 시 증발잔류물(고형물)을 강열했을 때 감량한 중량을 말하고 증발잔류물에서 강열잔류물을 빼서 구한다. 즉, 강열감량은 휘발성 잔류물 또는 유기물을 뜻하며 강열감량이 높으면(7～10% 이상) 양식장의 오염이 심한 것으로 볼 수 있다.

6) **저질 COD** : 해저 퇴적물 중 유기물량은 퇴적물의 환경을 평가하는데 중요한 척도 중의 하나로 사용된다. 일반적으로 유기물량의 측정은 강열감량법이나 유기탄소량 측정법 등을 이용하여 직접 정량하는 방법이 주로 사용된다.

반면 유기물이 산화될 때 환경에 미치는 영향을 알아내기 위해, 유기물이 산화될 때 소비되는 산소량을 측정하는 방법이 있는데, 이를 화학적 산소요구량(COD: Chemical Oxygen Demand)이라 한다. 화학적 산소요구량은 퇴적물 내 유기물을 강한 산화제로 산화시킬 때, 소모되는 산소량으로 정의한다.

산화제로는 과망간산칼륨 혹은 중크롬산칼륨 등을 이용하나, 측정범위가 넓은 과망간산 칼륨법을 보다 많이 이용한다. 이 방법은 생물학적 산소요구량, 유기탄소량 혹은 유기물량과 상관관계가 좋은 것으로 알려져 있으며, 퇴적물 오염의 지표로 많이 사용된다. 일본의 수산 환경 수질기준(일본수산자원보호협회, 1972)은 20mg/g 이다.

7) **산 휘발성 황화물(AVS, Acid Volatile Sulfide)** : 해저퇴적물 내 산 휘발성 황화물(이하 황화물)이 높다는 것은 퇴적물 내 산소의 고갈 및 결핍을 의미하며, 이는 저층수질 및 저서 생태계에 나쁜 영향을 줄 뿐 아니라 환경을 평가하는데 있어서 중요한 의미를 가진다.

황화물은 대기 중 산소와 접촉하게 되면 아주 빨리 산화되어 황산염으로 바뀐다. 따라서 시료를 처리하는 전 과정에서 공기와 접촉하지 않도록 해야 한다. 황화물의 정량은 적당량의 산을 가하여 퇴적물내의 황화물을 황화수소 형태로 바꾼 후 발생하는 황화수소를 측정하는 방법을 사용한다. 일본의 수산 환경 수질기준(일본수산자원보호협회, 1972)은 0.2mg/g 이다.

8) **알칼리도(Alkalinity)** : 알칼리와는 달리 산을 중화시키는 능력의 척도로서 수중의 수산화물(OH^-), 탄산염(CO_3^{--}), 중탄산염(HCO_3^-)의 형태로 함유되어 있는 알칼리 성분을 이에 대응하는 탄산칼슘($CaCO_3$)을 mg/L 단위로 나타낸 것이다.

9) **산도(Acidity)** : 산도는 알칼리를 중화시킬 수 있는 척도로서 표시되며 수중의 탄산, 광산(황산, 염산, 초산 등), 유기산(작산 등)의 산분을 중화하는데 필요한 알칼리 성분을 이에 대응하는 $CaCO_3$ ppm으로 환산한 값이다.

10) **경도(Hardness)** : 경도는 물속에 용해되어 있는 Ca^{++}, Mg^{++} 등을 이에 대응하는 $CaCO_3$ ppm으로 환산 표시한 값을 말한다. 탄산경도와 비탄산경도가 있는데 탄산경도는 Ca^{++}, Mg^{++} 등이 알칼리도를 이루는 탄산염(CO_3^{--}), 중탄산염(HCO_3^-)으로 존재 시 이들이 유발하는 경도를 탄산경도(carbonate hardness)라 하며, 끓임에 의해 연화되므로 일시경도(temporary hardness)라 한다.

반면 비탄산경도는 Ca^{++}, Mg^{++} 등이 산 이온인 황산이온(SO_4^{--}), 염화이온(Cl^-), 초산이온(NO_3^-), 규산이온(SiO_3^{--})과 화합물을 이룰 때 나타내는 경도를 비탄산경도(non-carbonate hardness)라 하며, 이들은 끓임에 의해 제거되지 않으므로 영구경도(permanent hardness)라 한다.

총경도 〉 M(메칠오렌지)－알칼리도일 때, 탄산경도(mg/L)=알칼리도(mg/L)

알칼리도=총경도-비탄산경도 또는 알칼리도=탄산경도

따라서 통상 물속에 Ca^{++}, Mg^{++} 성분을 투입하면 알칼리도와 경도가 동시에 상승하게 되며 완충능력이 높아져 산과 알칼리의 유입에도 pH가 쉽게 변하지 않는다. 한편 pH가 8.3이하일 때 총 알칼리도는 중탄산 알칼리도(HCO_3^-)와 같다.

따라서 알칼리도가 부족하면 생석회, 소다회(탄산나트륨), 중탄산나트륨(중조) 등과 같은 약품을 가해 조정해야 한다. 경도가 높으면 비누 거품이 잘 일어나지 않고, 수도관 내에 스케일(scale) 이 발생하게 되어 많은 문제를 일으킨다.

표 48. 경도의 기준과 농도

경도의 기준	경도 농도 (mg/L)
단물(soft)	0~75
약간센물(moderaterly hard)	75~150
센물(hard)	150~300
대단히 센물(very hard)	300이상

$$Ca^{2+} + 2HCO_3^- \rightarrow CaCO_3\downarrow + CO_2 + H_2O$$

이산화탄소가 석회암층의 불용성 탄산염과 접촉하여 탄산수소염(중탄산염)으로 전환시키는가를 보여주고 있다. 석회암은 탄산염들이 용해됨에 따라 표면으로 노출되어 나오게 되고 물의 용매 작용을 받아 용액 속으로 녹아 들어가게 된다.

$$CaCO_3 + H_2CO_3 \rightarrow Ca(HCO_3)_2$$

$$MgCO_3 + H_2CO_3 \rightarrow Mg(HCO_3)_2$$

5. 환경인자 간 상관관계

1) 수온과 용존산소

수온이 높을수록 산소의 포화도가 낮아져 용존산소 농도는 감소하고 수온이 낮아지면 반대로 포화도가 높아진다. 해수 중에서 용존산소는 고수온기 6mg/L, 저수온기에는 10mg/L 내외를 나타낸다. 따라서 수온과 용존산소 농도는 반비례 한다.

2) 용존산소와 COD, BOD

COD와 BOD가 증가하면 세균의 유기물 분해에 의해 산소소비량이 증가하므로 용존산소는 감소한다. 용존산소와 COD, BOD는 반비례 한다.

3) pH와 알칼리도, 이산화탄소

폐쇄된 수조 내에서 COD가 증가하면 세균의 유기물 분해에 따라 유기산을 생성하므로 pH가 감소한다. 이산화탄소 농도가 증가하면 pH가 감소하고, 알칼리도를 소비하여 알칼리도가 저하한다.

이산화탄소의 증가에 따라 pH, 알칼리도는 변화하지만 반대로 이산화탄소가 감소하게 되더라도 정상적인 pH와 알칼리도가 유지될 뿐이므로 비례관계는 성립하지 않는다.

4) 클로로필-a 와 영양염(질소, 인)

통상 봄철에 식물성플랑크톤의 생체량이 증가하면서 클로로필-a이 증가하여 질소와 인을 흡수하므로 영양염의 농도가 감소한다. 반면 동절기에는 식물성플랑크톤의 생체량이 감소하여 영양염의 농도가 증가한다. 따라서 내만성 적조(무해성)가 발생하면 발생수역의 질소와 인은 대부분 흡수된다.

5) 함수율과 저질 COD, 황화물

저질 중 오염에 의해 유기물이 증가하면 유기물이 분해하면서 함수율이 높아지며, 오염이 심해짐에 따라 저질 COD와 황화물이 높아지게 된다.

6) 클로로필-a와 용존산소, pH

식물성플랑크톤의 생체량이 증가하면 주간에는 광합성작용에 의해 용존산소가 급증하고, pH도 10내외까지 상승하기도 한다. 그러나 야간에는 식물성플랑크톤의 호흡에 의해 용존산소와 pH가 저하한다.

부 록

국토해양부고시 제2011-344호

해역별 수질등급기준

제 정	1995. 2. 2.	환경부	제1995- 8호
일부개정	1998. 6. 9.	해양수산부 고시	제1998- 37호
일부개정	2008. 1. 7.	해양수산부 고시	제2007- 160호
전부개정	2011. 6. 30.	국토해양부 고시	제2011- 344호

■ 해양환경기준(수질)

• 생활환경 기준

항목	수소이온농도 (pH)	총대장균군 (총대장균군수/100mL)	용매추출유분 (mg/L)
기준	6.5-8.5	1,000 이하	0.01 이하

• 생태기반 해수수질 기준

등급	수질평가 지수값 (Water Quality Index)
Ⅰ (매우좋음)	23 이하
Ⅱ (좋음)	24 - 33
Ⅲ (보통)	34 - 46
Ⅳ (나쁨)	47 - 59
Ⅴ (아주나쁨)	60 이상

– 수질평가지수(수질평가지수 항목별 점수를 이용하여 계산)

수질평가지수(WQI, Water Quality Index)
= 10 × [저층산소포화도(DO)] + 6 × [(식물플랑크톤 농도(Chl-a) + 투명도(SD))/2] + 4 × [(용존 무기질소 농도(DIN) + 용존무기인 농도(DIP))/2]

– 수질평가지수 항목별 점수

항목별 점수	대상항목	
	Chl-a(㎍/L), DIN(㎍/L), DIP(㎍/L)	DO(포화도, %), SD(m)
1	기준값 이하	기준값 이상
2	< 기준값 + 0.10×기준값	> 기준값 - 0.10×기준값
3	< 기준값 + 0.25×기준값	> 기준값 - 0.25×기준값
4	< 기준값 + 0.50×기준값	> 기준값 - 0.50×기준값
5	> 기준값 + 0.50×기준값	< 기준값 - 0.50×기준값

* 항목별 기준값은 수질평가지수 항목의 해역별 기준값을 적용

- 수질평가지수 항목의 해역별 기준값

대상항목 / 생태구역	Chl-a (㎍/L)	저층 DO (포화도, %)	표층DIN (㎍/L)	표층DIP (㎍/L)	투명도 (m)
동 해	2.1		140	20	8.5
대한해협	6.3		220	35	2.5
서남해역	3.7	90	230	25	0.5
서해중부	2.2		425	30	1.0
제 주	1.6		165	15	8.0

* 저층 : 해저 바닥으로부터 최대 1m 이내의 수층

- 해양생태계 보호 기준

(단위 : μg/L)

중금속류	구리	납	아연	비소	카드뮴	크롬(6가)
단기기준*	3.0	7.6	34	9.4	19	200
장기기준**	1.2	1.6	11	3.4	2.2	2.8

* : 단기기준 : 1회성 관측값과 비교 적용
** : 연간평균값 (최소 사계절 조사 자료)과 비교 적용

- 사람의 건강보호 기준

등급	항목	기준(mg/L)
전수역	6가크롬(Cr^{6+})	0.05
	비소(As)	0.05
	카드뮴(Cd)	0.01
	납(Pb)	0.05
	아연(Zn)	0.1
	구리(Cu)	0.02
	시안(CN)	0.01
	수은(Hg)	0.0005
	폴리로클리네이티드비페닐(PCB)	0.0005
	다이아지논	0.02
	파라티온	0.06
	말라티온	0.25
	1.1.1-트리클로로에탄	0.1
	테트라클로로에틸렌	0.01
	트리클로로에틸렌	0.03
	디클로로메탄	0.02
	벤젠	0.01
	페놀	0.005
	음이온계면활성제(ABS)	0.5

■ 생태구역 구분도

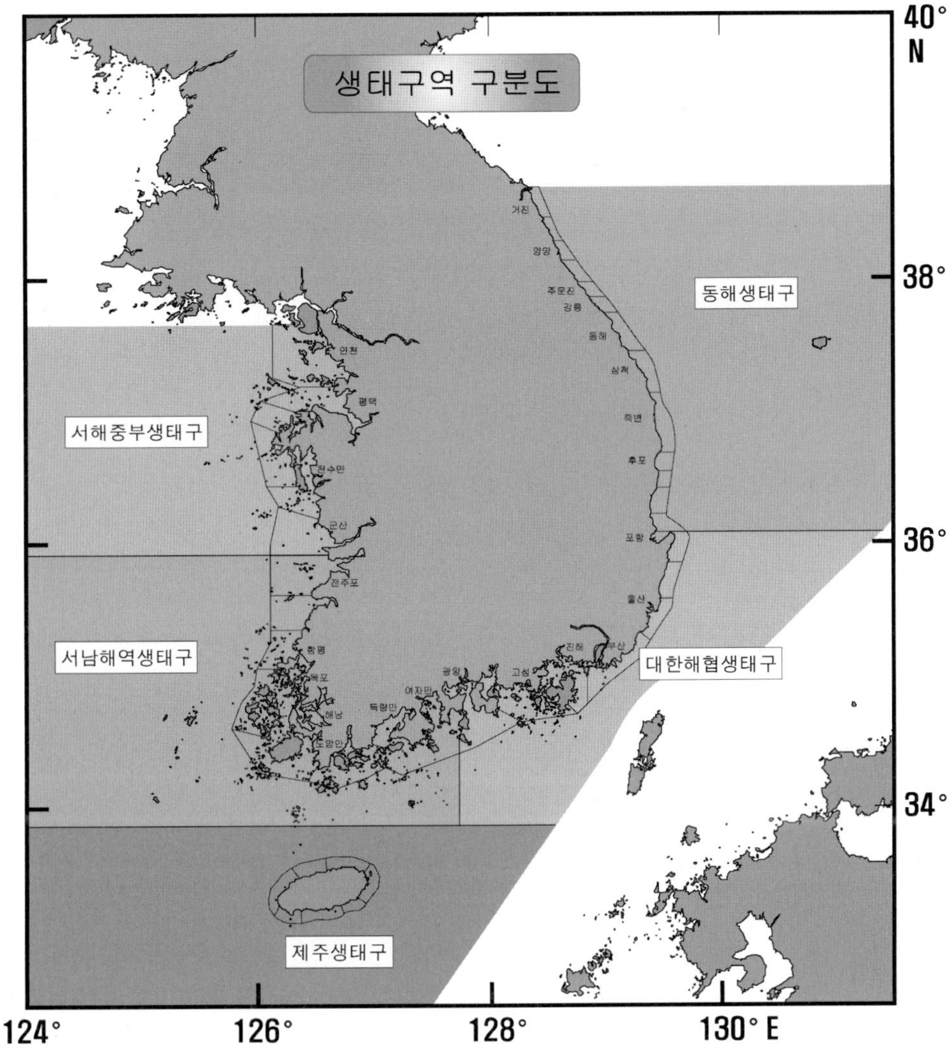

부 칙

제1조(시행일) 이 고시는 발령한 날부터 시행한다.

제2편

해양과 환경

제1장 해양 미세조류와 환경

제1절 미세조류(Micro algae) 배양

1. 미세조류 배양현황

해양에서의 미세조류는 1차 생산자로서 해양 생태계에서 매우 중요한 역할을 차지한다. 우리나라 수산업의 초창기에 있어서 경제적 수준이 낮았던 시기에는 먹이를 공급할 필요가 없는 해조류나 패류양식이 지배적이었다. 그러나 최근 자연과학 및 공학기술이 발달되고 경제수준이 향상되면서 맛좋고 값비싼 음식을 추구하면서 어류 및 고급 패류와 갑각류의 양식이 활발해지고 있다. 한국에서는 일본의 영향을 받아 1960년대 건강보조식품으로서 클로렐라 등 미세조류 대량배양이 활발하게 연구되었지만, 그 후 20년간 거의 연구가 이루어지지 않았기 때문에, 다른 미생물 분야에 비해 상업적인 성과에서 뚜렷한 성과를 거두지 못하였다.

1980년대부터 어패류 종묘생산의 붐에 따라 먹이생물로서 다시 시작된 미세조류 대량배양은 고부가가치 의약품, 색소, 탄수화물, 그리고 정밀 화학약품 등의 잠재력 있는 생산 물질로서, 다양한 분야에서 많은 연구가 진행되고 있다. 수십 종의 미세조류가 이미 단세포 단백질, 다당류, 다중 불포화 지방산 등의 유용물질 생산에 상업적으로 이용되고 있다. 또한 폐수처리와 농업은 물론 식품 및 의약품 분야에서도 그것의 이용범위가 확장되고 있다.

그러나 사계절이 확실한 우리나라에 있어서는, 미세조류의 대량배양에 있어 가장 중요한 요소인 빛의 공급이 원활하지 않다. 강수량은 여름에 집중되어 있으며, 연간 온도의 변화의 폭이 매우 크기 때문에, 저비용으로 대량생산을 위해 운영하는 옥외 개방형 배양 시스템이 절대적으로 불리하다. 스피룰리나 같은 미세조류를 배양하려면 아열대나 열대지방에서 하는 것이 절대적으로 유리하다.

따라서 우리나라의 미세조류 배양은 수산분야에서는 주로 광량과 온도 컨트롤 시스템에 의한 실내배양으로 이루어져 왔고, 식품분야에서는 고부가가치 생산품을 목적으로 하는 '밀폐형 광생물 반응시스템(closed photobioreactor system)'을 이용한 고밀도 배양에 집중되어 왔다.

현재 외국에서 상업적으로 이용되고 있는 대부분의 미세조류 대량 배양방법은 개방형 시스템을 사용하고 있는데 개방형 시스템의 시설비용과 운전비용이 상대적으로 저렴하고, 밀폐형 시스템에 비해 유지와 수리가 용이하기 때문이다. 반면 개방형 배양시스템의 약점은 미생물뿐만 아니라, 미세조류를 먹이로 하는 다양한 생물체의 오염에 의해 생산성이 낮은 것으로 나타나고 있다. 그러나 세포의 침전 문제를 해결하기 위하여 프로펠러와 공기 공급기의 도입 등 많은 노력이 진행된 결과, 직사각형의 트랙식(raceway system)은 미세조류의 생산에 있어 가장 많이 사용되는 방법으로 이용되고 있다.

2. 미세조류 산업의 필요성

패류의 양식이 발전되기 위해서는 첫째, 목표로 하는 생물의 인위적인 조절에 의한 인공종묘 생산이 가능해야하고, 둘째, 양식할 품종의 종묘 공급이 체계적이고 안정적으로 이루어져야 한다. 이와 같이 원활한 인위적인 종묘생산 체계의 확립은 양식 산업 정착에 가장 중요한 필수조건이다. 그러나 우리나라에서 패류 중 인공종묘생산이 확립된 종들은 아직까지 10여종에 불과하다.

이러한 원인은 인공 종묘생산을 위한 품종들의 생태적, 생리적인 특징들이 잘 알려지지 않아 사육기술이 정립되지 못한 경우가 많고, 근본적으로 인공 종묘생산에 있어 가장 중요한 초기 먹이생물의 대량 생산이 잘 이루어지지 않기 때문이다. 특히, 수산양식의 종묘 생산과정에 있어, 먹이생물로 주로 이용되는 식물 먹이생물에 대한 연구는 상당히 부진하며, 이들 식물먹이 생물의 대량 배양은 종묘생산의 성공여부를 결정하는 가장 중요한 요인이라고 할 수 있다.

어류 종묘생산에 있어, 초기 치어의 동물성 먹이생물인 rotifer의 배양을 위해서는 *Nannochloris*, *Chlorella*, *Tetraselmis* 등과 같은 식물성 플랑크톤의 대량 배양이 필수적이다. 그리고 식물성 먹이생물을 섭취하는 조개류, 새우류(Prawn), 성게류(Echinoid)의 대량 종묘생산을 위해서는 *Pavlova lutheri*, *Chaetoceros calcitrans*,

CHAPTER 1

Tetraselmis suecica, Phaeodactylum trichonutum 와 같은 다양한 먹이생물의 대량 배양기술을 확립해야만 가능하다.

미세조류는 모든 패류는 물론 해삼과 개불 같은 값비싼 품종의 종묘생산에 있어 필수적이며, 어류의 종묘생산에 있어서도 로티퍼(Rotifer), 알테미아(Artemia)의 영양 강화에도 필수적인 먹이생물이다.

미세조류는 먹이생물로서의 기능은 물론, 사육 해수의 산소와 이산화탄소의 균형을 유지시켜 종묘의 성장환경을 개선시키고, 박테리아의 번식을 억제시켜 유생의 생존율을 높여주는 역할을 한다. 최근 화석 연료의 고갈로 인하여 세계적으로 붐(boom)을 일으키고 있는 미세조류 산업은 앞으로 단순한 수산업의 하위산업이 아닌 독립된 산업으로, 새로운 영역을 개척할 수 있다.

미세조류 산업의 장점은 배양과 농축과 건조작업을 같은 장소에서 할 수 있어 효율적이며, 고차가공을 하는 산업과 클러스터(cluster)를 구축하게 된다면, 어촌지역에 더 많은 일자리를 창출 할 수 있다. 그리고 미세조류 배양사업은 수확 과정이 비교적 간단하기 때문에 1차 산업, 2차 산업, 3차 산업을 포함하는 6차 산업 시스템을 쉽게 구축할 수 있는 장점을 가지고 있다.

미세조류는 첨단 배지와 효율적인 배양기술 개발과 같은 다양한 기술의 발전이 이루어진다면, 이론적으로 연간 50회 정도의 수확을 할 수 있다. 만일 10톤 수조에서 배양한다면, 연간 약 500톤을 생산하게 되어 충분한 경제성을 가질 수 있으므로, 어촌의 유휴 노동력을 활용한 고부가가치 산업의 창출을 통하여 미래 신 성장동력으로 집중육성이 가능하다.

양식 현장에서 종묘생물에게 공급하기 위한 미세조류 배양방법으로는 중간 배양과 대량배양으로 나눌 수 있으며, 중간배양은 20리터 정도이고 대량배양은 $1m^3$ 규모로 배양한다. 그러나 최근 바이오연료 생산을 위하여 규모가 $10m^3$에서 $100m^3$까지 대규모의 경향을 보이고 있다. 배양 방법은 주로 실내에서 이루어지며, 온도와 광선을 인위적으로 조절하여 배양하기 때문에 비용이 많이 소요되는 약점이 있다. 옥외 배양은 대기의 기온에 의해 영향을 많이 받으며, 수온이 적합한 봄철과 가을철에는 배양이 가능하지만, 여름과 겨울에는 배양 효율이 급격히 낮아져 배양 기간이 길어지게 되므로 완전한 배양을 위해서는 철저한 관리가 필요하다.

3. 현재 기술수준

1) 국내 기술적 수준

현재 국내의 미세조류 사용실태는 어류 종묘생산에 있어서는 기업에서 생산하는 농축 클로렐라(chlorella)를 구입한 후, 로티퍼와 알테미아를 배양하여 어류의 치어에 공급하는 방식으로 운영된다. 패류 종묘생산에 있어서는 미세조류의 필요량이 어류에 비해 매우 많기 때문에 대부분 자체배양을 통해 조달하고 있다. 그러나 옥외 배양 방식으로는 충분한 분량의 미세조류를 공급하지 못하기 때문에 종묘생산에 실패하는 사례가 많이 발생하고 있다.

현재 국내에서 전복(Abalone)과 함께 부착성 패류인 가리비(Scallop), 참굴(Pacific oyster), 피조개(Ark shell)의 인공 종묘생산이 본격화되고 있다. 최근 자원의 고갈로 인해 생산량이 급격히 감소하는 반면, 소득의 증가에 따라 수요가 날로 증가하고 있는 백합(Orient hard clam), 가리맛(Razor clam), 새조개(egg cockle), 피뿔고둥(Murex shell)과 같은 비부착성 패류(not attachment shellfish)의 대량 종묘생산을 위해서는, 짧은 기간 내에 대량으로 생산할 수 있는 배양 방법의 개발이 필요하다. 미세조류는 현재는 먹이생물로만 이용되고 있으나, 국내의 많은 기업에서 DHA, EPA와 같은 건강식품을 시판하고 있으며, 화석연료를 대체하기 위해 바이오디젤 생산을 위한 다각적인 연구가 정부차원에서 이루어지고 있다.

미세조류의 대량 배양방법에는 개방형 배양시스템(open culture system)과 밀폐형 광생물 반응시스템(closed photobioreactor system)가 있다. 개방형 배양시스템(open culture system)은 운전비와 유지비가 저렴하고 단순하여 다른 생산방법에 비해 경쟁력을 가지는 반면, 밀폐형 광생물 반응시스템은 생리활성 물질을 생산하는 특정 미세조류의 고 순도 배양을 목적으로 한다.

현재 실내에서 대량으로 먹이생물을 배양하는 방법은 국내 일부 연구 기관에서만 시행되고 있다. 그러나 이 방법은 시설비용이 비싸기 때문에 대부분의 일반적인 양식 어민들은, 대부분 종묘의 주 생산시기인 봄철에, 옥외에서 canvas 수조를 이용하여 배양을 하고 있다.

미세조류 배양에 있어서 가장 큰 문제점은 적합한 수온 범위인 15~25℃를 벗어나면 급격히 성장이 둔화되기 때문에, 배양기간이 4~6월과 9~11월에 한정되어 있다. 그리고 동절기와 하절기에는 번식부진으로 배양에 소요되는 기간이 15일 내외로 길어지기 때문에, 패류의 인공종묘 생산을 목적으로 할 때, 먹이의 결핍으로 인해 실패하는 경우가 많이 일어난다. 그리고 먹이생물을 장기간으로 배양하게 되면, 세균과 원생동물의 발생이 심해져 먹이로서의 가치를 상실하게 된다.

패류는 유생 시기에 있어 각 단계(stage)로 이행되면서 2~3배의 먹이를 필요로 하는데, 하나의 품종보다는 여러 가지 종류를 섞어 공급하는 것이 유생의 생존성을 높이는 데 효과적이다. 그러나 기술적인 한계 때문에, 1~2 품종만을 공급하는데, 충분한 양을 공급하지 못하여 유생의 사망 율이 매우 높게 나타나고 있다. 어류의 종묘생산에 있어, 주로 클로렐라를 이용하여 로티퍼와 알테미아에 공급하게 되는데, 클로렐라는 영양물질이 적기 때문에 치어(juvenile)가 필요로 하는 충분한 영양을 공급하지 못하고 있다.

실제로 현재 옥외 수조에서 용이하게 대량 배양이 가능한 것은 단세포 녹조류인 클로렐라 1종에 불과하다. 국내 미세조류 배양 현실은, 대체로 높은 비용의 투입에 비해 충분한 분량을 생산하지 못하고 있으므로, 수산생물의 인공종묘 생산에 있어 최대 관건은 '저비용 고효율'의 먹이생물 대량생산 시스템을 확립하는 것이라 할 수 있다.

패류 종묘생산에 있어 미세조류는 규조류 *Chaetoceros, Phaeodactylum, Nitzschia,* 녹조류 *Nannochloris, Tetraselmis, Dunaliella,* 편모조류 *Pavlova, Isochrysis,* 남조류 *Spirulina*가 필요하다. 이들은 기본적으로 패류 종묘생산에 있어 초유(初乳, colostrum)와 같은 역할을 하여 면역력을 증진시키고 성장에 필수적이기 때문에, 대량 배양 기술을 조속히 확립해야 한다.

어류 종묘 배양업체 1개소에서 필요한 미세조류의 량은, 농축된 미세조류를 기준으로 할 경우 2,000리터가 필요하며, 가격은 10,000,000원(약 9,100 $) 정도가 지출된다. 국내 종묘생산업체는 약 100여 개소에 달하므로, 필요량은 2,000톤 정도로 시장 규모만 10억원 이상을 형성할 것으로 예상된다. 그리고 최근 해삼 양식의 붐에 따라 해삼 종묘생산 업체가 증가하고 있으며, 해삼은 어류와는 달리 다양한 미세조류를 공급하기 때문에 더욱 수요가 늘어나고 있다.

현재 미세조류 배양에 있어 가장 큰 해결 과제는 에너지 비용과 영양 물질(비료) 구입비용을 절감하고, 연중 꾸준한 생산과 품질을 유지하는 것이다. 이를 위해 최근 농업용 비료를 이용한 배지와 축산분뇨를 발효 처리한 'BM 활성수' 같은 저렴한 배지들이 다양한 '생리활성물질'을 함유하여 성장촉진에 있어 큰 효과를 거두고 있다.

4. 현재 해결되어야 할 과제

1) 양식 현장에서 사용할 수 있는 다양한 미세조류의 개발 및 공급

규조류 *Chaetoceros, Phaeodactylum, Nitzschia,* 녹조류 *Nannochloris, Tetraselmis, Dunaliella,* 편모조류 *Pavlova, Isochrysis,* 남조류 *Spirulina*와 같은 다양한 먹이의 대량생산 기술 개발과 공급이 필수적으로 이루어져야 한다. 그리고 현재까지는 적조의 원인생물로서 먹이생물로는 활용되고 있지 않지만, 편모조류(flagellate)중에서 영양가치가 확인되고 있는 *Heterosigma*와 *Prorocentrum*은 물론, 여름철에도 성장을 잘하는 것으로 알려진 *Pyramimonas*는 먹이생물로서 개발을 할 필요가 있다.

2) 다양한 균주의 발굴과 배양 연구

새로운 품종의 발굴과 연구도 필요한데, 현재 확보되어 있는 균주(strain)외에도, 자연 상태에서 먹이생물로서 가치가 있는 다양한 종(species)들을 선입견 없이 발굴해야 한다. 그렇지만 자연 상태에서 채집한 모든 미세조류는 모두 적합한 먹이는 아니며 독성이 없고, 소화가 잘되며 영양가가 높고 운동력이 느려서, 섭취가 쉬운 품종을 선택해야 한다. 예를 들면, 적조의 원인 생물인 *Cochlodinium polykrikoides*는 어류에 있어 호흡을 차단하여 사망하게 한다. 그러나 패류인 진주담치(mussel)에게는 훌륭한 먹이가 된다.

3) 최적화된 배지의 개발

현재 미세조류 배양에 있어 가장 중요한 것은 경제적이며 실용적인 배지의 개발에 관한 것이다. 기존의 배지는 일부 품종에서는 가능하지만, 많은 품종에서는 배양이 어려운 것이 가장 큰 문제점으로 나타나고 있다. 따라서 품종에 따라 특성화된 배지를 개발하여 보급하는 것이 바람직하다. 이러한 문제점이 해결된다면 계절에 관계없이, 실외에서도 미세조류 대량배양이 가능할 것으로 예상된다. 따라서 수온과 계절에 관계없는 특수배지를 개발하여 열악한 환경 아래에서도 정상적으로 배양할 수 있는 것이 가장 바람직하지만, 현재까지는 연구단계에 불과하다.

배지 개발에 있어서 폭발적인 번식력을 가진 적조(red tide) 발생의 메카니즘(mechanism)을 면밀히 분석할 필요가 있다. 적조 발생해역에서의 세균이나 효소가 적조의 확산에 어떤 영향을 미치는지에 대해, 생리적이고 생태적인 관점에서 기초적인 연구가 진행되어야 한다.

실제로 배양현장에서는 화학 배지보다 미생물이 포함된 축산 분뇨로 제작한 배지가 오히려 생산량이 더 많은 것으로 나타나고 있다. 따라서 미세조류의 배지에는 성장촉진과 생리활성을 촉진시키기 위한 다양한 물질의 발굴 및 현장실험이 필요하며, 광물의 부식산 중에도 성장을 촉진시키는 'Humic acid'와 'Fulbic acid' 같은 물질, 미세조류와 세균의 공생을 전제로 한 'PSB(Photo Synthetic Bacteria)'의 투입도 고려할 필요가 있다.

그리고 미세조류의 번식을 위해 필요한 것으로 알려진, 이산화탄소 농도는 얼마나 공급할 것인지에 대한 구체적인 실험결과가 필요하며 이산화탄소 공급에 따른 pH(수소이온농도)의 변화가 미세조류에 미치는 생리적인 영향을 조사하여 최적농도를 규명해야 한다. 대규모 미세조류 배양을 위해서는 많은 배지 제조비용이 소요되는데, 비용을 절감하기 위해 농업용 비료와 함께 부숙된 축산 분뇨를 이용하는 방안을 적극적으로 강구할 필요가 있다.

4) 미세조류의 생리와 생태에 대한 실증적 연구

미세조류는 기본적인 생식과 성장 부분에 대해서 이미 연구되어 있으나, 세균과의 공생관계 및 성장에 미치는 영향, 용존산소와 이산화탄소 농도의 변화에 따른 수소이온농도(pH)의 일간 조사를 통해, 가장 효과적인 배양조건을 찾아내야 한다. 특히 적조의 발생 메카니즘의 하나인 세균의 존재가 성공적인 미세조류 배양의 key가 될 수도 있을 것이다.

해조류와 마찬가지로 미세조류도 세균과의 공생 없이는 생존에 큰 영향을 받는다는 것을 고려해야 한다. 그리고 미세조류의 성장에는 빛의 색깔도 큰 영향을 미치는데 대부분의 미세조류는 장파장인 적색광과 단파장인 청색광의 파장 대에서 엽록소와 피코빌린(phycobilin) 색소가 가장 효율적인 광합성을 미치는 것으로 보고되고 있으므로 LED 광을 이용하거나 자연 그대로의 빛을 이용하기 위해 지붕과 벽면, 유리창을 투명한 푸른색이나 붉은색으로 시공하는 것도 고려해 볼 수 있다.

5) 미세조류 배양시설의 표준화

미세조류는 각 업체마다 배양하는 시설이 매우 다양하기 때문에 어떤 방법이 가장 효과적인지에 대해 심층적으로 연구되어야 한다. 미세조류 배양에 있어 사각형 수조의 지수 방법보다 지속적인 흐름을 유지하는 원형지가 미세조류의 분열과 번식을 촉진하는데 좋은 것으로 알려져 있다. 세계의 대규모 미세조류 배양시설은 대부분 트랙식(race-way)을 사용하고 있는데, 깊이는 60cm로 유지시켜 충분한 햇빛을 받을 수 있도록 되어 있다.

수차(water wheel)는 사육수를 지속적으로 순환시켜 미세조류의 분열을 촉진시키는 구조로 되어 있다. 그러나 사각형 수조와 에어레이션을 이용해도 큰 문제는 되지 않으며, 수심도 1m 정도는 배양에 큰 영향을 미치지 않는다. 미세조류 배양의 성공여부를 결정하는 것은 시설이 아니라 배지의 문제라는 것을 알아야 한다.

6) 전문화된 미세조류 배양업체에 대한 전략적인 지원과 대규모 미세조류 시장 형성.

현재 클로렐라는 국내에서 몇 개의 업체가 독점적으로 공급하고 있는데, 해삼 종묘생산을 위하여 사용되는, 농축된 먹이생물인 규조류, 편모조류, 녹조류, 남조류는 대부분 중국에서 수입하여 사용 중이다. 특히 유망한 양식 품종인 비부착성 패류와 해삼, 개불(spoon worm)등은 유생 사육 시기에 녹조류, 규조류, 편모조류를 복합적으로 공급해야하므로, 향후 해삼 종묘생산 규모의 확대에 따라 대규모 시장이 형성될 것으로 예상된다. 현재 국내의 미세조류 기술력은 효율성이 비교적 낮은 수준으로 평가되고 있지만, 최근 연구기관과 개인 종묘생산 업체에서 상당한 성과를 거두고 있어, 조만간 국내 수요량을 충당할 수 있을 것으로 전망된다.

7) 미세조류 농축기술의 확립.

미세조류는 최고점(peak) 상태에서 수확해야 하며 농축 율은 대략 수분 30% 정도로 하는 것이 바람직하다. 농축 작업은 99%가 물로 구성된 미세조류 원료의 대량처리를 위해서는 필수적인 작업으로서, 세포막을 보존하면서 살아있는 상태로 하는 것이 중요한데, 이 기술은 아직 상당히 어려운 문제로 남아있다. 농축방법은 원심분리 방법과 필터 방법으로 나눌 수 있는데, 원심분리 방법은 세포막이 파손될 우려가 많기 때문에, 필터 방법을 사용하는 것이 유리하다. 그러나 대량으로 수확할 경우 신속한 대량 처리기술의 확립이 무엇보다도 필수적이기 때문에, 공학분야와 긴밀한 교류를 통해 효율적인 농축시스템을 개발해야 한다. 필터 형 농축기는 1일 생산량이 농축 량 기준 10톤 생산이 가능하나 가격이 2억 이상을 상회하므로 미세조류 배양단지를 조성하여 농축기를 공동으로 활용하는 것도 고려할 필요가 있다.

5. 한국의 미세조류 배양산업 비전과 발전 가능성

한국의 미세조류 배양기술은 지금까지의 1차 산업인 수산분야의 먹이생물 확보 단계를 넘어, 생물공학 분야에서 바이오 디젤을 생산하기 위한 연구가 내수면을 중심으로 대규모로 이루어지고 있으며, 많은 기업들이 화장품, 건강식품, 의약품 생산에 나서고 있다.

세계적으로 미세조류는 그린골드(Green gold)로 불리며, 동물의 먹이생물 뿐만 아니라 차세대 에너지원 및 의약품, 기능성 물질, 건강식품, 바이오 플라스틱, β-carotene, DHA, EPA, 착색제 등 다양한 용도로 사용되고 있다.

특히 남조류, *Spirulina*는 항암, 노화방지, 방사능 제거, 면역력 증강에 효과가 있는 것으로 보고되고 있으며, 화장품, 건강식품으로 날로 수요가 증가할 전망이다.

패류 독소(shellfish poisoning)를 가진 플랑크톤으로 알려져 있는 와편모조류, *Dinophysis*는 '설사성 독소' 성분을 이용하여 항암제를 만들어 활용하고 있어, 미세조류의 사용범위는 날로 증가하고 있는 추세이다.

1) 양식업으로의 이용

천해 양식의 관점에서 보면 양식 산업의 성패를 결정하는 식물 먹이생물의 이용과 개발에 관한 연구는 매우 중요하고 실용적인 과제라고 할 수 있다. 따라서 앞으로 더욱 다양하고 품질이 우수한 식물 먹이생물을 발굴하고, 간편하고 안정적인 배양방법을 개발하는 것이 매우 중요하다.

특히 패류양식에 필요한 부유성 규조류나 전복의 양식에 필요한 부착성 규조류의 영양 요구와 배지에 대한 연구와 성장을 조절하는 수온, 빛, 영양분의 상관관계는 구체적으로 연구되어야 할 중요한 과제이다. 특히, 우리나라 기후에서 가장 성장이 잘되며 영양가가 우수한 우리 고유의 품종을 개발해야 한다. 이를 위해서는 품종을 분류하고 보존할 수 있는 전문가의 육성과 함께 경제적이고 안전하게 배양, 관리할 수 있는 기술적인 전문 인력의 확보가 필요하다.

그리고 식물 먹이생물에 대한 분류학적, 영양 요구파악을 통한 배지개발, 환경요인에 따른 생리, 생태의 변화, 번식, 대량 배양 등의 기초연구와 화학적, 유전공학과 같은 첨단 생물공학 연구 등이 협동적으로 수행되어야 한다.

그리고 지속적인 대량 배양을 위해, 미세조류 배양업자에 대한 복합적인 기술지원을 할 수 있는, "전문화된 미세조류 연구기관"이 설립되어야 한다.

2) 미세조류의 이용과 미래.

현재 미세조류의 응용산업 분야는 농가 비료, 수질의 정화, 이산화탄소 제어, 약품과 화장품 원료와 건강식품, Chlorophylls, Carotinoids(β-carotene), EPA, DHA의 제조에 이용되고 있다.

그 외에 응용분야는 바이오 연료, 동물 사료, 첨가제, 동결 방지제, 바이오 플라스틱 등 미세조류의 산업적 잠재력은 매우 크다.

미세조류는 앞으로 phycoerythrin, phycocyanin, β-carotene, zeaxanthin과 같은 천연색소와 항산화 물질의 주된 원료로 활용이 증가될 것으로 전망된다.

비록 미세조류는 아직 생산비용이 많이 들지만, 앞으로 배양비용을 낮춘다면, 미세조류의 추출물이 상업적으로 다른 물질들에 비해 경쟁력을 가질 수 있을 것으로 기대된다. 미세조류는 탁월한 번식력과 독특한 특성을 가지고 있기 때문에, 탄소 저감, 환경오염 방지, 대체 연료 및 식량, 축산사료, 의약물질의 개발을 통하여 산업적으로 다양하게 이용할 수 있다.

미세조류는 청정한 물을 공급받지 못하는 지역에서도 성장할 수 있어 축산 폐수를 정화하는데 이용할 수 있으며 이산화탄소, 질소 산화물, 황산화물과 같은 온실가스를 처리하는데도 이용할 수 있다. 그리고 성장환경의 조건에 따라 차세대에서는 바이오연료들로 전환시킬 수 있다.

대부분의 하천에서 봄부터 여름까지 창궐하는 녹조현상도 사실은 하천의 이산화탄소와 질소, 인을 흡수하여 번식하고 있는데 녹조를 필터방식으로 흡수하여 바이오디젤이나 비료로 활용하는 것을 적극 검토해야 한다. 실제로 녹조가 일어난 수역의 이산화탄소는 거의 0 mg/L에 가까우며, 녹조는 질소와 인 같은 무기물이 유기물의 형태로 전환된 결과이므로 수거하여 잘 활용하게 되면 영양염과 이산화탄소를 동시에 제거하는 결과가 된다.

아직은 갈 길이 멀지만 국내에서도 미세조류를 이용한 특화단지를 만들어 집중육성하게 되면 지역의 소득증대 뿐만 아니라 수많은 고용창출이 가능하다. 미세조류는 미래 수산업의 발전을 위해 가장 시급한 문제인 완전양식의 기초가 될 것이며, 많은 어업인에 의한 미세조류 배양사업의 참여를 통해 경쟁력 있는 새로운 산업으로 다시 태어날 수 기반이 될 수 있을 것이다. 그동안 오염물질로 취급되었던 미세조류는 이제 오해를 벗고 산업 전반에 걸친 미래형 첨단 친환경 생명산업으로 변신하고 있는 중이다.

중간배양

대량배양 (1m^3)

실내 대량배양 (30m^3)

실내 중간배양

옥외 대량배양 (100m^3)

자연 청색광을 이용한 미세조류 배양시설

그림 18. 미세조류 배양시설 형태

제2절 부착 규조류에 의한 수질정화 효과

전복종묘 생산과정에서는 부착성 규조류의 배양이 필수적이나 오래 전부터 하절기 고수온 상황 하에서 많은 우량 전복치패들이 대량 폐사하는 경우가 자주 발생하고 있다. 이와 관련하여 이러한 애로사항을 해결하기 위해 많은 연구가 이루어지고 있으나 아직까지 뚜렷한 결과는 나타나지 않고 있다. 부착성 규조류는 규조강에 속하며 황갈색의 카로틴 색소를 가지고 있으므로 황금조류라고도 불린다.

광합성 산물은 탄수화물의 일종인 크리소라미나린(Chrysolaminarin)이라고 하며, 조건에 따라 지방(Lipid)을 축적하기도 한다. 질소화합물의 결핍과 빛의 세기가 밝은 경우에 지방이 증가하는 것으로 알려져 있다(嚴佐, 1973). 그동안 전복의 먹이로서의 규조에 대한 연구는 많이 있었으나 보다 원천적인 규조의 수질정화 기능에 대해서는 아직 연구된 바가 없다.

전복 종묘 배양장에서 초기 먹이로 사용되는 부착성 규조류의 존재가 계절적으로 수질정화에 어떤 영향을 미치는지를 조사하였다. 조사기간은 5~12월까지로 여과해수가 주입되는 주수구와 규조류가 배양되는 사육조로 나누어 일반적인 수질과 영양염의 제거효과를 조사하였는데 그 결과는 다음과 같다.

1) pH(수소이온농도)

pH는 8월의 고 수온기에 사육조에서 매우 높았는데 최고 8.53을 나타내었다, 이는 수조 내 규조의 광합성 작용의 영향으로 추정되었으며 수온이 낮아지면서 주수구와의 차이가 점진적으로 감소하였다. 따라서 전복 배양수조 내 파판에 부착한 규조류의 존재가 수질의 변화에 상당한 영향을 미치고 있음을 나타냈다.

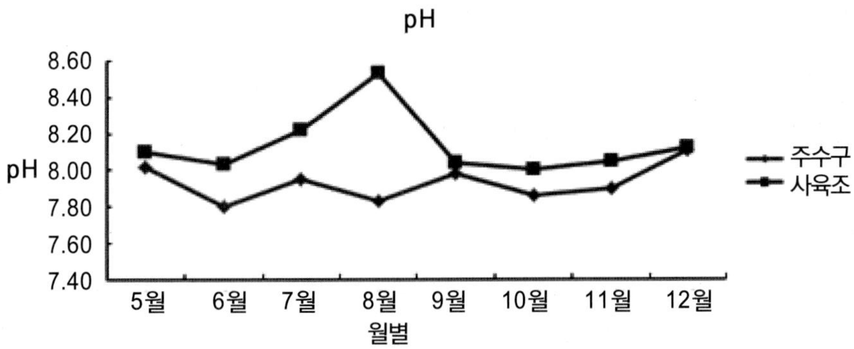

그림 19. 조사기간 중 pH의 변화

2) 용존산소

용존산소는 사육조가 주수구에 비해 시험기간 동안 높은 농도를 보였으며 11.44mg/L를 나타내 11~12월에 가장 큰 차이를 보였다. 고 수온기에도 사육조가 항상 높았으나 현저한 차이는 보이지 않았다. 그러나 연중 7mg/L 이상의 비교적 높은 용존산소 농도를 보여 규조가 전복 치패의 사육에 안정적인 요인을 제공하고 있음을 알 수 있었다.

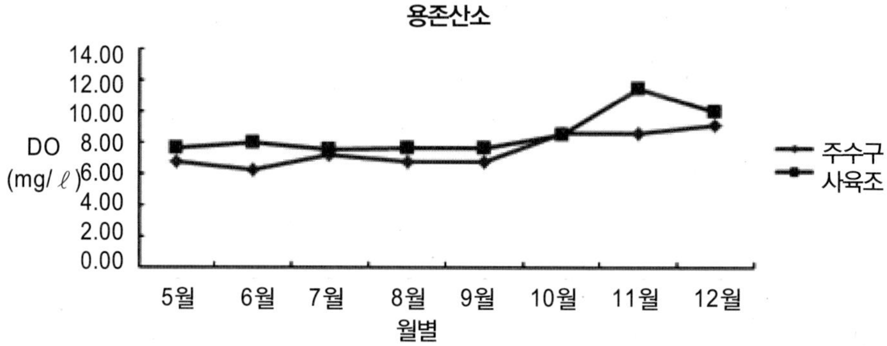

그림 20. 조사기간 중 용존산소의 변화

2) 화학적 산소요구량

화학적 산소요구량(COD)는 사육조가 6월에 주수구보다 낮았을 뿐 모든 달에서 주수구보다 낮게 나타나 COD 유발물질을 흡수하는 것으로 보였다. 최저는 9월 사육조에서 0.14mg/L의 농도를 보였으며, 조사기간 동안 1mg/L를 넘지 않아 규조류가 수질정화에 큰 영향을 하고 있음을 나타내었다. 규조에 의한 COD 저감 효과는 수온이 높은 시기에 이루어지는 것으로 나타났다.

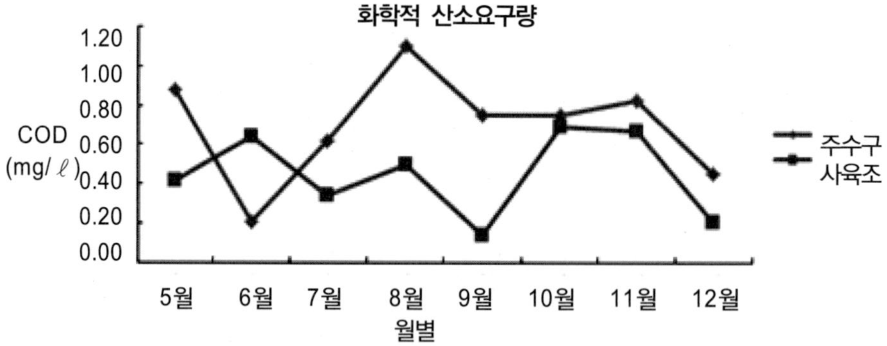

그림 21. 조사기간 중 COD의 변화

3) 용존 무기질소(DIN, Dissolved Inorganic Nitrogen)

용존 무기질소는 조사기간 동안 사육조가 주수구보다 항상 낮았으며 8월에 가장 큰 격차를 보였다. 8월의 규조류에 의한 질소 제거효과는 58%로서 가장 높게 나타났다. 질소의 제거효과는 수온이 높은 7~8월에 가장 높아 이 시기에 질소요구량이 매우 높음을 알 수 있었다. 따라서 고수온기에는 질소의 부족과 함께 고수온, 고조도의 3대 악조건으로 인해 동화생성물로 지방이 많이 생성되어 이를 섭이 시 치패의 폐사가 증가하므로 충분한 양의 질소분을 공급해 주는 것이 필요하다.

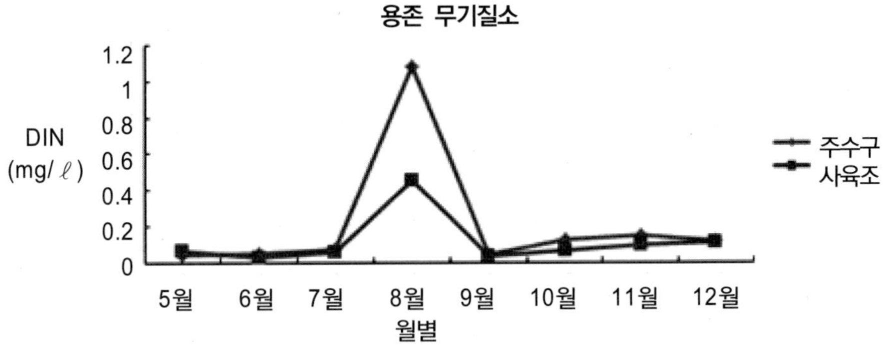

그림 22. 조사기간 중 용존 무기질소의 변화

4) 암모니아성 질소

암모니아는 연중 주수구와 사육조가 비슷하였으나 8월에만 큰 차이를 나타내었으며 51%의 제거율을 나타내었다. 따라서 암모니아는 고 수온기에만 규조류가 필요로 하는 성분일 것으로 추정되었다. 암모니아는 요소에 많이 함유되어 있으므로 요소비료를 1 mg/L 정도의 농도로 공급하면 효과를 얻을 수 있을 것이다.

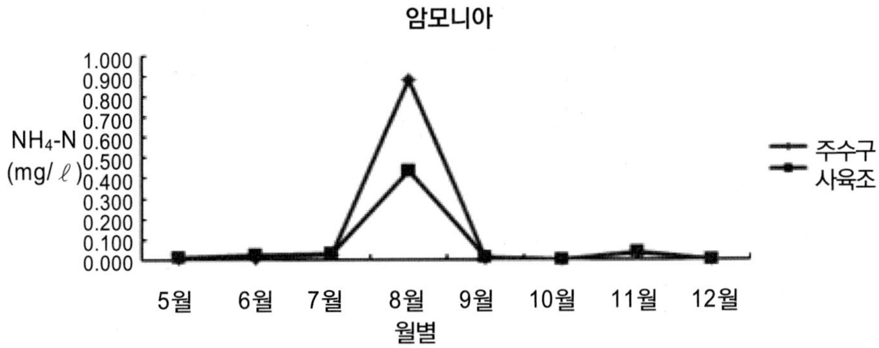

그림 23. 조사기간 중 암모니아성 질소의 변화

5) 아질산성 질소

아질산은 해수 중에 비교적 농도가 낮게 나타나는데 암모니아와 같이 8월에 가장 큰 농도의 차이를 보여 아질산 역시 고수온기에 요구량이 높을 것으로 추정되었다.

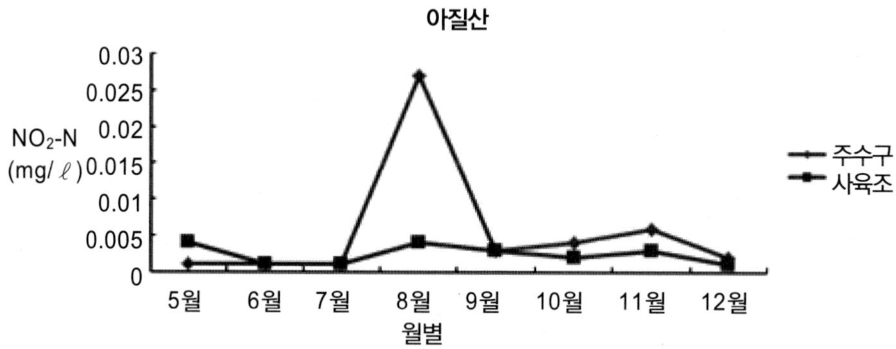

그림 24. 조사기간 중 아질산성 질소의 변화

6) 질산성 질소

질산은 5월을 제외하고 사육조가 주수구보다 낮은 농도를 보였으며, 특히 고수온기인 8월에 그 차이가 현저하게 나타났으며 93%의 제거율을 보여 고수온기에 질산의 요구량이 매우 높음을 나타내었다.

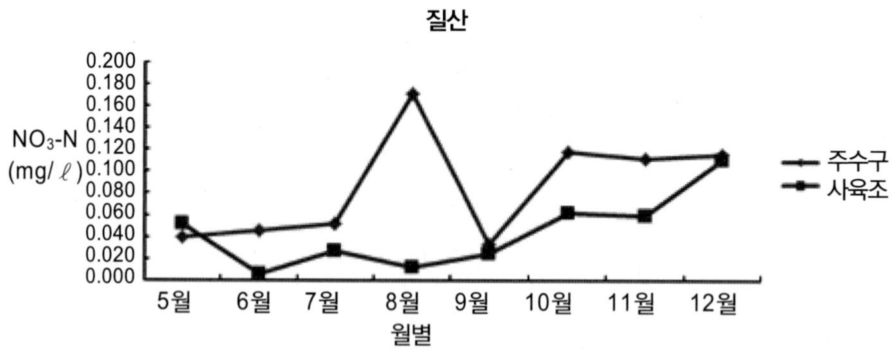

그림 25. 조사기간 중 질산성 질소의 변화

7) 용존 무기인(DIP, Dissolved Inorganic Phosphorus)

용존 무기인은 6월을 제외하고는 사육조가 주수구에 비해 낮았으며 9월에 가장 큰 차이를 보여 98%의 제거율을 나타내었다. 인산도 질소와 같이 주로 고 수온기에 많은 흡수가 이루어지는 것으로 나타났다.

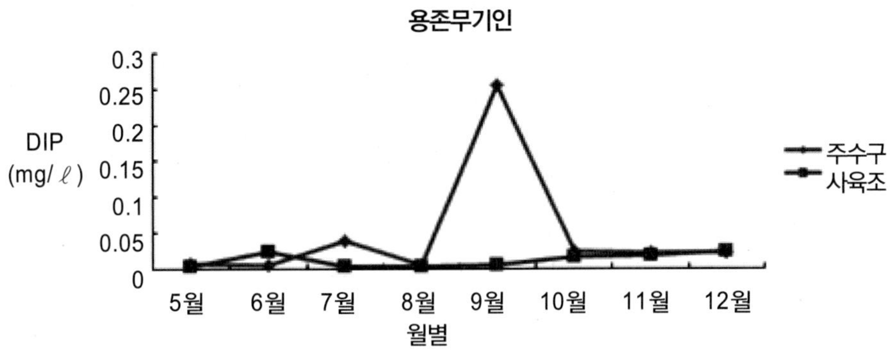

그림 26. 조사기간 중 용존 무기인의 변화

8) 규산성 규소

규산은 조사기간 동안 거의 대부분 사육조가 주수구에 비해 낮은 경향을 보였으며, 6월과 11~12월에 가장 큰 차이를 보였다. 이것은 규조가 가장 잘 성장하는 봄과 가을에 많은 규산을 필요로 한다는 것을 나타낸다.

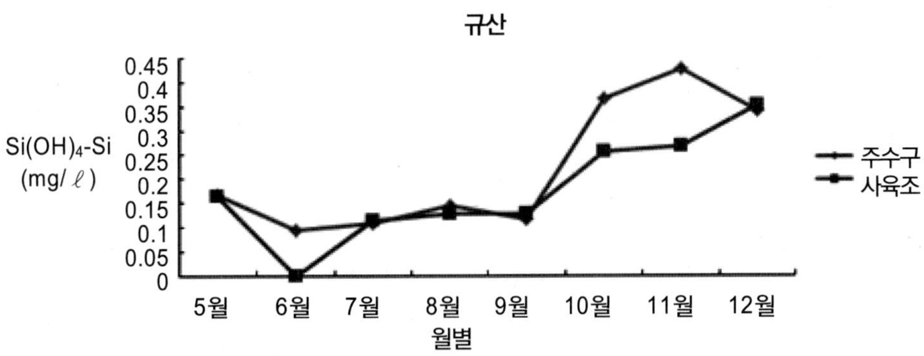

그림 27. 조사기간 중 규산성 규소의 변화

9) 알칼리도

알칼리도는 물의 완충능력을 나타내는 척도로서 농도가 높을수록 pH가 안정적인 상태를 나타낸다고 볼 수 있다. 주로 주수구가 사육조에 비해 조사기간 동안 다소 높은 농도를 나타내었는데 이는 알칼리도 유발물질인 칼슘과 마그네슘을 규조류가 흡수할 수 있음을 나타낸다.

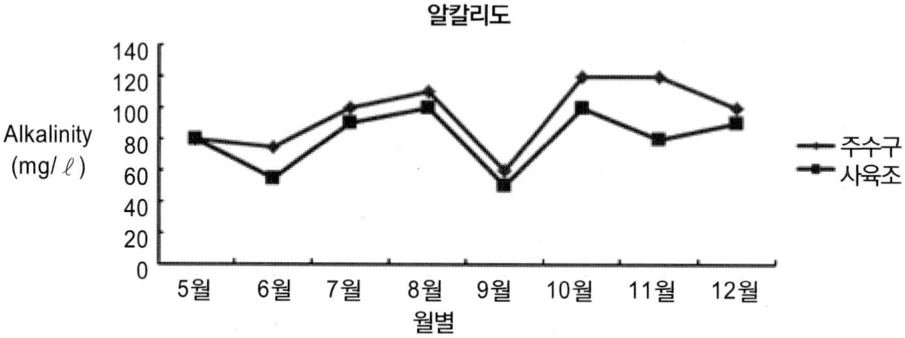

그림 28. 조사기간 중 알칼리도의 변화

본 조사를 통하여 고 수온기에는 질소와 인의 요구량이 많고 규산의 요구량은 적음을 확인 할 수 있었다. 따라서 고수온기에 영양염이 부족하고, 광이 강해지게 되어 모든 미세조류는 지방을 많이 형성하게 된다. 이러한 원리를 이용해 미세조류에서 바이오디젤을 만드는 방법 중에는 '고수온 조건과 영양염의 결핍을 인공적으로 조장'하여 지방의 함유율을 높이기도 한다. 규조류의 지방함유율이 높아져 치패가 섭식하게 되면 큰 개체부터 대량 탈락이 발생하여 사업성에 지장을 초래하게 된다. 따라서 하절기 고 수온 시기에는 질소와 인, 특히 질소의 보충을 통해 규조류의 지방 형성을 낮출 수 있어 탈락을 방지할 수 있을 것이다. 그러나 비료의 공급에 있어서도 값이 싼 요소 비료만을 공급해도 경제적인 부담이 커질 수 있다.

따라서 「표 49」에서 보는 바와 같이 지하해수와 지하수의 질소, 인, 규산을 비롯한 미네랄이 다량 함유되어 있음을 확인하여 비료대신 주수라인에 연결하여 공급한 결과, 일반 종묘배양장에 비해 탈락률이 확연히 낮았으며 성장 또한 빠른 것으로 확인되었다.

결과적으로 지하수나 지하해수는 토양의 질소, 인, 규산은 물론 철을 비롯한 다양한 미네랄을 함유하고 있어 사실상 '물 비료'에 가깝다고 할 수 있다.

표 49. 관내 지하수와 지하해수의 수질

구 분	DO (mg/L)	pH (mg/L)	COD (mg/L)	총질소 (mg/L)	NH_4-N (mg/L)	NO_2-N (mg/L)	NO_3-N (mg/L)	총인 (mg/L)	규산 (mg/L)
지하수 A	-	7.83	0.70	0.861	0.003	0.006	0.852	0.104	-
지하수 B	6.38	7.69	0.05	0.839	0.005	0.002	0.832	0.041	-
지하수 C	-	6.84	1.60	**4.925**	0.000	0.003	**4.922**	0.011	**7.92**
지하수 D	7.42	7.10	0.08	**2.151**	0.001	0.000	**2.150**	**0.152**	**10.55**
지하수 E	-	6.79	0.05	**3.572**	0.077	0.004	**3.491**	0.090	**5.964**
지하수 F	6.81	6.51	0.04	0.351	0.084	0.005	0.262	0.064	1.354
지하해수A	5.92	8.09	2.85	0.214	0.038	0.004	0.172	**0.101**	-
지하해수B	-	7.21	0.13	**1.190**	**0.238**	**0.431**	0.521	0.086	**11.18**
지하해수C	7.42	7.83	0.64	0.111	0.067	0.003	0.041	0.007	0.098

지하해수와 지하수의 특징은 질소와 인, 규산이 일반해수에 비해 대체로 풍부한 것으로 나타나고 있다. 따라서 적정량을 공급하게 되면 비용을 들이지 않고 시비의 효과를 거둘 수 있을 것이다.

제3절 미세조류(Microalgae)와 패류 독소(Shellfish Poisoning)

패류독소란 패류가 미세조류인 유독성플랑크톤을 섭이하여 그 독이 체내에 축적되고 이를 사람이 섭취함으로써 발생하는 식중독의 원인물질이다. 원인이 되는 유독성 플랑크톤은 와편모조류 *Alexandrium tamarense*, *Gymnodinium catenatum* 등이 있다. 패류 독으로는 마비성, 기억 상실성, 설사성, 신경성 패류 독 등이 있으며 우리나라에서는 주로 마비성 및 기억 상실성 패류독이 발생하고 있다.

매년 2~6월중 남해안 일원의 패류(진주 담치, 굴, 피조개, 바지락, 재첩 등)와 멍게 류에서도 독이 검출된다. 마비성 패류 독은 1984년 1명, 1986 및 1996년에 각 2명이 마비성 패류 독에 중독되어 사망함에 따라 이를 계기로 패류의 생산·출하·유통단계에서 패류독소의 안전성 확보 필요성이 대두되었다. 뿐만 아니라 1998년부터 진해만, 고성만 등의 패류에서 기억상실성 패류독이 검출되고 있다.

관련제도로는 식품위생법(제4조 및 제56조), 수산물품질관리법(제43조)에 다음과 같이 규정되어 있다. 유럽에서는 1976년 일본에서 진주담치의 섭취에 의해 첫 발생한 이래 1981년 유럽 스페인에서 5,000명, 프랑스에서 2,000명이 피해 발생하였고 오스트리아, 스웨덴, 노르웨이, 호주, 칠레에서 중독사고가 발생한 바 있다.

○ 마비성 패류독 허용기준치 : 80㎍/100g이하
- 허용기준치 초과시 채취 · 가공금지 및 폐기처분 조치

○ 기억상실성 패류독 허용기준치
- 식품위생법(식품공전) : 미설정 (미국, 캐나다 : 20㎍/g)
- 수산물품질관리법(제22조)의 해역위생관리기준 : 20㎍/g이하

○ 수산자원보호령(제18조의2)
- 허용기준치 초과어장 패류 채취금지

1) 마비성 패류 독(PSP: Paralytic Shellfish Poisoning)

발생 원인으로는 패류가 유독성플랑크톤을 섭이, 체내 독성 축적으로 유독화 되면

서 발생한다. 원인을 일으키는 유독성플랑크톤으로는 Alexandrium tamarense, A. catenella 등이며 독소성분은 Saxitoxin, Gonyautoxin 등이 있다. 패류독소는 대개 수온 7~15℃에서 발생하며 18℃이상에서 소멸한다.

증상으로는 보통 섭취 후 30분경에 발병하며 입술, 혀, 안면마비 등에 이어 목, 팔 등 전신마비, 심하면 호흡마비로 사망한다(치사농도: 600㎍/100g이상). 발생품종으로는 진주 담치, 굴, 피조개 등 많은 패류에서도 검출되며 멍게뿐만 아니라 전복에서도 검출되는 경우가 있다.

발생해역은 부산연안 및 진해만 등 남해안으로 집중 발생해역은 부산 가덕도~경남 거제연안이다. 패류 독 검출량은 해역에 따라 기복이 심하며, 부산, 경남수역은 치사량 초과하는 경우가 있다.

표 50. 연도별 마비성 패류 독 검출 량

(단위: ㎍/100g)

	2000	2001	2002	2003	2004
부산	161~748	112~3,990	486~1,215	209~5,577	45~1,511
거제	38~1,394	92~862	77~751	500~1,259	167~2,751
마산, 진해	35~875	138~2,745	69~1,696	385~6,082	255~708
여수	불검출	불검출	불검출	177~260	불검출

품종별로는 진주 담치가 가장 높고 굴, 피조개의 순으로 나타난다. 우리나라 발생상황은 1984년 1명, 1986 및 1996년에 각2명이 마비성 패류 독에 중독되어 사망하였다.

2) 기억 상실성 패류 독(ASP : Amnesic Shellfish Poisoning)

원인은 패류가 유독성플랑크톤 섭이, 체내 독성 축적으로 유독화 되면서 발생한다. 원인이 되는 유독성플랑크톤은 규조류 *Pseudonitzschia multiseries* 이며, 독소 성분은 Domoic acid 이다. 증상은 보통 섭취 후 24시간 내에 설사, 두통, 구토 등 동반(20,000㎍/g)되며, 중독 시 위장염, 단기기억상실 등이 나타나고 심한 경우 만성적인 신경이상 증세로 진전 (60,000㎍/g이상)된다.

발생품종으로는 굴, 진주 담치 등 패류이며 검출 시기는 6~12월(1~3월 소량 검출)이다. 발생해역으로는 경남(통영, 진해만, 자란만, 한산·거제), 전남(가막만, 나로도해역)이다.

외국의 발생사례로는 미국, 캐나다, 일본, 뉴질랜드, 홍콩 등에서 검출되고 있으며, 가장 심한 곳은 미국의 캘리포니아에서 알래스카에 이르는 태평양 연안수역이다. 우리나라의 패류 독 검출량은 미국, 캐나다의 설정 기준치(20㎍/g)보다 낮게 나타난다. 품종별로는 굴이 가장 높고 진주 담치, 바지락의 순으로 나타난다.

표 51. 연도별 기억 상실성 패류 독 검출 량

(단위 : ㎍/g)

	고성만	거제 · 한산만	진해만	가막만
2000	0.4~3.6	0.6~4.2	7.1~15.4	0.3~2.4
2001	-	-	0.3 ~ 4.5	-
2002	0.3~1.3	0.2~1.0	0.1~1.4	0.3~0.8
2003	0.3~1.8	0.5~8.5	0.4~35.5	0.9~2.0
2004	0.5~0.9	0.4~1.9	0.8~2.1	0.9~2.0

참고문헌

- 조주현 등, 2003, 전복 초기먹이 개발시험 조사보고서, 여수지방해양수산청.
- 조주현, 2013, 미세조류 대량배양 기술개발, 2013년도 연구·교습어업 사업보고서, 전라남도 해양수산과학원 여수센터.
- 조주현, 2012, 담수 조류의 경제적 가치와 국내외 연구현황, 제20차 세계 물의 날 기념 국제심포지움, Session Ⅱ. 미세조류를 이용한 수산생물 인공종묘 생산, 국립환경과학원.
- 조주현, Microalgae Cultivation for rearing of Mollusks in Korea, 아쿠아인포 영문판, Vol. 2, No.3, pp.82-89.
- 박흥기·허성범, 1999, 수산양식과 해양미세조류, 생물산업 12: 40-47.
- 오희목·이석준, 1999, 미세조류로부터 유용물질 생산의 현황 및 전망, 생물 산업 12: 30-35.
- 이현용, 1999, 미세 조류를 이용한 축산 폐수 처리 기술, 생물산업 12: 36-39.
- 이유경·이홍금, 2002, 조류(Algae)의 산업적 이용, 생물산업 15: 19-24.
- 오희목, 1997, 미세조류(*Botryococcus* sp.)를 이용한 탄화수소 생산기술 개발, 통상산업부.
- Kim Key-hyup, 2008, Revolutionary Bio-Energy From Algae.
- 전선미·김인혜·하종명·이재화, 2008, 미세조류를 이용한 이산화탄소 고정화 기술 현황.

- 조병훈·차형준, 2010, 미세조류 해양 바이오매스를 이용한 바이오디젤 생산기술.
- Choi He-suk, 2010, Local researchers create biodiesel from algae.
- 박재일·우희철·이재화, 2008, 해양조류로부터 바이오 에너지 생산 현황 및 전망.
- 高見秀輝, 1996, エビアワビ 1年歳貝に對する 付着硅藻の 餌料價値.
- 최규정, 1979, 전복치패의 사육실험에 대하여.
- 堀輝三, 藻類の 生活史 集成(제3권), 1993, 內田老鶴圃 .
- Linda. E Graham, Lee W. Wilcox, 2000, Algae, PRENTICE HALL Inc.
- 千原光雄, 1997, 藻類多樣性の 生物學, 內田老鶴圃.

자료출처

- http://www.kier.re.kr/한국에너지 기술 연구원
- http://www.greengrowth.go.kr/녹색성장위원회
- http://www.greengrowth.go.kr/한국해양연구원
- http://www.nasa.gov/centers/ames - NASA Ames Research Center
- http://www.hkbs.co.kr / 환경일보

제2장 적조와 환경

현재 우리나라의 해상 어류 가두리 양식업은 해마다 발생하는 적조로 인한 양식어류의 대량 폐사와 간접적인 영향으로 인한 질병발생, 후광효과(後光效果, halo effect)로 인한 가격 하락과 같은 여러 가지 문제를 안고 있다. 특히, 1995년에 가두리 양식어장이 밀집한 남해안에 *Cochlodinium polykricoides* 로 인한 대규모 적조가 최초 발생하여 전국적으로 어류 26,285천미(764억원)가 폐사되었고, 이후 매년 여름 연례적으로 *C. polykricoides* 에 의한 적조가 발생하여 양식어류를 폐사시키고 있어 안정적인 양식에 큰 자장을 초래하고 있다.

따라서 적조의 발생원인과 함께 근본적인 적조피해를 최소화 할 수 있는 방지대책의 마련과 함께 적조 원인생물에 대해 올바로 이해하려는 노력이 필요하다. 이는 적조현상에 대한 고정관념을 탈피하고 가치중립적으로 이해해야만 보다 심층적인 연구가 가능할 뿐 아니라 근본적인 대책을 마련할 수 있기 때문이다.

1. 적조의 역사

적조란 바다의 식물성 또는 동물성 플랑크톤이 일시에 다량번식하거나 집적함으로써 바닷물의 색이 적조를 일으키는 생물의 종류에 따라서 붉은색, 황갈색 또는 적갈색 등으로 바뀌는 현상으로 정의되어 왔다. 지금까지는 red tide라고 불려 왔으나 최근에는 Harmful Algal Blooms(HABs)을 많이 사용하고 있다. 세계적으로 기원전부터 적조가 발생했다는 기록은 성경의 출애굽기 등을 통해 잘 알려져 있다. 우리나라에서도 적조가 삼국시대에도 발생했다는 역사기록들이 있으며, 삼국사기, 삼국사절요, 고려사절요, 이조실록 등 역사서를 통해 주로 동, 남해안에서 8~10월에 적조가 발생하여 수산피해를 일으켰다는 기록이 있다.

2. 외국의 적조발생 동향

지금까지의 보고에 의하면 전 세계연안에서의 적조현상은 1960년 이후부터 주로 공업이 발달되고 인구밀도가 높은 북위 30~40°N 해역에서 주로 발생하였으나, 최근에는 러시아의 캄차카반도, 아프리카, 중미 및 호주연안까지 거의 전 세계 연안 해역에서 자주 발생하고 있다.

동북아시아 해역에서 적조를 일으키는 적조원인 생물은 일본연안에서는 *Karenia mikimotoi, Noctiluca scintillans, Chattonella antiqua, Heterosigma akashiwo,* 특히, *Heterocapsa circularisquama* 종이 새로운 적조생물로서 출현하여 굴과 진주조개를 치사시키는 수산피해를 일으키고 있다. 동남아 연안수역에서는 *Pyrodinium bahamense, Noctiluca sintillans,* 유럽연안에서는 *Gymnodinium aureolum* 그리고 북아메리카 연안에서는 *Karenia brevis, Heterosigma akashiwo* 등이 고밀도 적조를 일으킴으로써 수산피해를 일으키고 있다. 특히 미국 동부연안에서는 유령 와편모조류라고 불리는 Pfiesteria piscicida라는 소형 와편모조 적조생물이 어류뿐만 아니고 사람의 건강까지도 위해를 입히는 등 새로운 유해성 적조생물이 출현하고 있다.

최근 한·일 양국에서 수산피해를 많이 일으키는 적조 종은 *C. polykrikoides*로 이 종은 우리나라에서는 1995년 이후 남해안과 동해남부를 중심으로 발생하며, 일본에서는 1999년 이후 규슈 서쪽 연안, 세또내해(瀨戸內海) 및 일본의 서쪽연안으로 확장되어 발생하고 있으며 2003~2005년에 그 빈도가 더욱 잦아지고 있으며 또한 그 피해가 증가하고 있다. 한국과 일본에서 *C. polykrikoides* 적조는 광역화, 상습화, 고밀도화, 장기화되는 특성을 보이고 있어 사회·경제적으로 많은 문제를 야기하고 있다.

중국에서 *C. polykrikoides* 종이 적조를 일으켰다는 공식적인 연구보고는 없으나 와편모조류에 의한 대규모 적조가 광범위한 면적에 걸쳐 발생하는 것으로 알려져 있다. 중국에서 적조가 많이 발생하는 수역은 발해연안, 산동 교주만, 장강 하구역, 홍콩인근의 주강 하구 역으로 이 지역에 많은 수산피해가 보고되고 있다. 최근에 장강 하구지역의 산업화로 인하여 장강 하구 역에서 6년 연속 *Prorocentrum donghaiense*에 의한 대규모 적조가 발생하고 있어 중국정부가 이의 원인을 밝히려 많은 노력을 기울이고 있다.

2004년 말레이시아, 2005년 필리핀 등 동남아시아 국가연안에서도 *C. polykrikoides*에 의한 적조가 발생하여 양식어류 폐사를 일으키는 등 심각한 문제를 일으키면서 적조는 전 세계적인 관심사가 되고 있다.

*C. polykikoides*는 고수온, 고염분 환경에서 증식속도가 빠른 아열대성 종으로 알려져 있다. 서부태평양에서 기원하여 북동진하는 쿠로시오해역에 널리 분포하고 있어 쿠로시오 해류의 영향을 받고 있는 해역에는 발생할 가능성이 높은 것으로 추측된다. 해양환경과 지구온난화에 대한 연구결과 동북아시아 연안역의 수온이 상승하는 경향을 나타내고 있고, 실제적으로 쿠로시오 해역에 대한 해양관측 결과 대부분의 해역에서 수온이 상승한 것으로 나타났다.

따라서 이종의 분포가 쿠로시오해류와 관련이 있을 경우 이종의 분포범위는 더욱 북상할 것으로 보여 진다. *C. polykrikoides*에 대한 현재까지의 연구 결과를 보면 이종의 원천이 쿠로시오 해역 및 동중국해가 될 수 있는 가능성이 높은 것으로 알려져 있다.

우리나라에서도 2000년 이후 발생한 적조의 양상은 과거의 상황과 다르게 전개되고 있는데 1998년에는 여수시에서 90km 떨어진 초도 해상에 대규모 적조가 유입되어 자연산 전복, 소라 등 패류가 폐사하는 피해가 발생하였고, 2007년 7월 7일에는 여수시 초도와 광도해역에서 최초로 적조가 발생되는 등 적조가 외해에서 발견되는 경우가 많아졌다.

2008년 해양연구원 조사선에 의해 제주도 서쪽 125마일 해상을 비롯한 많은 해역에서 대규모 적조대(赤潮帶)가 발견되었으며, 2015년 여수시 거문도 등 외해의 도서에서도 대규모 적조가 유입되고 있어 쓰시마 난류에 의한 유입가능성이 힘을 얻고 있다. 쓰시마 난류는 제주도 남동해역에서 대한해협을 거쳐 동해로 북상하는데, 이는 한국과 일본의 적조의 발생해역과 거의 일치한다. 적조는 당초부터 외양에서 유입되었을 가능성이 크지만 그동안 근해해역에 대한 예찰이 이루어지지 않았으므로 발견되지 않았을 가능성이 더 크다. 따라서 남해안 연안의 가막만과 여자만 입구인 고흥 나로도 보돌해에 유입된 후에야 예찰활동에 의해 발견되는 것으로 추정된다.

실제로 Miyahara(2006) 등은 적조는 광범위한 범위에 걸쳐 갑작스럽게 또는 일시에 발생하는 특징을 가지며, 쓰시마 난류의 영향을 많이 받는 혼슈의 시마네현, 도토리 현, 효고 현, 야마구치 현 등에 주로 발생하므로 쓰시마 난류가 적조의 이동 및 집적에 영향이 미칠 가능성을 제시하였다. 그는 적조에 의해 죽거나 위험을 받는 수산생물은 18종의 어류(연골어류 2종, 경골어류 16종), 갑각류 1종(mitten crab), 두족류 1종(문어), 복족류 4종(고동류, 전복), 성게류 2종이라고 보고하였다.

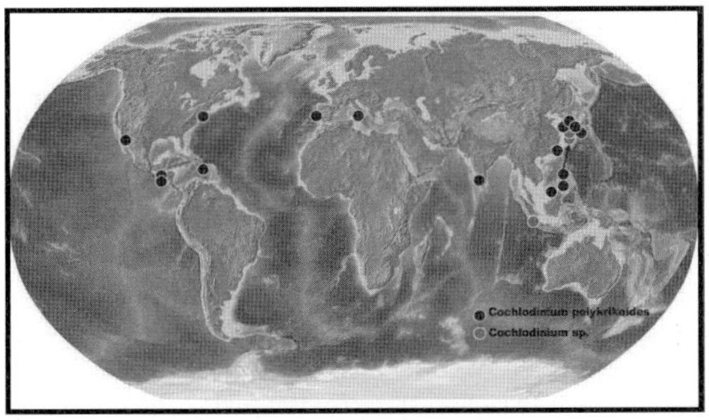

세계의 적조발생 해역

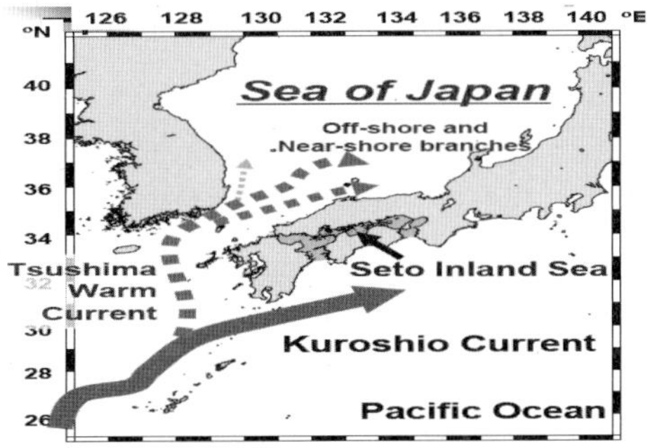

쓰시마 난류의 이동방향

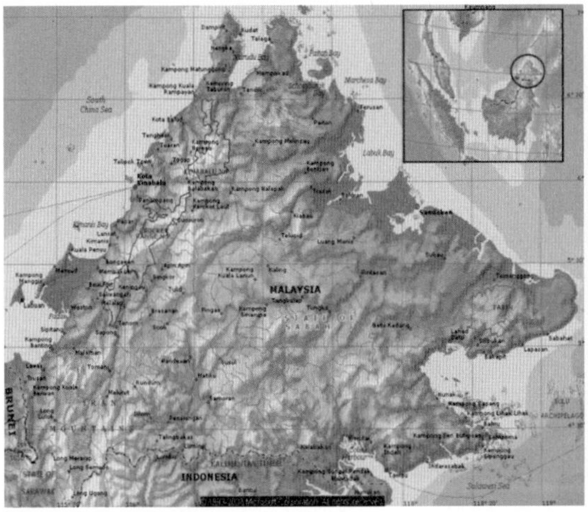

말레이시아 보르네오 섬 사바 주(州) 적조발생 지점과 폐사한 대형 능성어

Sakenotsu and Natsudomari, Tottori 현에서 적조로 폐사한 패류(수심 10m)

그림 29. 세계의 적조발생과 피해상황

3. 적조생물의 생리·생태

와편모조류 중에는 독립영양을 하여 통상 식물플랑크톤으로 취급되는 것, 광합성 색소가 거의없이 종속영양을 하는 동물플랑크톤적인 것, 광합성 색소를 보유하고 있음에도 종속영양을 하는 혼합영양 그룹들이 존재한다. 그중 와편모조류의 약 반수가 종속양성으로 밝혀졌다.

와편모조류(dinoflagellates)는 엽록소와 황적색소를 가지고 광합성을 하며, 적조를 일으키는 종류로 많이 알려져 있어 흔히 식물성 플랑크톤으로 취급되고 있다.

와편모류의 생식은 주로 이분법에 의해 이루어지나 유성생식을 하는 경우도 있다. 대부분의 와편모조류는 반수체이기 때문에 주로 동형배우자의 접합을 한다. 최근 적조를 일으키는 독립영양 와편모조류의 일부가 혼합영양 와편모조류로 밝혀지고 있으며, 미소 편모충류의 포식자로 밝혀져 표영 생태계에서 와편모조류가 종속영양생물로 중요한 역할을 하고 있는 것으로 추정된다. 적조발생의 원인이 되는 식물성 플랑크톤의 일반적 특성으로 저장물질은 전분, 기름 및 크리소라미나린(chrysolaminarin)이 식물 플랑크톤 세포 속에 있는 기본물질이다. 전분은 α-1,4-glucan과 α-1,6-glucan이고, 크리소 라미나린은 β-1,3-glucan이다.

크리소라미나린은 갈조류 또는 황갈조류의 기본저장 물질이며 액포(液胞) 속에 저장된 액체로서 단세포 식물에서 가장 풍부한 저장물질이다. 와편모조류는 종속영양성 와편모조류가 엽록체를 가진 담록조 또는 황갈조 세포를 섭식한 후 색소체를 획득함으로써 광합성 와편모조류로 진화하였으며, 기존의 종속영양성과 독립영양성을 동시에 가진 '혼합영양'을 하는 생물로 변화된 것으로 알려져 있다.

표 52. 와편모조류의 특징

항 목	특 징
영양 형태	광합성, 종속영양, 혼합영양
조체 형태	단세포 또는 군체
편모	2개의 이형편모
핵상	대부분 반수체
색소	chlorophyll a와 c, β-carotene, peridinin, fucoxanthin 및 유도체, xantophyll
저장물질	전분(poliglucan) 또는 지방산(C_{14}, C_{16}, C_{18} 및 C_{22} 불포화지방산)
세포벽	다중막과 소포(vesicle)가 얽힌 복합체
서식환경	해수-담수, 부유성, 부착성, 공생 혹은 기생

광합성 색소를 가진 와편모조류가 먹이 입자를 섭취하는 것을 혼합영양섭식(mixtrophic phagotrophy)라고 한다. 혼합영양의 예는 광합성을 하는 식물플랑크톤인 *Amphidinium carterae, Heterocapsa niei, Peridinium balticum* 등을 암 상자나 DCMU(광합성 전자전달을 억제하는 억제제)를 이용하여 광합성을 중지시켰을 때 글리세롤을 흡수하여 성장하며, *Gyrodinium californicum, G. resplendens* 등은 광조건 하에서 아미노산을 주었을 때 성장이 촉진된다. *Gyrodinium sanguineum*과 *Scrippsiella trochoidea*의 성장은 관찰되지 않았지만 글루코스, 리신, 알라닌 등의 용존 유기물을 상당히 흡수하는 것을 발견되었다. '혼합영양'은 이상적인 생존전략으로 볼 수 있는데 미세조류들은 광이 강하고 성장에 제한을 받지 않을 때 탄소를 광합성을 통하여 얻고, 광이 약하여 성장이 제한될 때 영양물질을 섭식하여 높은 성장을 유지시킨다.

와편모조류 *Gymnodinium fissum*은 규조류뿐만 아니라 섬모충까지도 섭취하고 있으며 *Ceratium hirundinella* 도 규조류와 다른 미소 플랑크톤을 잡아 세포 내 물질을 섭취하는 것으로 보고되고 있다. 와편모조류중 대표적인 포식자(捕食者)는 *Protoperidinium* 으로서 세균, 돌말류, 와편모조류, 요각류 등을 포식하는 것으로 알려져 있다. 와편모조류는 초소형 및 소형 플랑크톤이지만 포식기구가 잘 발달하여 포식성이 강하기 때문에 미세생물 먹이망에서 박테리아부터 소형 동물플랑크톤까지 포식할 수 있다. 또한 짐노디늄이 세포막이 없는 챠토넬라를 탐식하는 사례가 발견되기도 하여 와편모조류 간에도 서로 탐식이 이루어짐을 알 수 있다. '동종포식'은 생존전략의 하나로 살아남은 개체들은 먹이조건이 호전되면 급격히 불어난다.

1) 미세조류의 성장특성과 증식촉진 인자

미세조류가 나타내는 성장특성 유형을 보면 잠복기(준비단계), 기하급수적 성장단계, 상대적 성장감소단계, 성장정지단계, 사망단계의 5단계로 나누어진다. 기하급수적 성장단계까지는 폭발적인 성장을 하지만 상대적 성장감소단계가 되면 영양염의 고갈, 이산화탄소 또는 산소의 공급률 저하, pH의 변화, 밀도증가에 따른 차광에 의한 빛 강도의 감소, 자가 저해현상 등으로 사멸해 가게 된다.

적조의 폭발적인 증식을 일으키는 촉진물질로는 岩崎·佐ケ田(1969)는 3종류의 퓨린(purine)과 4종류의 피리미딘(pyrimidine)으로 *Heterosigma* 의 증식실험을 시도한 결과 메칠시토신(methylcytosine)을 제외하고는 모두 현저한 촉진작용이 인정되고, 대조구의 3~4배의 증식량을 얻었다. 최고의 증식은 핵산의 염기성 물질인 크

산틴(xanthine)의 3mg/L과 우라실(uracil)은 0.3mg/L 농도에서 관찰되었다. 퓨린과 피리미딘 역시 핵산의 염기성 물질로서 해수 중에 존재하는 것으로 생각되므로, 천연수역에서도 적조발생에 이들 물질이 관여하고 있다고 추정된다.

2) 적조와 세균과의 관계

적조의 발생에서 이르는 기구에는 해역의 물리화학적 환경, 식물플랑크톤의 생활사, 영양요구, 식물플랑크톤에 대한 포식자 및 세균 분해자의 존재 등 다양한 요인이 상호간에 복잡하게 관련되어 있다. 적조 발생과 관련 이에 관여하는 미생물의 존재가 보고되고 있는데 적조처럼 미세조류가 우세하게 되는 것은 생물의 다양성이 저하하는 것을 의미하며, 환경 완충능력의 저하를 의미하게 된다.

따라서 이에 관련되는 미생물상에도 균형을 잃게 되며 적조 발생 시에는 촉진작용, 적조 소멸 시에는 저해작용을 하는 세균 및 바이러스의 동태와 작용 기작이 존재하는 것으로 알려져 있다. 조류는 물론 대부분 미세조류는 무기의 질소원과 탄소 원을 이용하여 증식하는데 많은 적조 조류는 비타민류(B_1, B_{12}, 비오틴), 금속 킬레이트 및 미량 금속(Fe, Mo, Co, Cu, Se, Zn)을 필요로 한다. 종속영양 세균은 미세조류의 영양요구에 대하여 CO_2, NH_4, PO_4 등을 공급하며, 어떤 조류는 특정 종의 세균 존재 하에서만 증식이 가능한 것으로 보고된 바 있다.

Gymnodinium mikimotoi 적조 발생 시 세균 *Pseudomonas* sp.가 이 조류의 증식을 촉진한다고 알려져 있으며, 세균을 섭식하는 것에 의해 세균중의 특정성분을 이용하는 조류에는 와편모조류, 황색편모조류, 착편모조류 등이 있다. 비 광합성 와편모조류의 일종은 기존의 유기물 배지에는 증식할 수가 없고 미소 규조류 외에 여러 종류의 미세조류 및 효모를 섭식하여 증식하며, 어떤 종류는 세균을 섭식하여 지방산을 얻고 있다.

해양과 호수 할 것 없이 미세조류의 증식에는 세균이 관여되어 있음은 부인할 수 없는 사실이다. 와편모조, 황색편모조 및 착편모조의 증식에는 세균에 대한 의존도가 상당히 큰데, 이는 세균의 대사산물이나 세균의 세포성분을 필요로 하는 것으로 추정된다. 실험실에서 무균 클론(clon) 배양이 성공하지 않은 적조 조류의 대부분은 세균으로부터 필요한 성분을 얻는 '세균 의존성'이라고 할 수 있어 대형 해조류는 물론 미세조류까지도 번식에 있어서 세균의 존재는 필수적이라 할 수 있다.

세균은 점질 다당질을 형성하면서 이상 증식을 하고 균괴(菌塊, floc, aggregate)를 형성하여 수산동물의 훌륭한 먹이가 된다. 세균은 floc 현상으로 동물 플랑크톤에 포식되기도 하고 물질이나 섭취 등의 관계로 섬모충류나 편모충류의 먹이연쇄에 관여하여 먹이에 중요한 역할을 담당한다.

진해만 연안해역의 저질에 분포하고 있는 *Scrippsiella trochoidea* 의 cyst를 발아시켜 *S. trochoidea* 배양액 중에 투여한 해양세균 *Pseudomonas* spp.와 *S. trochoidea* 의 세포 내 지방산 조성관계를 조사한 결과 지방산 조성이 전이가 일어남을 알 수 있었다. 적조생물 *S. trochoidea*가 해양세균인 *Pseudomonas* spp.를 섭취하고 생장하면서 적조생물 체내의 지방산 조성이 변화된 것을 보여주고 있다. 적조생물의 지방산 조성은 해양세균과 배양직전에는 C20:5가 0.81% 이던 것이 해양세균과 배양 후에는 40.87%에서 53.29%를 나타내었다. 이러한 현상은 세균이 포식되어 적조생물의 체내 지방산 조성이 변화되고 있음을 보여주고 있다(임 등, 1993)

3) 세균에 의한 적조생물 증식저해

담수에서 녹조가 대량 번식한 것을 사멸시키는 원인이 활주세균에 의한 것이라는 것은 Shilo(1967)이나, Stewart(1969) 등 많은 연구결과가 잘 알려져 있다. 滿谷 등(1987)은 남조를 형성하는 *Anabaena solitariad*의 소멸이 남조 용해세균의 증감과 일치하여 10^6 cell/ml로 되는 것, 그 우점종이 *Lysobacter* sp.로 남조나 조류 등에 접촉하여 용해작용을 하는 것으로 알려져 있다. 진주조개 종패 사육에 있어 규조류 *Chaetoceros calcitrans*의 용해작용 원인을 조사한 결과 坂田(1990, 1991, 1993)는 나선형 활주세균 *Saprospira* sp.를 분리하였는데 이 활주세균은 규조류 세포에 접착하여 균을 죽이고 응집덩어리를 형성하여 조류를 죽이는 작용을 촉진하는 것을 발견하였다.

한편 적조 조류의 생물학적 제어를 목적으로 한 미세조류의 용해 또는 살균 역할을 하는 세균에 관한 연구로는 Ishio(1987, 1989)와 古坂 (1992)가 연구한 보고에 의하면 *Chattonella* 속의 용조(溶藻) 세균을 *Vibrio algoinfestus* 라고 명명하고 다른 종인 *Cytophaga* sp.도 분리 동정하였다. 우리나라 연안에서 많이 발생하고 있는 적조생물, *Prorocentrum* spp., *Cochlodinium* spp. 등 유해성 적조생물을 죽이는 해양미생물에 관한 연구는 이 등(1996, 1998, 2000)에 의해 실험한 결과를 보고하였다. 이러한 유독성 적조생물이 적조발생, 소멸기에 현장 해수 중에 분포하고 있는 세균 군이 적조 플랑크톤의 증식에 어느 정도 영향을 주고 있는가에 대하여 실험한 결과 균종에 따라 적조생물의 증식억제 또는 살조작용(殺藻作用)을 하는 것도 알 수 있었다. *Pseudomonas* sp.와 *Micrococcus* spp.에 의한 적조생물의 살조 작용에 대해서는 우리나라 연안 해역에서 진해만에서 분리된 적조생물 *C. polykrikoides*가 *Micrococcus* spp. LG-1과 LG-5에 의하여 분해 살조되었고(이등, 1998, 박등 1998, 정등, 2000), *Prorocentrum micans*가 *Pseudomonas* sp. LG-2에 의하여 분해 살조되었다.

이러한 현상은 살조세균이 직접 적조물질에 부착하여 균체를 분해시키는 경우도 있지만 세균이 체외로 배출시킨 물질에 의하여 살조작용을 하는 것도 알려져 있다. 한편 *Alteromonas* sp. 역시 와편모조류를 증식저해 또는 포식하며, 바이러스도 *chlororella*를 사멸할 수 있다. 해양의 생태계에서 현저하게 발견되는 *Pseudomonas* spp.와 *Arthrobacter* spp.는 서로 길항적인 관계를 가지고 있다.

식물플랑크톤의 *Skeletonema costatum*과 해양세균 중 *Flavobacterium* sp.는 서로 공존하나 Vibrio sp.는 길항작용(拮抗作用)으로 공존하기 힘든 것을 알 수 있다. 즉, 규조류는 항생물질을 생산하고 생산된 항생물질을 *Flavobacterium* sp.가 섭취하면서 공생관계를 가진다.

그러나 *Vibrio* sp.는 생산된 항생물질에 의해 생육억제 또는 사멸현상이 생긴다. 또한 세균 간에 기생관계나 포식관계를 가지는 균도 있다. 한 예로 *Bdellovibrio* sp.는 대장균이나 장염 비브리오, *Salmonella* sp.등에 기생하면서 균체를 용균시킨다.

해수 중에는 세균을 용해시키는 세균 종은 종속영양세균의 약 24~50% 정도 존재하고 있고(Santa et al.,1985), 또한 플랑크톤에서 분리된 종속영양세균 중 세균효소를 생산하는 균이 63~75%정도라 하였으며, 해저퇴적물 중에서도 세포의 용해성 효소를 가진 균이 12%에 해당된다고 하였다(Sugahara et al., 1988, 1990). 알려진 균으로는 *Pseudomonas* sp., *Flavobacterium* sp., *Vibrio* sp. 등이 있다. 특히 해양퇴적물 중에는 *Bacillus* sp., *Alteromonas* sp., *Vibrio anguillarum*, *Bdellovibrio* sp. 등이 분리되어 있다.

4. 적조의 소멸원인

최근 적조의 발생에서 소멸에 이른 과정에 대한 현상은 소멸이 급격히 일어나며, 단순한 자연소멸이 아니고 외부스트레스가 있으며 생물적 요인도 간과할 수 없는데 담수성 남조의 소멸에 관련된 바이러스 및 세균에 의한 적조의 소멸이 보고되었다.

세균의 남조류 용조 및 살조(殺藻)에 대한 것으로는 주로 활주세균에 의해 이루어진다. 일본 아리아케 하카다만에 *Chattonella* 적조가 발생하지 않은 것은 저질에 *Chattonella*를 살조하는 세균이 분리되어 있었었기 때문으로 알려지고 있다. 이외에도 Vibrio sp. 등이 용조 및 살조작용을 하며, 세균 *Alteromonas*는 *Gymnodinium mikimotoi* 를 특이적으로 살조하지만 다른 세균이 공존할 경우 살조능력이 상쇄된다.

살조세균으로는 진정세균에서는 *Alteromonas* 속, *Flavobacterium*속, *Pseudomonas* 속, *Vivrio*속이 많은 것으로 보고되고 있다. 적조생물에 대한 살조 작용은 접촉 외에도 세포외로 분비된 고분자물질 및 저분자물질에 의한 경우 많다. 살조의 과정은 조류의 운동이 멈추어진 후 세포 일부가 풍선상(風船狀)으로 부풀어 올라 파괴되어 사멸한다. *Heterosigma*의 경우 적조 종식 기에 세포내에 바이러스가 증식하여 세포군을 단시일 내에 붕괴시킨다는 보고가 있다.

5. 적조생물의 생물피해 기작(機作)

적조로 인한 어류 폐사의 기작을 살펴보면 *Chattonella*에 의한 방어의 폐사 양상은 용존산소 8.2mg/L의 충분한 산소에도 불구하고 '상대적인 호흡곤란'으로 사망한다. 이는 적조생물로 인한 '산소이용률의 저하'가 결정적인 원인이 된다.

아가미 조직과 적조생물이 접촉하게 되면 점액세포가 탈락 또는 손상을 입게 되어 가스교환 기능상실과 함께 혈액 삼투압 조절의 불안정과 세포의 위축과 부종에 의해 가스교환기능 저하되면서 상대적인 산소부족으로 인해 질식사하게 된다. *Chattonella* 에 함유되어 있는 유해성분인 불포화 지방산이 아가미에 접촉하면 점액이 과다 분비되고 점액세포가 괴사가 시작되며 이차세변에 부종이 발생한다.

이어서 탄산 탈수효소의 활성저하와 혈액중의 유산(乳酸)의 증가에 의해 혈액의 pH가 낮아지고 헤모글로빈에 의한 산소 운반기능이 감퇴하여 질식에 이르게 된다. 그러나 해수 중의 용존산소가 과포화 상태에 있으면 피해를 벗어나기도 한다고 알려져 있다. 아가미를 손상시키는 물질로는 고도 불포화지방산 특히 C16:4산, C18:5의 지방산을 함유하는 화합물이 분리된다. *Chattonella*는 세포벽이 없어 무각류(無殼類)에 속하는 코클로디늄의 폐사양상도 이와 크게 다르지 않을 것으로 보인다. 한편 코클로디늄이 대규모 고밀도로 유입되면 해저에 침강하여 검은색의 콜타르(coal-tar) 형태의 침강물이 형성되기도 한다.

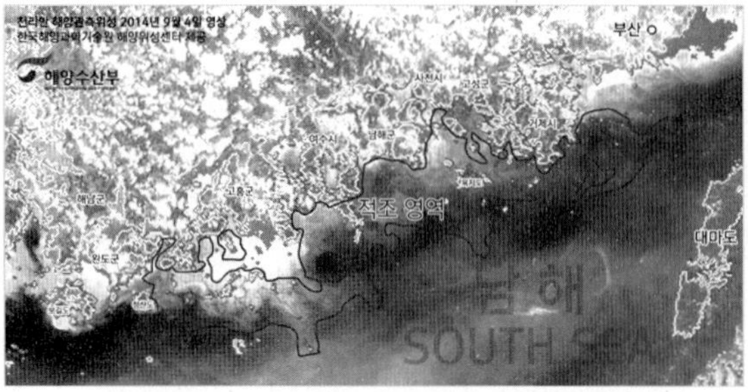

2014년 적조발생 위성사진(해양수산부)

적조생물, 코클로디늄의 침강 덩어리

그림 30. 코클로디늄 적조의 발생영역과 적조생물의 사체 덩어리 형태

6. 적조 발생해역의 수질상태

1) 적조 종 : *Cochlodinium polykrikoides*

○ 조사일시 및 장소 : 2003년/전남 여수

표 53. 적조 발생에 따른 수질상태(*C. polykrikoides*)

구 분	pH	DO (용존산소) (mg/L)	COD (mg/L)	DIN (용존무기질소) (mg/L)	암모니아 (mg/L)	아질산 (mg/L)
발생 해역	8.37～8.86	8.11～10.26	2.34～9.58	0.238～0.329	0.115～0.452	0.003～0.021
미발생 해역	8.28～8.32	6.77～8.15	0.64～0.98	0.180～0.329	0.103～0.322	0.002～0.016
구 분	질산 (mg/L)	DIP (용존무기인) (mg/L)		규산 (mg/L)	엽록소-a (㎍/L)	알칼리도 (mg/L)
발생 해역	0.002～0.070	0.011～0.209		0.158～0.227	17.06～84.95	105～150
미발생 해역	0.005～0.065	0.003～0.019		0.155～0.231	4.02～9.06	110～150

2) 적조 종 : *Protoperidinium* sp.

○ 조사일시 및 장소 : 2004년/전남 여수

표 54. 적조 발생에 따른 수질상태(*Protoperidiniun* sp.)

구 분	pH	DO (용존산소) (mg/L)	COD (mg/L)	DIN (용존 무기질소) (mg/L)	암모니아 (mg/L)	아질산 (mg/L)
발생 해역	8.24～8.68	7.91～13.47	0.98～10.16	0.040～0.068	0.024～0.054	0.000～0.002
미발생 해역	8.06	7.54	1.52	0.108	0.100	0.004
구 분	질산 (mg/L)	DIP (용존무기인) (mg/L)		규산 (mg/L)	엽록소-a (㎍/L)	알칼리도 (mg/L)
발생 해역	0.010～0.030	0.001～0.166		0.180～0.301	8.85～626.9	150～200
미발생 해역	0.004	0.019		0.210	12.0	150

3) 적조 종 : 혼합 규조

○ 조사일시 및 장소 : 2004년/전남 여수

표 55. 적조 발생에 따른 수질상태(혼합 규조류)

구 분	pH	DO (용존산소) (mg/L)	COD (mg/L)	DIN (용존무기질소) (mg/L)	암모니아 (mg/L)	아질산 (mg/L)
발생 해역	8.46	9.25	2.45	0.027	0.019	0.000
미발생 해역	8.07	6.25	1.28	0.385	0.287	0.008
구 분	질산 (mg/L)	DIP (용존무기인) (mg/L)		규산 (mg/L)	엽록소-a (㎍/L)	알칼리도 (mg/L)
발생 해역	0.008	0.005		0.053	49.42	105
미발생 해역	0.090	0.007		0.072	6.46	80

4) 적조 종 : *Heterosigma* sp.

○ 조사일시 및 장소 : 2004년/전남 여수

표 56. 적조 발생에 따른 수질상태(*Heterosigma* sp.)

구 분	pH	DO (용존산소) (mg/L)	COD (mg/L)	DIN (용존무기질소) (mg/L)	암모니아 (mg/L)	아질산 (mg/L)
발생 해역	8.20～8.35	15.54～16.79	3.43～9.54	0.016～0.019	0.010～0.011	0.002～0.003
미발생 해역	8.15	7.91	1.92	0.013	0.009	0.001
구 분	**질산 (mg/L)**	**DIP (용존무기인) (mg/L)**		**규산 (mg/L)**	**엽록소-a (㎍/L)**	**알칼리도 (mg/L)**
발생 해역	0.003～0.006	0.029～0.043		0.355～0.478	95.8～135.1	60～70
미발생 해역	0.003	0.001		0.023	2.84	70

5) 적조 종 : *Prorocentrum* sp.

○ 조사일시 및 장소 : 2004년/전남 여수

표 57. 적조 발생에 따른 수질상태(*Prorocentrum* sp.)

구 분	pH	DO (용존산소) (mg/L)	COD (mg/L)	DIN (용존무기질소) (mg/L)	암모니아 (mg/L)	아질산 (mg/L)
발생 해역	8.60～8.65	9.01～11.80	1.41～2.50	0.007～0.014	0.003～0.007	0.001～0.002
미발생 해역	8.15	6.29	1.54	0.023	0.018	0.001
구 분	**질산 (mg/L)**	**DIP (용존무기인) (mg/L)**		**규산 (mg/L)**	**엽록소-a (㎍/L)**	**알칼리도 (mg/L)**
발생 해역	0.003～0.006	0.000～0.001		0.362～0.690	43.7～62.1	70～90
미발생 해역	0.004	0.004		0.113	2.74	90

6) 적조 종 : 섬모충, *Mesodinium* sp.

○ 조사일시 및 장소 : 2004년/전남 여수

표 58. 적조 발생에 따른 수질상태(*Mesodinium* sp.)

구 분	pH	DO (용존산소) (mg/L)	COD (mg/L)	DIN (용존 무기질소) (mg/L)	암모니아 (mg/L)	아질산 (mg/L)
발생 해역	8.58	16.96	7.09	0.038	0.016	0.007
미발생 해역	8.24	7.22	0.35	0.077	0.020	0.006
구 분	**질산 (mg/L)**	**DIP (용존무기인) (mg/L)**		**규산 (mg/L)**	**엽록소-a (㎍/L)**	**알칼리도 (mg/L)**
발생 해역	0.015	0.031		0.209	106.8	130
미발생 해역	0.051	0.015		0.097	1.42	80

종합적으로 적조 발생수역과 미 발생수역을 비교해 보면 발생수역에서 높은 pH, 높은 용존산소량, 높은 COD, 높은 엽록소-a가 특징적으로 나타나고 있다. 그러나 용존 무기질소와 용존 무기 인에 있어서는 코클로디늄 적조는 무해성의 와편모조류를 비롯한 규조류 적조와는 사뭇 다른 양상을 보인다.

즉 일반적인 적조해역에서는 대체로 질소와 인을 왕성히 흡수해 빈 영양 상태를 보이는데 비해 코클로디늄 적조발생 해역에서는 항상 높은 농도의 용존 무기질소와 용존 무기인이 확인되고 있다. 그리고 규조류를 제외한 와편모조류 적조 발생해역에서는 규산의 양이 오히려 더 높게 나타나고 있어 규산은 적조발생에 기여하는 정도가 낮다고 볼 수 있다.

한편 적조 발생해역의 COD가 높은 이유는 발생해역이 항상 사멸한 사체가 발생하고 세균과 같은 분해자의 대량 번식함으로써 유기물의 존재량이 많은데서 그 원인을 추정할 수 있다. 그리고 코클로디늄 적조해역에서 질소와 인이 많은 원인으로는 단백질을 함유한 코클로디늄 사체가 분해되면서 증가하거나 균체에서 분비되는 용존성 유기물질(DOM, dissolved organic matter)일 가능성이 있다.

적조발생 수역의 이산화탄소 농도는 대체로 3～20mg/L정도로 일반해역의 1～3 mg/L에 비해 매우 높게 나타나는 경향을 보이고 있는데 이는 적조생물의 사멸에 따라 이산화탄소가 많이 발생한 결과로 추정된다. 적조는 눈으로 보이는 현상뿐만 아니라 그 안의 수질상태와 번식하는 미생물을 조사하는 것이 더욱 필요하다.

왜냐하면 적조도 미생물처럼 대수성장기 → 감소성장기 → 내생성장기를 거치면서 사멸되어가고, 밀집된 집단 내 폐사체 처리로 인한 오염심화와 질병발생 등과 같은 많은 악조건이 발생하게 된다. 적조 수괴에는 폐사체를 분해하면서 먹이가 되기도 하는 세균과 함께 적조생물을 먹이로 하는 동물성플랑크톤과 섬모충 등의 서식밀도가 증가되면서 식해 및 포식(捕食)으로 먹이연쇄가 이루어지는 생태계가 구성되는 것으로 보인다.

한편 적조의 밀도가 높을수록 적조생물의 서식환경은 더욱 악화되어지면서 갑자기 적조가 소멸하는 현상이 자주 발생하게 된다. 그리고 적조생물이 광합성을 하는데 있어 필요한 광선량은 장기간의 장마나 흐린 날씨에도 적조가 발생하는 것으로 볼 때 약한 광선 하에서도 충분히 광합성이 충분히 가능한 것으로 추정된다.

7. 적조 구제의 현황과 문제점

적조 구제물질 또는 장비로 활용되고 있는 것은 구제물질(황토: 자연황토 또는 분말황토) 및 장비(전 해수 황토 살포기, 적조제거기, 제트 스트리머)에 불과한 실정이다. 적조는 단기간에 막대한 피해를 발생시키며 인간이 적조를 피해서 이동하는 양식이 개발되지 않는 한 적조와의 전쟁은 필연적일 수밖에 없다. 일본을 제외한 외국처럼 가두리 양식장이 적어 적조의 피해를 입지 않거나 국가에서 그 피해를 지원하지 않는 국가라면 적조의 발생에 대해 제 삼자적인 입장에서 관조할 수 있으나 우리나라의 상황은 그다지 녹록치 않다.

사실상 이동이 곤란하고 재산피해를 줄여야 한다면 결론은 적조와의 전쟁은 불가피할 것이다. 황토는 많은 논란에도 불구하고 보편적으로 친환경적이며 수질과 저질에 큰 영향을 끼치지 않는 방제제로 널리 사용되어 왔다. 그러나 황토는 대규모 고밀도의 적조를 구제하기에는 효과가 너무 느린 결정적인 단점이 있다. 적조에 대한 원거리 방어는 가능하나 가두리 가까이 진입한 적조에는 속수무책인 실정이다. 따라서 적조의 구제에 대해 근본적인 대책을 세워야 함에 있어 친환경만을 원칙으로 하는 것은 사실상 무대책에 가깝다. 중국에서 적조나 녹조의 구제에 있어 그들의 관점은 철저히 실용주의에 입각하여 처리하고 있는 점은 오히려 우리나라보다 더 적극적이라고 할 수 있다.

해양수산부 “적조구제물질・장비의 사용승인에 관한 고시” [별표 3]의 내용의 기준을 보면 2. 평가항목 및 기준의 가. 구제물질의 기준으로는 (4)생물영향(주요 양식 어류의 생존율과 굴, 피조개 유생 및 김, 미역포자의 생존율 및 부착율에 의한 채묘영향 조사) 및 해양생태계 영향(살포 전후 동식물플랑크톤 종 조성살포전후의 변동, 살포 전후 동식물플랑크톤 개체수 변동)에 대해 평가를 하게 되어 있다. 상기 기준은 살포 후 해양 살포 시 수분 만에 희석·확산되는 상황을 감안하지 않은 것으로 실험실 내에서의 완전 혼합을 통한 확정적인 농도를 통해 평가를 하려는 것은 현장상황을 도외시 한 것으로 문제의 소지가 있을 수 있다.

적조 구제물질의 기준에는 자연계에 수 없이 존재하는 다소의 독성을 가지는 천연물질을 포함한 대다수의 구제물질이 통과할 수 없으며, 따라서 황토나 황토 관련 제품만으로 날로 강해지는 적조를 방제하기란 사실상 역부족일 것이다. 따라서 이상에만 치우친 기준을 탈피하여 실제 자연환경을 재현한 메조코즘(mesocosm) 실험이나 실제 현장에서의 실험을 통해 조사하는 방식으로 기존의 평가기준을 과감히 개선해야 한다.

또한 적조생물은 식물성플랑크톤으로서 높은 농도의 클로로필-a를 가지고 있는데 평가기준에는 클로로필-a의 농도변화를 평가하게 되어있어 오히려 적조 구제효율이 높은 물질일수록 낮은 평가를 받게 되는 정반대의 경우가 발생할 수 있다.

굴, 피조개 등 패류의 유생과 김, 미역포자의 생존율 및 부착율도 평가대상에 포함되어 있으나 가장 친환경적이라는 황토를 비롯한 대부분의 물질이 높은 점도(粘度) 및 탁도(濁度)를 유발하고 있으므로 매우 비현실적이다.

최근 해양산성화에 의한 문제가 대두되고 있는데 김양식장에서는 활성처리제로서 무기산이 9.5%까지 포함되는 것이 허용되고 있다. 이에 비해 적조 방제물질에 대해서는 전해수(電解水)와 같은 산성 물질 및 차아염소산(HOCl)을 포함한 화학물질이 지정되는데 비해 알칼리도를 높여 산성화를 방지하고 적조 구제효율이 탁월한 알칼리성 물질은 전혀 허용되지 않고 있어 매우 비합리적이다.

한편 적조 구제물질에 대한 평가는 본 고시에 지정된 평가기관에서 평가기준에 의한 항목 평가 후 계수하여 80점 이상(추천), 70~79점(보완 후 재신청), 69점 이하(부적합) 판정기재하도록 되어 있다. 단, 평가점수가 80점 이상(추천)이라도 심의회에서 생물 및 해양생태계에 문제를 일으킬 영향이 있을 것으로 판단될 경우 부적합판정이 가능하다. 한편, 평가점수 산출방식은 평가항목별 기준치×평가기준별 채점된 점수로 하며, 해양생태계영향중 수질의 변동 폭이 20~29%인 경우 2×3점, 경제성에서 황토대비 10배인 경우 2×2점으로 한다.

CHAPTER 2

표 59. 적조 구제물질 · 장비의 사용승인에 관한 고시

항목	조사 · 실험 방법	평가 기준
구제 효율 (4)	수산생물에 영향이 없는 살포농도	구제효율이 90%이상 : 매우우수(5점), 89-80% : 우수(4점), 79-70% : 보통(3점), 69-60% : 미흡(2점), 59% 이하 : 부적합(1점)
생물 영향 (4)	주요 양식 어류의 생존율과 굴, 피조개 유생 및 김, 미역포자의 생존율 및 부착율에 의한 채묘 영향 조사	유효구제효율(실내구제효율 80% 이상) 농도의 2배 정도 농도에서 생존율 및 부착율이 대조구의 90%이상: 매우우수(5점), 80-89%:우수(4점), 70-79%:보통(3점), 60-69%:미흡(2점), 59% 이하: 부적합(1점)
해양 생태계 영향 (9)	수질: 수온, 화학적산소요구량, 영양염, 용존산소, 부유물질, 클로로필a 퇴적물: 중금속(Cd, Pb, Hg, Cu, Zn, PCB) IL, COD, 유화물	- **수질(2);** 살포 전후 변동폭 10% 이내: 매우우수 (5점), 변동폭 11-19%이내: 우수(4점), 20-29%: 보통(3점), 30-39%: 미흡(2점), 40%이상: 부적합(1점) - **저질(1);** 살포 후 변동폭 10%이내: 매우우수 (5점) 11-19%: 우수(4점), 20 -29%: 보통(3점), 30-39%: 미흡(2점), 40%이상: 부적합(1점)
해양 생태계 영향	구제물질 살포 전후의 동식물플랑크톤 종 조성 및 개체수 변동	- **살포 전후 동식물플랑크톤 종 조성살포전후의 변동(2)** 폭 10% 이내: 매우우수(5점), 11-30%: 우수(4점), 31-50%: 보통(3점), 51-70%:미흡(2점), 70% 이상: 부적합(1점) - **살포 전후 동식물플랑크톤 개체수 변동(2)** 폭 10% 이내: 매우우수(5점), 11-30%: 우수(4점), 31-50%: 보통(3점), 51-70%: 미흡(2점), 71% 이상: 부적합(1점)
	저서생물 및 양식생물 종 조성 및 개체수 변동	**계절별 3회장기 조사자료의 살포전후변동(2)** 폭이 10%이하: 매우우수(5점), 11-30%: 우수(4점), 31-50%: 보통(3점), 50-70%: 미흡(2점), 71%이상: 부적합(1점)
사용 방법 (1)	현장살포장비의 살포간편성(효율) 및 주변기기 운용정도	살포과정 매우 단순 및 간단: 매우우수(5점), 단순하지만 주변기기 다소 필요: 우수(4점), 다소 복잡: 보통(3점), 과정 및 주변기기 복잡: 미흡(2점), 매우 복잡: 부적합(1점)
경제성 (2)	황토대비 유효살포 면적당 살포 소요경비	황토 대비 1.5배: 매우우수(5점), 황토대비 3배: 우수(4점), 황토대비 5배: 보통(3점), 황토 대비 10배: 미흡(2점), 황토대비 20배 이상: 부적합 (1점)

화학물질이나 광물, 식물에 포함된 자연계 물질 중에는 환경에 그다지 큰 영향을 주지 않고도 비교적 독성이 적고 신속한 구제가 가능한 물질들이 많이 발견되고 있으며, 농업분야에서는 수많은 천연물질이 친환경 농자재로 등록되어 해양수산 분야에 비해 상당히 많은 융통성을 보이고 있다. 앞으로 적조구제는 예방구제와 전면구제로 분리하여 적조구제 작업에 나서야 하며 기후변화와 해양온난화에 따라 더욱 기승을 부릴 적조에 대한 획기적인 대책을 마련해야 한다.

농업분야에서 친환경농업육성법상의 사용가능 자재는 「표 60」에서 보는 바와 같이 관리근거 법규(친환경농업육성법 시행규칙 제7조)에 의거 폭 넓게 다양한 물질들에 대해 사용을 허용하고 있다.

표 60. 친환경농업육성법상의 사용가능 자재(병해충 관리를 위하여 사용이 가능한 자재)

(식물과 동물)	
• 제충국 제제	• 제충국에서 추출된 천연물질일 것
• 데리스 제제	• 데리스에서 추출된 천연물질일 것
• 쿠아시아 제제	• 쿠아시아에서 추출된 천연물질일 것
• 라이아니아 제제	• 라이아니아에서 추출된 천연물질일 것
• 님(Neem) 제제	• 님에서 추출된 천연물질일 것
• 밀납	
• 동·식물 유지	
• 해조류·해조류가루·해조류추출액· 소금 및 소금물	
• 젤라틴	
• 인지질	
• 카제인	
• 식초 및 천연산	
• 누룩곰팡이(Aspergillas)의 발효생산물	
• 버섯 추출액	
• 크로렐라의 추출액	
• 천연식물에서 추출한 제제·천연약초, 한약제 및 목초액	• 목초액은 산림법에 의하여 고시된 규격 및 품질 등에 적합할 것 (임업연구원 고시로 품질규격 설정됨)
• 담배잎차(순수니코틴은 제외) 미네랄	
• 보르도액·수산화동 및 산염화동	
• 부르고뉴 액	
• 구리염	
• 유황	
• 맥반석 등 광물질 분말	
• 규조토	

CHAPTER 2

• 규산염 및 벤토나이트 • 중탄산나트륨 및 생석회 • 과망간산칼륨 • 탄산칼슘 • 파라핀유 • 키토산(생물학적 병해충 관리를 위해 사용되는 미생물) • 미생물 제제(기타) • 이산화탄소 및 질소가스 • 비눗물 • 에틸알코올 • 동종요법 및 아유베딕(Ayurvedic)제제 • 향신료, 바이오 다이나믹 제제 및 기피식물 • 웅성불임 곤충 • 기계유제(덫) • 성(性) 유인물질(페로몬) • 메타알데히드를 주성분으로 한 제제 • 그밖에 농림부장관이 고시한 자재	• 목초액은 산림법에 의하여 고시된 규격 및 품질 등에 적합할 것 (임업연구원 고시로 품질규격 설정됨)

1) 적조생물의 일간 용존산소 변화

적조생물이 야간에는 호흡에 의해 산소를 소비하여 무산소상태가 된다는 가설이 있어 조사한 결과는 다음과 같다. 와편모조류, *Cochlodinium polykrikoides*의 일간 용존산소의 변화를 보면 일몰 후부터 감소하기 시작하는데 최초 8.80mg/L에서 점진적으로 감소하였고, 익일 새벽 06:00에는 4.75mg/L까지 내려가 용존산소 농도가 감소됨을 나타내었으나 생물이 살 수 없는 정도의 농도는 아닌 것으로 나타났다.

따라서 저녁에 적조가 유입되더라도 저산소에 의해 죽을 가능성은 매우 낮을 것으로 추측된다. 한편 와편모조류, *Ceratium furca* 는 최초 8.42mg/L에서 코클로디늄과 같이 점진적으로 낮아지기 시작하여 다음날 08:00에 4.61mg/L까지 내려감을 확인하였으며, 따라서 야간에 적조 유입에 따른 산소부족으로 수산생물이 폐사할 가능성은 희박한 것으로 나타났다.

2) 적조생물 구제실험 결과

자연에 존재하는 물질을 대상으로 한 적조생물 구제실험의 결과는 다음과 같다.

(1) *C. polykrikoides* 의 구제실험 결과

표 61. 황토에 의한 적조제거 실험(1ℓ당) 및 사멸율(%)

구제제 \ 농도 및 시간	10분			60분			비 고
	5g	10g	20g	5g	10g	20g	
황토	38	59	94	41	85	98	실험대상 : *C. polykrikoides*

코클로디늄은 황토 5g에서는 제거효과가 낮았으며, 20g에서 10분 만에 94%가 사멸되었고, 10g에서는 10분에 59%가 사멸되어 다소 낮게 나타났다. 따라서 황토는 상당히 많은 양이 투입되어야만 적조구제가 가능하며, 비교적 사멸시간이 긴 것으로 나타났다.

표 62. 차아염소산나트륨(10%)에 의한 적조제거 실험(1ℓ당) 및 사멸율(%)

구제제 \ 농도 및 시간	2분		10분		비 고
	2.5mg	5mg	2.5mg	5mg	
차아염소산나트륨	80	100	99	100	실험대상 : *C. polykrikoides*

차아염소산나트륨에서는 낮은 농도에서도 신속한 구제가 가능하였으며 5mg 농도에서는 2분 만에 완전히 구제되었고, 2.5mg에서는 10분 만에 완전 구제되었다.

표 63. 분말황토에 의한 적조제거 실험(1ℓ당) 및 사멸율(%)

구제제 \ 농도 및 시간	20분		60분		비 고
	2g	4g	2g	4g	
분말황토	16	15	22	29	실험대상 : *C. polykrikoides*

분말황토는 경제적인 농도라고 볼 수 있는 2~4g에서 효과가 미약한 것으로 나타났으며, 1일 경과 후에도 상당수가 잔존하여 생 황토에 비해 오히려 구제효과가

CHAPTER 2

매우 낮았다. 분말황토는 황토를 고온으로 건조한 후 분쇄한 것으로서 통상 건조 또는 소성한 황토는 생 황토에 비해 수·저질 개선효과 뿐만 아니라 적조생물을 비롯한 스쿠티카 충의 구제효율도 생 황토에 비해 매우 낮게 나타났다.

표 64. 산화칼슘(생석회)에 의한 적조제거 실험(1ℓ당) 및 *C. polykrikoides* 사멸율(%)

농도 및 시간 / 살포제	10분				20분				40분			
	0.3g	0.5g	0.7g	1.0g	0.3g	0.5g	0.7g	1.0g	0.3g	0.5g	0.7g	1.0g
산화칼슘(A)	50	70	90	100	60	80	100	100	80	100	100	100

산화칼슘(생석회)은 1.0g에서 10분 만에 100% 구제되었고, 20분 경과 후 0.7g에서 완전히 구제되는 것으로 나타났다. 40분후에는 모든 시험구에서 완전 구제가 되었으나 적조구제를 위한 접촉시간이 다소 길다는 단점이 나타났다.

표 65. 이온화칼슘(개량 산화칼슘)에 의한 적조제거 실험(1ℓ당) 및 *C. polykrikoides* 사멸율(%)

농도 및 시간 / 살포제	5분					10분				
	0.1g	0.3g	0.5g	0.7g	1.0g	0.1g	0.3g	0.5g	0.7g	1.0g
이온화칼슘	16	79	84	100	100	18	100	100	100	100

이온화칼슘은 0.7g 이상 투입구에서 5분 만에 거의 제거되었으며, 10분 만에 0.3g 이상 투입구에서 완전 사멸하였다. 이온화칼슘은 산화칼슘을 정제한 것으로 순도가 높아 일반 산화칼슘의 사멸효율보다 3배 이상 높은 것으로 나타났다.

이온화칼슘은 패각의 완전 소성 및 칼슘화를 촉진시키기 위하여 초기온도 1100℃에서 최종온도 2000℃까지 1~3시간에 걸쳐 점진적으로 온도를 상승시켜 건조된 패각을 가열 및 소성한 것으로 일반 산화칼슘(생석회)에 비해 순도가 높고 이온 음료수나 칼슘보충제, 식품 소독제로 사용되는 물질이다.

표 66. 과산화수소(은나노)에 의한 적조제거 실험(1 ℓ 당) 및 *C. polykrikoides* 사멸율(%)

구제제 \ 농도 및 시간	5분			10분		
	2ppm	5ppm	8ppm	2ppm	5ppm	8ppm
과산화수소 (은나노)	20	50	70	70	80	90

코클로디늄은 5~8ppm의 비교적 낮은 농도에서 단시간 내에 80~90%가 사멸되어 의미있는 결과를 나타내었다. 은 나노가 포함된 과산화수소는 일반 과산화수소보다 최대 수십 배 이상의 효과를 가지는 것으로 알려져 있다.

과산화수소에 나노크기의 은(silver)이 결합된 콜로이드 실버(colloidal silver)를 특수한 방법으로 용해시킨 살균소독제로서 살균범위가 매우 넓고 살균력이 강하여 거의 모든 병원성 미생물, 박테리아, 포자, 바이러스, 조류(Algae), 곰팡이를 제거하며 '생물막(biofilm)'의 제거에도 탁월한 효과가 있다고 알려져 있다. 박테리아, 바이러스, 곰팡이 등 미생물에만 작용하며, 작용하지 않은 과산화수소는 계속 잔류하여 지속적으로 살균작용을 한다.

표 67. 은행잎 추출물에 의한 적조제거 실험(1 ℓ 당) 및 *C. polykrikoides* 사멸율(%)

구제제 \ 농도 및 시간	5분				10분				20분			
	50 ppm	100 ppm	150 ppm	200 ppm	50 ppm	100 ppm	150 ppm	200 ppm	50 ppm	100 ppm	150 ppm	200 ppm
은행잎추출물 (가든 키퍼)	88	93	97	98	90	96	98	99	100	100	100	100

코클로디늄은 농축 은행잎 제품에 의해 100~200ppm에서 대부분 사멸되었고, 20분 만에 모든 시험구에서 완전히 사멸되었다. 은행잎에는 징코발라이드(zincovalide)라는 살충성분이 포함되어 있으며, 농업분야에서 해충을 구제하는데 사용되고 있는 천연물질이다.

표 68. 명반에 의한 적조제거 실험(1 ℓ 당) 및 *C. polykrikoides* 사멸율(%)

구제제 \ 농도 및 시간	20분				40분			
	10ppm	20ppm	30ppm	40ppm	10ppm	20ppm	30ppm	40ppm
명반	94	96	96	96	95	99	99	99

코클로디늄은 명반(明礬) 10~40ppm 투입구에서 20분 만에 대부분 제거되었으며, 40분 경과 후 거의 제거되는 것으로 나타났다. 명반은 칼륨백반이라고도 하는 황산칼륨알루미늄으로 화학식은 $K_2SO_4 \cdot Al_2(SO_4)_3 \cdot 24H_2O$ 또는 $KAl(SO_4)_2 \cdot 12H_2O$ 이다. 명반은 의약품으로 정수 장치에서는 응집제로 사용되며 적조생물 뿐만 아니라 스쿠티카 충 등의 구제에도 효과가 있는 것으로 조사되었다.

표 69. 구연산에 의한 적조제거 실험(1ℓ당) 및 *C. polykrikoides* 사멸율(%)

구제제 \ 농도 및 시간	10분				30분			
	8ppm	16ppm	23ppm	30ppm	8ppm	16ppm	23ppm	30ppm
구연산	91	93	96	96	95	96	99	99

코클로디늄은 구연산(枸櫞酸) 8~30ppm 투입구에서 10분 만에 대부분 제거되었고, 30분 만에 거의 제거되는 것으로 나타났다. 따라서 코클로디늄은 비교적 약산인 구연산에 의해서도 쉽게 파괴되는 것으로 나타났다.

(2) *Ceratium furca* 구제실험 결과

전남 관내해역에 *C. polykrikoides* 과 함께 자주 출현하는 종인 *C. furca* 는 무해성 적조를 일으키는 종이나 구제가능성을 알아보기 위하여 실험을 실시한 결과는 다음과 같다.

표 70. 과산화수소(은나노)에 의한 적조제거 실험(1ℓ당) 및 사멸율(%)

구제제 \ 농도 및 시간	5분			20분			비 고
	5ppm	8ppm	10ppm	5ppm	8ppm	10ppm	
과산화수소 (은나노)	50	70	90	70	90	100	실험대상 : *C. furca*

세라튬은 과산화수소 10ppm에서 90% 구제되었고, 20분 만에 8~10ppm 투입구에서 대부분 구제되었다. 세라튬은 두터운 껍질로 덮여 있어 껍질이 없는 코클로디늄에 비해 사멸속도가 비교적 느리게 나타났다.

표 71. 과초산나트륨에 의한 적조제거 실험(1 ℓ 당) 및 사멸율(%)

살포제 \ 농도 및 시간	10분		30분		비 고
	30ppm	40ppm	30ppm	40ppm	
과초산나트륨	50	60	60	90	실험대상 : *C. furca*

세라튬은 과초산나트륨 40ppm 농도에서 30분만에 구제되어 구제효과는 과산화수소에 비해 비교적 낮게 나타났다. 과초산나트륨(과산화 아세트산, $C_2H_3NaO_2$)은 무색투명한 자극성 냄새를 가진 36~40%의 수용액으로 시판되며, 수용액에서 과산화수소를 발생하여 표백 작용을 한다.

위에서 살펴본 바와 같이 다양한 천연물질과 독성이나 잔류성이 낮은 성분으로 적조구제 실험을 실시한 결과 적은 양으로도 단시간 내에 적조구제가 가능한 물질들이 많았으며, 이외에도 자연계에는 많은 천연 독을 가진 식물들이 많으므로 친환경적인 적조구제를 위해서는 보다 다양한 현장실험과 함께 적조구제에 대한 발상의 전환이 요구된다.

8. 적조 어떻게 할 것인가?

적조는 기존의 적조 구제물질로 지정되어있는 황토나 분말황토만으로는 사실상 신속한 구제가 불가능한 실정이나 정부의 정책은 환경에 위해를 끼치지 않는 물질에만 초점이 맞추어져 있어 매년 적조발생 현장에서는 보다 근본적인 대책을 요구하는 목소리가 높아지고 있는 실정이다.

재산을 보호하기 위해 적조를 구제하려고 한다면 다소간의 환경의 위해 우려가 있더라도, 환경에 대한 영향이 경미하거나 단시간에 복원이 가능하다면 원점에서 다시 검토해 볼 필요가 있다. 해양은 지구온난화에 따른 변화로 인한 수온상승과 함께 해양산성화가 소리없이 진행되고 있으며, 해양의 완충작용을 하고 있는 알칼리도와 pH가 점차 낮아지고 있는 현실에서 알칼리도를 증가시키고 적조를 구제할 수 있는 물질이라면 과감히 편견과 선입견을 배제한 현장시험을 실시해야 한다.

이제는 적조와의 공존인가 아니면 어업인의 재산을 지키기 위한 적조와의 전쟁인가를 선택해야 하는 기로에 와 있다.

참고문헌

- 김성재·조규대, 2000, 적조생물의 구제 1. IOSP에 의한 적조생물의 응집제거, 한국수산과학회지, Vol.33 No.5, [2000].
- 김학균, 이삼근, 안경호. 1998. 한국연안의 적조-최근 적조의 발생원인과 대책. 국립수산진흥원. p.112.
- 김학균 등, 1997, 한국연안의 적조, 국립수산진흥원, p.280.
- 박미옥·강성원·이충일·최태섭·Francois lantoine, 2008, 봄철 제주해협과 동중국해 북부해역에서 식물플랑크톤의 광합성 색소분석을 이용한 군집분포 특성과 dinoflagellate 적조, The sea. *Journal of Korea Society of Oceanography* Vol.13, No.1, pp.27～41, February.
- 강양순·권정노·안경호, 2006, *Cochlodinium polykrikoides* (Dinophyceae)에서 분비되는 유기물질의 특성, 국립수산과학원.
- 이원재·정성윤·박지빈·박영태, 1997, 적조생물 죽이는 해양생물의 탐색, 한국수산학회.
- Kyung Suk SEO and Chang Kyu LEE, 2007, *Cochlodinium polykrikoides* Red tide Effects on the Respiration of Abalone, *Haliotis discus hannai* INO.
- 이종수, 2003, *Cochlodinium polykrikoides* 적조 조체의 생리활성 성분, 한수지, 29(2), 165～173.
- 조수연·기장서·한명수, 2008, 한국 연안에 출현하는 무각 와편모조류 5종에 대한 형태 및 분자계통학적 특성, Algae, volume 23(1): 15～29.
- 박영태·박지민·정성윤·송병철·임월애·김창훈·이원재, 1998, 유해 적조생물 *Cochlodinium polykrikoides* 살조세균 *Micrococcus* sp. LG-1의 분리와 살조특성, 한수지, 31(5), 767～773.
- 岡市友利외 17명, 1999, 적조의 과학, 경상대학교출판부, pp.196～201, pp.306～311.
- 심재형, 2003, 플랑크톤 생태학, pp.20～21, pp.26～29, pp.57～59, pp.175～179, pp.197～200.
- 이원재외 5명, 2001, 해양 미생물학, 월드사이언스, pp.49～57, pp.103～112, pp.226～234.
- Red tide and toxicity occurred in Nagasaki coastal waters between 1976-78.

제3장 해양환경과 해조류

해조류란 일반적으로 해조류(Algae, Seaweed)는 해양식물에 포함되는데, 해양식물에는 수중에서 꽃을 피우는 현화식물도 포함된다. 따라서 꽃을 피우지 못하는 해조류는 하등식물이란 용어로 정의되기도 한다. 3면이 바다로 이루어진 우리나라에 서식하는 해양식물은 대략 녹조류 약 100종, 갈조류 180종, 홍조류 500종, 그리고 거머리 말(잘피)로 잘 알려진 해산식물 9종 등 도합 780여종이 서식하는 것으로 확인되고 있다.

해조류를 식용하는 풍습은 세계 여러 나라에서 흔히 볼 수 있으나 많은 종류를 대량으로 상식하는 지역은 극동 및 동남아지역과 오스트레일리아, 뉴질랜드 및 하와이 제도와 같은 태평양 연안에 국한되고 있다. 한국 일본 및 중국 등지에서는 특히 많은 해조류를 이용하므로 국가적으로 중요한 식품재료이다.

해조류는 서양의 경우 로마시대 이래 지중해 연안 지역에서 말 사료로 이용해 왔으며 프랑스 스코틀랜드 아일랜드 및 노르웨이 해안에서도 양 소 및 돼지의 사료로 이용해오고 있다. 최근 북 노르웨이에서는 해조(*Alaria esculenta*)와 머리를 비롯한 어류 가공부산물을 섞어 끓인 사료를 개발, 우유 생산량을 늘리고 건강한 소를 기르고 있다.

최근 지구의 온실효과를 유발하는 이산화탄소를 저감하는데 해조류의 효과가 탁월하다는 것이 확인되면서 범세계적으로 대대적인 프로젝트가 진행되고 있고 해조류를 이용한 신물질 개발과 건강식품 개발이 활발하게 진행되고 있다. 뿐만 아니라 해조류는 육지로부터 유입되는 질소, 인, 규산 등의 영양염을 활발하게 흡수하여 수질을 개선함과 동시에 자체적으로 인간에게 유익한 단백질과 탄수화물을 공급하는 일석이조의 역할을 하고 있다.

또한 해조류에는 수많은 무색 박테리아가 서식하여 가장 기초적인 초미세 플랑크톤의 서식장이 되어 무색 박테리아를 잡아먹는 황갈 편모조류가 서식하게 되고, 이것을 섭취하는 동물성 플랑크톤이 번식하게 되어 다양한 크기의 먹이생물이 존재하는 이상적인 산란장과 치어의 성육장을 형성하게 된다. 이와 같이 해조류는 해양생태계의 기초를 이루고 있으며, 인간의 생존을 위해 없어서는 안 될 존재인 것이다. 해조류는 육상의 삼림과 마찬가지로 계획적인 관리와 함께 자원 량의 파악이 필요하며 모든 해조류에 대한 성분분석을 통해 활용방안을 확대해야 한다.

제주 문섬에서 서식하는 괭생이모자반은 1월부터 본격적으로 생장하는데, 1월에는 50cm에 불과하던 길이가 2월에는 150cm, 2월말이 되면 4m까지 자란다. 해조장 조성을 위해서는 빠른 성장속도를 보이는 조류가 이상적인데 우리나라에는 빠른 성장력을 기준으로 볼 때 괭생이모자반 외에는 대상이 없는 실정이다. 모자반은 각종 바다생물의 은신처와 짝짓기 터, 먹이 터로 기능하고 있는데 모자반이 생장함에 따라 생태계의 변화는 확연히 달라진다. 모자반의 생장 변화에 따라 어종의 변화가 생기고, 산소를 내뿜는 모자반 줄기에서는 다양한 생물체들이 발견되고 있다. 우거진 모자반 숲은 고기들의 좋은 은신처가 되며 모자반에 있는 윤충이나 동물성 플랑크톤이 고기들의 훌륭한 먹이가 되기 때문이다. 한편 모자반으로 이루어진 바다 숲은 바다 속의 생태공간을 14배까지 늘리는 것으로 보고되고 있다. 모자반을 비롯한 대형 해조류가 대양의 보석으로 불리는 이유가 바로 여기에 있다. 모자반은 길이가 16~17m에 이를 때까지 생장을 계속하며 4월말이 되면 모자반은 부착기에서 분리되어 바다 위로 떠오른다.

모자반은 바다에 떠올라 유조(流藻)로서 다양한 어류들의 안전한 은신처이자 산란처가 된다. 수면 위로 떠올라서도 생태계를 유지하는 역할을 하고 생을 마감하는 모자반은 바다 생명의 탯줄이라고 할 수 있다.

한편 전남 고흥지역의 해조상을 조사한 결과 모든 조사지점에서 대략 15~20 kg/m^{2}으로 고른 현존량을 보였고, 계절별로는 봄철에 43.6kg/m^2, 여름철에 11.5 kg/m^2, 가을철에 10.9kg/m^2, 겨울철에 29.7kg/m^{2}으로 나타나 봄철에 가장 높은 현존량을 보이고 있다. 종별 현존량을 보면 녹조류에서 구멍 갈파래(*Ulva pertusa*), 갈조류에서 괭생이모자반(*Sargassum horneri*)이 가장 높고, 미역(*Undaria pinnatifida*), 톳(*Hizikia fusiformis*), 지충이(*Sargassum thunbergii*)순 이었으며, 홍조류에서는 풀가사리(*Gloiopeltis tenax*)가 비교적 높은 현존량 값을 보였다.

고흥에서 출현하는 해조류 중 15종을 선발하여 일반성분 분석을 한 결과는 단백질에서 *Gymnogongurus flabelliformis* 가 64.7%로 가장 높았고, 불등가사리가 24.2%, 까막살이 24.4%로 비교적 높게 나타났으며, 고리매가 2.1%로 가장 낮았다. 지방은 잎파래가 2.1%로 가장 높았고, 작은 그리피시아가 2.1%, 매생이가 2.1%로 높게 나타났으며, 가시우무가 0.02%로 가장 낮았다. 회분은 불등가사리가 12.0%로 가장 높았고, 고리매가 10.7%로 비교적 높게 나타났으며, 작은 그리피시아가 1.7%로 가장 낮았다.

총 아미노산은 지충이가 13845.5mg/100g로 가장 높게 나타났고, 작은 그리피시아가 12017.5mg/100g, 괭생이모자반이 11347.8mg/100g, 잎파래 10377mg/100g로 높게 나타났으며, 고리매 1061.9mg/100g, 석묵 1169.3mg/100g, 풀가사리 1773.0 mg/100g로 낮게 나타났다.

구성당 중 Fucose는 전 종에서 검출되지 않았고, Galactose는 가시 비단풀, *Gymnogongulus flabelliformis*, 넓은 사슴풀이 높게 나타났으며, Arabinose는 풀가사리가 가장 높았고, Glucose는 고리매와 불등가사리가 가장 높게 나타났다. Ribose는 매생이에서 가장 높게 나타났으며, Fructose는 고리매와 불등가사리가 높게 나타났다.

이와 같은 결과로 볼 때 대부분의 해조류는 각각 다양한 성분을 함유하고 있으며 비식용 해조류가 일부 성분에서는 더 높게 나타나고 있어 비식용 해조는 '잡초'라고 단정하는 것은 미래의 유용자원으로서의 해조산업의 발전을 저해하는 요소가 되고 있다.

1. 해조류와 환경

최근 국제적으로 해조류가 새롭게 주목을 받고 있다. 해조류는 영양성분이 풍부해 웰빙 식품 재료로서 발전 가능성이 매우 크고 해조류 추출물은 생물자원으로서 뿐만 아니라 의약품의 원료로도 중요성을 인정받고 있기 때문이다. 또 지구온난화 주범으로 꼽히는 이산화탄소 흡수 및 산소공급의 기능을 가지고 있어 탄소 절감 문제에도 기여하고, 질소, 인을 흡수함으로써 부영영화를 방지하여 쾌적한 해양환경조성 역할을 수행하고 있다.

그러나 아직 대부분의 인식은 식용이 아닌 해조류 군락을 더러운 것 또는 잡초의 집단이라는 인식에서 벗어나지 못하고 있다.

해조류는 육상식물이 갖추지 못한 미네랄을 비롯한 다양한 성분과 생리활성 물질을 가지고 있어 농업에서는 해조류를 이용 성장촉진과 품질향상을 위한 다양한 비료가 개발되어 시판 중에 있다. 이처럼 바다에 서식하는 모든 해조류는 각자 다른 다양한 성분과 물질을 흡수하여 인간생활에 큰 도움을 줄 수 있으나 해조류의 활용도는 단순한 식용과 일부 산업적인 활용에만 그치고 있는 실정이다.

해조류는 식품 및 기타 산업소재로서 발전 가능성이 매우 크고 산업자원으로 활용 시 육상식물과 같이 식량문제를 촉발시키거나 산림자원처럼 자원을 고갈시키지 않는 지속가능한 자원으로 평가를 받고 있다. 최근에는 국제적으로 식량위기 및 탄소 절감 문제에 적극적으로 대응할 수 있는 자원으로서 그 중요성이 새롭게 주목받고 있는데 지구 온난화 주범으로 꼽히는 이산화탄소 흡수 능력이 매우 뛰어난 것으로 조사되어 열대우림의 약 2배 이상의 이산화탄소 흡수효과를 가지고 있는 것으로 조사됐다. 또 육상에서 배출된 질소나 인 같은 수중의 유기물을 흡수하고 환경을 정화하는 역할을 하고 있다.

해조류가 서식하는 장소는 다양한 먹이생물이 풍부하여 어류 등 수산자원이 산란하거나 치어 등이 생육하는 중요한 장소이다. 따라서 해조류 군락은 산란장이나 성육장으로 이용되고 있으며 해조류가 번식과 사멸함에 따라 이를 분해하는 무색 세균의 번식으로부터의 편모조류, 동물성 플랑크톤으로 이어지는 먹이생물의 다양한 생태환경이 구성되므로 '수산동물의 완벽한 보육시설'이라고 볼 수 있다.

인공적으로 만들어지는 어·패류 종묘들이 자연산에는 전혀 발생하지 않는 각종 기형과 질병에 시달리는 것도 해중림의 환경과 같은 풍요로운 여건을 조성하지 못하기 때문이라고 생각된다. 따라서 해조군락 내에서 먹이사슬로 이루어진 작은 생태계가 구성되어 자원의 재생산에 큰 역할을 수행하고 있음을 알 수 있다.

2. 해조류의 주요 기능

1) 부영양화의 감소 및 산소의 공급

해조류는 수중의 유기물을 흡수하고 환경을 청정화 하는 외에, 생물이 생육하는 장소를 제공하는 등 많은 역할을 담당하고 있다. 최근, 연안의 어류 가두리양식장에서는 지속적으로 생산 가능한 어류양식의 확립을 목표로, 부영양화의 방지와 동시에 수질정화를 목적으로 한 구체적인 수질환경의 개선책이 요구되고 있다. 그 방법으로 주목받고 있는 것이 해조류 양식을 확대하여 과잉의 영양염을 흡수하는 것이다.

해조류의 생장이나 증식에는 질소나 인은 불가결한 원소이다. 어류양식 과정에서 발생되는 용존성 질소나 인은 해조류에 있어 필수적인 성분으로 해조류의 생장을 촉진하는 능력을 가지고 있다. 부영양화 해역의 양식장에서 해조류를 양식하는 의의는 양식장에 배출되는 용존 무기질소나, 용존 무기인을 흡수시키고, 동시에 어·패류 양식에 있어 불가결한 요소인 용존산소를 양식장에 공급하는 것이다(표 72~73).

「표 72」에서 다시마, 미역 및 파래를 비롯한 해조류는 모두 N, P 부하의 흡수 능력을 가지고 있어 충분한 수질정화의 기능을 하고 있다는 것이 밝혀졌다.

표 72. 해조에 의한 영양염 흡수

종 류	최대 영양염 흡수량(해조 면적당)		해조 생산에 필요한 영양염 최소농도	
	질소 (mg N/m^2/일)	인 (mg P/m^2/일)	질소 (㎍/L)	인 (㎍/L)
다시마	2.9	0.43	29	8.7
미 역	3.1	0.54	17	6.2
파 래	3.6	0.19	26	8.6

표 73. 해조에 의한 산소생산 및 산소소비

종 류	O_2 생산 속도 (mg O_2/mg 클로로필 a/hr)	O_2 소비 속도 (mg O_2/mg 클로로필 a/hr)
다시마	2.6	0.29
미 역	2.7	0.24
파 래	2.8	0.35

「표 73」에 의하면 맑은 날의 낮 시간에 다시마, 미역 및 파래의 O_2 생산속도가 O_2 소비속도의 8~11배로 나타나 양식장에서의 해조양식은 산소공급에 큰 효과가 있는 것으로 나타난다. 이상의 결과에서 해조류는 환경의 부하를 줄여가면서 양식 어류의 섭이와 수질의 관리에 필요한 산소를 공급하는 두 가지 역할을 수행하는 것으로 나타났다.

2) 이산화탄소의 흡수

온실가스 증가로 인한 지구 온난화 가속으로 기후변화 협약에 따른 온실가스배출 감축은 주 배출 원인에너지 사용을 규제하는 것으로 이를 줄일 수 있는 첨단기술 보유 여부가 국가, 기업의 경쟁력을 좌우하게 될 것이다. 우리나라는 온실가스 세계 9위의 CO_2 배출국으로 2013년 의무감축대상국에 포함될 전망으로, 경제 및 산업 활동에 막대한 비용으로 작용할 것이다.

그러므로 대체에너지 개발 등 이산화탄소의 저감을 위해 많은 노력들이 필요한 실정이며, 이를 위해 단기적으로 청정에너지활용 방안과 CO_2 를 흡수하는 육상과 해양의 식물 산업을 확대 증산하고 흡수능력 증대를 위한 중장기 정책수립과 연구를 조속히 추진하여야 한다.

우리나라는 해조류양식생산량 세계 4위 국가로 2004년 양식생산량 826천톤 중 해조류 452천톤으로 약 54.7%를 점유하고 있으며, 2004년도 기준 우리나라의 전체 해조류양식어장 면적은 69,348ha (양식적지 면적 98,803ha 중 61%에 해당함)으로 필요시 해조류양식 면적과 생산량을 크게 증가시킬 수 있는 저력과 경쟁력이 있으므로 해조류 자원의 효율적 이용을 통한 온실가스 저감대책 마련이 필요하다.

해조류 분포면적은 자연의 해중림과 양식면적으로 구분되는데 해중림에 의한 탄소 고정 량은 연간 약 200만톤C (해중림에 의한 이산화탄소 고정량은 1ha당 9~73톤C)이다. 열대우림과 다시마 등 해조류의 CO_2 흡수효과를 비교한 결과, 모자반이나 '촉성양식' 다시마(촉성재배는 배양액등을 준비하여 1년간 빠르게 생육시킨 종묘를 1년간 자연 상태에서 생육시킨 것)는 약 2배 이상의 CO_2 흡수효과를 가지며, 이중 다시마는 지구상에서 광합성을 하는 생물 중에서 가장 높은 1차 생산력을 가진다(표 74).

표 74. 열대우림과 해중림(다시마등 해조류)의 CO_2 흡수력 비교

(단위 : g $C/m^2 \cdot yr$)

열대 우림	온대 낙엽수	모자반 谷口和也 (동북대학)	촉성증식 다시마 境一郎 (수산학박사)	해산 식물 플랑크톤	대황
1500~2000	1200	4100	4800	2000	2000~3000

3) 적조 발생의 억제

해조류의 생장을 통한 영양염 흡수로 인해 적조의 발생빈도를 낮출 수 있으며, 실제 동경만에서 김 양식을 한 경우 적조의 발생빈도가 적었다는 보고가 있다.

3. 해조류를 활용한 연안생태계의 복원

최근 개발 등에 의해 소실된 해조장(海藻場) 회복이 중요시되고 있으나 해조장을 조성하는 일은 결코 쉽지 않은 것이 현실이다. 부영양화가 원인인 식물 플랑크톤의 이상증식, 현탁물질량 증가에 의한 해조류의 광합성 저해 혹은 유주자(遊走子)의 착생저해가 조류의 생육에 장해가 되고 있다. 또 암초지대는 산호조로 뒤덮이거나 성게 등이 먹어 버려 조장이 형성되지 않는 경우가 많다. 한편 해조류의 질소 및 인 흡수작용에 의한 수질개선의 유효성이 밝혀진 바 있다.

1) 해조장이란?

해조장(海藻場)이란 연안의 낮은 해저에 해조류와 해초류가 밀집 서식하고 있는 장소를 가리키는 말이다. 해조장은 생물생산력이 높은 장소로서 알려져 있는데 이는 해조류에 의해 구성된 공간 혹은 부착기질이 미소동물, 부착생물에게 좋은 서식장소가 되며 이를 먹이로 하는 어류가 모여들기 때문이다. 따라서 해조장은 어류 등 수산자원과의 상호관계도 중요시되고 있다.

이와 같은 해조장은 해역에서의 생물생산과 생물의 다양성에 크게 공헌하고 있으므로 이를 보전하는 것은 매우 중요한 일이다. 그러나 매립 등의 이유로 인해 해조장이 대규모로 사라지고 있다. 따라서 지속 가능한 해조장을 활용한 생태계 창출기술은 매우 중요한 과제라고 할 수 있다.

해조류의 경우 질소와 인 제거능력을 활용한 수질정화와 조류가 식물플랑크톤 혹은 섭식동물에 미치는 영향 등에 관한 연구가 이루어지고 있다. 이와 같은 해조류의 기능이 해조장의 생태계 창출을 통해 발휘된다면 오염이 심화되고 있는 부영양화 해역의 환경개선을 촉진시킬 가능성이 있다.

2) 해조장 재생방법

현재 일본에서 이루어지고 있는 해조장 재생방법은 대부분이 조장의 기능이용을 목적으로 하고 있다. 즉 ① 어패류의 섭취, 산란, 치어생육을 위한 장소의 재생(생활권 조장), ② 채식동물의 사료공급 장소 재생(사료공급 조장), ③ 수리, 수질, 저질의 안정화(환경보전 조장), ④ 조류 구성종(다시마 등) 자체의 이용을 목적으로 한 양식장 재생(해조 양식어장) 등이 있다.

해조장의 재생은 조장 구성식물의 번식력을 이용하고, 번식력을 제한하는 환경인자 및 생물적 요인을 제거 또는 개선하면 가능하다. 지금까지 시도되어 온 재생방법은 이러한 개념을 바탕으로 하고 있으며 기반정비, 조류이식, 종묘이식, 식해방지의 네 가지로 정리해 볼 수 있다. 그러나 일본에서는 지금까지 수차례의 재생시도에도 불구하고 실제 조장으로서의 형태가 형성된 예는 소수에 불과한 실정이다.

해조장의 쇠퇴요인과 형성저해 요인을 살펴보면 생태학적 요인(백화현상)으로는 환경의 변화로서 수온의 상승과 이산화탄소의 증가 등을 들 수 있고, 생물에 의한 영향으로 초식동물(패류 등)의 섭식압이 있다. 인위적인 요인으로는 과잉 수확, 해수오염에 의한 투명도 감소, 현탁물 및 토사의 영향, 유류 유출사고, 생활폐수 등에 의한 유입이 큰 영향을 끼치고 있다.

3) 해조장 재생 저해요소

(1) 백화현상과 식해

일반적으로 '백화현상(chlorosis, 白化現象)'이란 해조류가 무성했던 암초지대가 어떤 원인에 의해 해조류가 고사·소멸되고 그 대신 석회조라고 불리는 여러 종류의 산호에 의해 해저가 점령되어 암반이 백색 또는 황색·분홍색을 띄는 현상을 말한다.

백화현상은 일본뿐만 아니라 해외에서도 아한대에서 아열대에 걸친 많은 지역에서 발생하고 있다. 백화현상이 발생하여 조장과 해중림이 소멸하면 어류의 산란장과 치어의 생육장이 사라져 결과적으로 연안생태계의 파괴로 이어지게 된다.

(2) 부영양화에 의한 수질악화

부영양화 된 폐쇄성 수역에서 부영양화에 의해 식물플랑크톤의 양이 증가하면 해수 중의 현탁물질 증가로 이어지고 대량의 식물플랑크톤이 죽어서 발생하는 데트리터스(detritus)는 유기퇴적물로서 해저에 퇴적된다. 현탁물질(懸濁物質)은 해조류의 생육에 여러 가지 영향을 미치는 것으로 알려져 있다. 통상 해조류의 생육한계 수심은 약 20m인데 현탁물질에 의해 해저에 닿는 광량이 저하되고 광합성 저하에 의해 해조류의 생육에 지장을 초래하게 된다.

현탁물질의 피해는 광량의 감소뿐만이 아니라 유주자(遊走子)에 흡착하거나 혹은 기질에 부착하여 유주자가 기질에 흡착하는 것을 저해한다는 사실이 밝혀졌다. 또 미세입자가 기질에 매우 얇게 퇴적되었을 때 유주자의 착생, 배우체의 성장, 생잔 및 성숙에 미치는 영향을 조사한 결과, 퇴적량 증가에 따라 유주자 착생 수 감소, 배우체의 성장억제, 생존 개체수 감소, 성숙율 저하 등이 관찰되었다.

이와 같이 부영양화에 의한 수질악화는 식물플랑크톤의 이상증식 등을 원인으로 하는 현탁물질의 증가로 이어져, 위와 같이 해조류의 생육에 여러 가지 악영향을 미칠 것으로 생각되므로 수질개선은 조장보전 및 회복이라는 관점에서도 중요하다고 할 수 있다.

4) 해조장을 활용한 에코테크놀로지(eco-technology)

해조는 부영양화의 주요 원인물질인 질소와 인을 제거하므로 그 흡수 능력을 평가하여 수질정화기술로서 활용하기 위한 연구가 이루어지고 있다. 해조의 알레로파시(allelopathy, 他感作用)는 동물플랑크톤과 식해성 어류와 패류 등에 대한 서식억제 혹은 식해를 일으키는 생물의 기피 작용이 있는 것으로 밝혀져 최근 알레로파시 효과를 활용한 환경개선, 조장회복 및 보전효과가 기대되고 있다.

5) 해조장에 의한 질소와 인 제거

해조는 적조발생의 주요 물질인 질소와 인을 흡수, 제거하는데 이 기능을 활용한 수질정화가 검토되고 있다. 갈조류인 괭생이모자반의 경우, 질소·인에 대한 제거능력 평가와 미야기 현(縣)의 마츠시마만(灣)에서의 수질정화에 관한 연구를 수행한 노무라는 마츠시마만(灣)을 대상으로 한 물질수지 모델에서 괭생이모자반이 존재하면 식물플랑크톤의 증식이 저해되어 내만의 수질을 향상시킬 수 있다는 가능성을 제시했다.

6월 마츠시마灣에서의 질소와 인의 수지를 보면 괭생이모자반 군락은 질소의 경우 저니 용출분의 약 42%, 인의 경우 약 80%를 흡수하고 있는 것으로 계산되어 괭생이모자반 군락을 인공적으로 조성하는 방법이 검토되고 있다. 또 괭생이모자반은 식용 가능한 조류로서 남은 바이오매스(Biomass)를 먹게 되면 해수 중의 과잉 질소와 인은 추가로 제거될 것으로 기대된다. 괭생이모자반 이외의 해조류도 수질개선이 가능할 것으로 기대되므로 해조류를 이용한 수질정화는 매우 유용할 것으로 예상된다.

식물플랑크톤에 미치는 영향으로 Inamori는 여과멸균해수 및 여과 멸균한 괭생이모자반 배양액에 *Skeletonema costatum*을 접종하여 bioassay(생물학적 정량)를 실시한 결과, 괭생이모자반 배양액에서 증식이 크게 억제되어 괭생이모자반은 *S. costatum*의 증식을 억제하는 알렐로파시 물질을 방출한다는 사실을 확인했다. 그 결과 해조추출물을 적조 조류에 대한 살조제로서 활용하는 방법을 검토하는 연구도 이루어지고 있다.

4. 해조장에 의한 환경보전 및 향후 과제

해조에 의한 영양염 흡수는 해수 중 오염부하 뿐만 아니라 해저로부터의 영양염 용출에도 대응이 가능하다는 이점이 있다. 또 알레로파시 물질 혹은 추출물에 의한 식물플랑크톤의 증식억제 효과는 해조 종, 식물플랑크톤 종에 따라 다르고 그 효과는 어떤 특정 식물플랑크톤 양을 조절할 수 있는 수단으로 응용할 수 있는 가능성을 가지고 있다.

해조는 자연에너지에 의존하는 생물로서 에너지절약이라는 관점에서도 해조가 가지고 있는 능력은 폐쇄성 수역의 환경개선방법으로 활용할 수 있는 가능성을 충분히 가지고 있다. 전남 여수 가막만 상부에 위치한 괭생이 모자반 군락은 상당히 오염도가 높은 해역임에도 왕성하게 번식하고 있으며 해마다 그 면적을 넓혀가고 있다.

1) 해조류 양식의 개발 방안

(1) 해조류 양식의 확대

기본적으로 부영영화 및 해양산성화를 방지하기 위해 향후 해조류 양식의 신규면허를 대대적으로 확대해야 하고, 환경정화의 측면에서 개발되어야 할 것이다. 한편 해조류 양식장은 수질정화 뿐만 아니라 부상어초(浮上魚礁)의 역할을 까지도 수행하여 어류의 서식 및 은신처 역할을 하므로 자원조성의 기능까지도 수행할 수 있으므로 1석 3조의 이익을 거둘 수 있을 것이다.

(2) 해조장 조성의 확대

해조장 조성은 갯녹음에 대비한 하나의 대책으로서 연안생물의 산란장, 성육장,

은신처의 역할을 할 뿐만 아니라, 연안 어장 환경의 정화역할, CO_2 흡수효과 등이 있으므로 전 연안에 대해 확대하여야 할 것이다. 최근 해조장을 조성하기 위하여 '바다 식목일'을 지정하는 등 많은 노력들이 이루어지고 있다.

그러나 우리나라에서는 지나치게 식용 위주의 값비싼 종들만을 이식하고 있는데, 보다 빨리 자라고 바이오매스(biomass: 생물체 총량)가 많고 번식력이 강한 괭생이모자반이 가장 이상적인 대상 종으로 판단된다. 그리고 괭생이모자반을 보다 유용하게 활용하기 위한 다양한 제품개발(식품첨가물, 의약품, 화장품, 애완동물 사료, 농업용 비료)이 필요하다. 농업분야에선 농작물의 품질을 향상시키고 병충해를 예방하기 위해 외국으로부터 모자반류의 대형 갈조류인 *Ascophyllum nodosum*(북대서양 서식)을 대규모로 수입하여 사용하고 있으므로 대체제로 활용을 기대해 봄직하다.

(3) 해조류의 이용확대

지금까지 해조류를 단순한 1차 식품으로서만 이용해 왔으나 이는 산업적으로 상당히 제한적이므로 프랑스의 Agrimer Group이나 인도네시아의 Indo Marine Sejahtera와 같은 대규모 해조 가공회사를 설립 해조류의 원료를 대량 수매 제품화하여 수출하는 원료산업화를 적극 추진해야 한다.

해조류의 성분에는 알긴산(alginic acid), 카라기난(carrageenan) 등 원료 산업화할 수 있는 물질이 있으며, 또한 항암효과가 있는 산성 다당류나 푸코이단, 항균작용이 있는 탄닌(tannin: 떫은 맛을 내는 폴리페놀의 일종), 트리테르페노이드

도미니 만에서 채취한 코토니 셀레베즈 해협 코토니 양식장

그림 31. 인도네시아 해조류, 코토니 양식

(triterpenoid: 사포닌의 일종) 등 건강에 유익한 성분도 있다.

또한 식용으로 할 수 없는 해조류의 경우에도 유용한 성분을 많이 함유하고 있고 해조에서 유래한 바이오매스나 비료 등의 개발로 연안의 과도한 영양염을 회수하여야 할 것이다. 이외에도 항암, 항산화제 등 기능성 물질 탐색 및 신물질 개발을 추진해 나가야 할 것이다.

2) 연구방향 및 효과

앞으로 해조장에 의해 어느 정도의 수질이 개선되는지 등 생태 공학적 방법에 근거한 정량적인 평가가 앞으로 수행해야 할 중요한 과제이다. 현재 지구온난화는 심각한 지구환경문제로 인식되고 있다. 연간 약 6.1Gt의 탄소가 방출되고 그 가운데 약 2Gt의 탄소가 이산화탄소의 형태로 해양에 축적되는 것으로 예상되고 있다.

해조는 연간 0.46Gt의 탄소를 흡수하는 것으로 추정되므로 해조에 의한 이산화탄소의 흡수가 온난화방지기술의 활용연구로서 이루어지고 있는 상황이다. 해조는 이산화탄소 이외에 생활하수와 산업폐수 중의 영양염 일부를 영양원으로 생장한다.

한편 회수된 해조는 우리 인간의 식량과 가축의 사료, 의료, 중금속 흡착제, 적조를 구제하는 살조제(殺藻劑)로서의 활용이 기대되는 등 다방면에서 중요한 자원으로 이용되고 있다. 이는 해조를 통한 '자원의 순환'이라고 표현할 수 있어 해양을 보호할 수 있는 '블루이코노미(Blue Economy, 청색경제)'의 한 예라고 볼 수 있다.

더욱이 해조장은 연안생태계의 많은 생물이 자라는 보육장이다. 최근 자연 환경과의 공생을 도모하는 시스템 조성이 부각되고 있는데 해조장은 자연과의 자원순환을 통한 공생을 가능하게 하는 존재라고 해도 과언이 아닐 것이다. 앞으로 해조장의 보호 및 회복에 노력함과 동시에 해조장의 기능과 특성을 활용한 기술개발을 모색해 나가는 것이 중요하다.

지구 온난화 대책을 위한 CO_2 저감을 위해서는 해조류의 이산화탄소(CO_2) 제거량과 효율성 평가, 연안 역 이산화탄소 제거 벨트 조성 및 유지, 관리기술 개발, CO_2 고정기술 적용을 통한 해양생물 산업 관련 기술 실용화 기반 구축을 하여야 할 것이다.

5. 괭생이모자반 서식지 환경조사

2007～2008년 전남 여수시의 괭생이모자반 서식지 4개소를 대상으로 인근 진주담치 양식장을 선정하여 비교하였다. 조사는 간조시를 중심으로 실시하였으며, 시험구의 수심은 1～1.5m 내외였다. 괭생이모자반 서식지에 대한 조사결과 수질은 시험구가 대조구에 비해 본래 오염도가 매우 심함에도 불구하고 괭생이모자반 군락이 번성하게 되면 일반 수질기준 이하로 낮아지게 되는데, 특히 pH, 용존산소, 엽록소-a가 높게 나타나는 반면 COD와 영양염은 대조구에 비해 비슷하거나 오히려 낮은 분포를 보이고 있다(9～4월).

그러나 괭생이모자반 군락이 소실되면서 영양염은 급격히 상승하는 추세를 보인다(5～6월). 저질의 경우 괭생이모자반은 뿌리의 영양분 흡수 능력이 없어 저질을 정화하는 기능은 하지 못하는 것으로 조사되었으나, 저질에서 용출되는 유해물질은 흡수가 가능할 것으로 추정되므로 잡초처럼 버려지고 있는 연안의 괭생이모자반 군락에 의한 해중림 조성을 통해 연안 환경을 정화하고 어류자원의 산란장 조성이 필요한 시점이다.

괭생이모자반은 현화식물인 잘피(*Zostera marina*)나 갈대(common-reed)처럼 저질을 정화하는 능력은 없으나 엽체를 통해 영양염 흡수는 물론 이산화탄소 흡수 등 뛰어난 수질정화 능력을 가지고 있고 생존력이 강하므로 손쉽게 대규모 인공 해중림을 조성할 수 있다.

모자반 군락이 조성되면 가장 작은 초미소 플랑크톤(Pico plankton)인 '무색 박테리아'가 모자반의 분해를 위해 서식하게 되며, 이들 박테리아를 먹기 위해 황색편모조류가 번식하고, 편모조류를 먹기 위해 동물성 플랑크톤이 모여들게 되며, 소형 어류나 치어가 다양한 크기의 먹이를 섭취할 수 있게 되어 어족자원 조성에 크게 기여할 수 있다.

실제로 관내 괭생이모자반 군락에는 산란을 위해 많은 어류들이 모여들고 있으며, 관내 해역에 괭생이모자반 해중림이 대규모로 형성된 후 농어를 비롯한 많은 치어가 출현하고 있어 해중림 조성의 중요성을 일깨워주고 있다. 그동안 괭생이모자반 해중림은 귀찮은 존재로만 인식되어 있었으나 최근 다양한 기능성 물질이 확인되고 있으며, 자원조성을 위한 또 하나의 생태계로 소중히 보호하고 확대해 나가야 할 귀중한 자산인 것이다.

1) pH

조사기간 중 pH는 대조구 7.91~8.46(평균 8.11)을 나타내었으며 시험구는 7.98~8.36(평균 8.18)를 나타내 시험구가 다소 높게 나타났다. 시험구가 높게 나타난 이유는 모자반 군락에서 이루어진 광합성의 영향으로 (OH)- 이온의 방출에 기인한 것으로 추정된다.

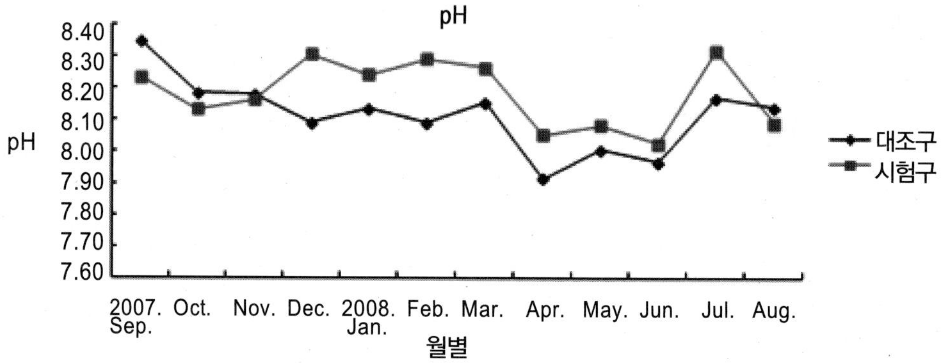

그림 31. 조사기간 중 pH의 변화

2) 용존산소

조사기간 중 용존산소는 대조구 6.98~13.93mg/L(평균 9.25mg/L)을 나타내었으며 시험구는 6.53~13.35mg/L(평균 9.75mg/L)를 나타내 시험구가 다소 높게 나타났다. 시험구가 계절적으로 높게 나타난 이유는 번무기 모자반 군락에서 이루어진 광합성에 의한 산소의 방출에 기인한 것으로 추정된다.

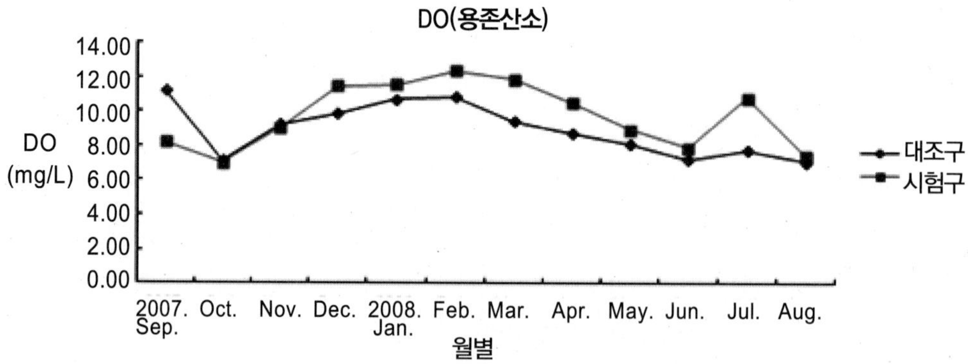

그림 32. 조사기간 중 용존산소의 변화

3) COD(화학적 산소요구량)

조사기간 중 COD는 대조구 0.46~3.33mg/L(평균 1.45mg/L)를 나타내었으며 시험구는 0.14~6.91mg/L(평균 1.49mg/L)를 나타내 시험구가 다소 높게 나타났다. 시험구가 높게 나타난 이유는 시험구의 위치가 육지에서 5m 정도 떨어져 모자반 군락에 의한 COD 유발물질 흡수에도 불구하고, 육지에서 200m 정도 떨어진 대조구에 비해 육지로부터의 오염물질에 많이 노출되었던 것으로 추정된다. 또한 모자반 유실 또는 쇠퇴기인 4~8월에 유입되는 오염물질이 해조류에 의한 흡수가 이루어지지 않고 그대로 남아있어 계절적으로 높은 상태로 지속되었다.

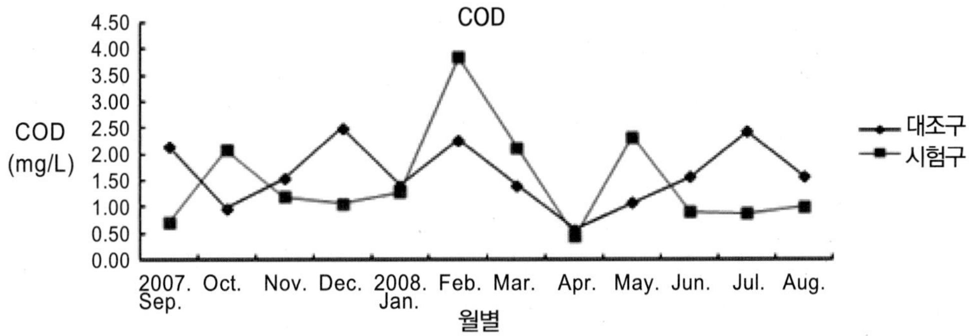

그림 33. 조사기간 중 COD의 변화

4) DIN(용존 무기질소)

조사기간 중 DIN은 대조구 0.005~0.243mg/L(평균 0.043mg/L)를 나타내었으며 시험구는 0.003~1.707mg/L(평균 0.134mg/L)를 나타내 시험구가 높게 나타났다. 시험구가 높게 나타난 이유는 모자반이 서식하는 기간 동안은 시험구의 DIN이 다소 낮았으나 5월 이후 모자반 군락의 유실로 인해 질소흡수원이 상실되면서 유입된 용존 무기질소를 전혀 흡수하지 못했던 것으로 추정된다.

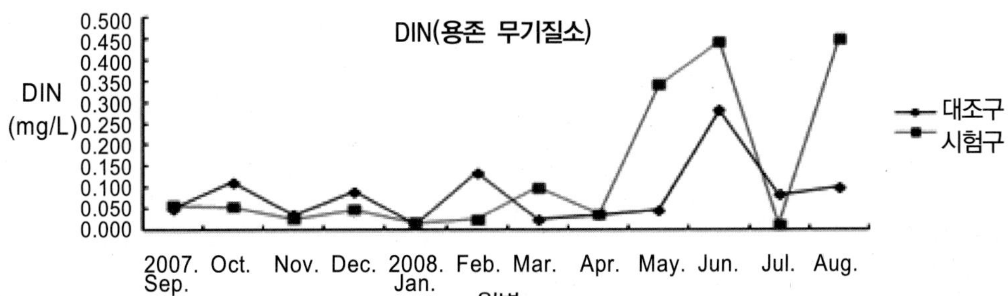

그림 34. 조사기간 중 DIN의 변화

5) 암모니아성 질소

조사기간 중 암모니아성 질소는 대조구 0.000～0.186mg/L(평균 0.022mg/L)를 나타내었으며, 시험구는 0.000～1.674mg/L(평균 0.096mg/L)를 나타내 시험구가 매우 높게 나타났다. 시험구가 더 높게 나타난 이유는 모자반 군락 소실 후 해조류에 의해 암모니아가 거의 흡수되지 못했기 때문으로 추정된다.

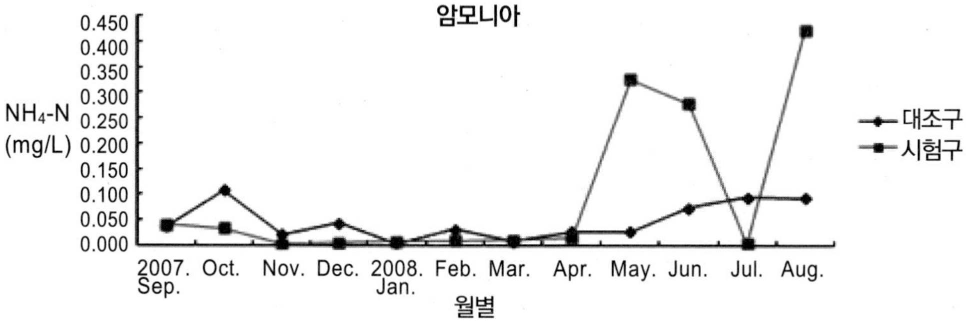

그림 35. 조사기간 중 암모니아성 질소의 변화

6) 아질산성 질소

조사기간 중 아질산성 질소는 대조구 0.000～0.006mg/L(평균 0.002mg/L)를 나타내었으며 시험구는 0.001～0.009mg/L(평균 0.003mg/L)를 나타내 비슷한 분포를 보였다.

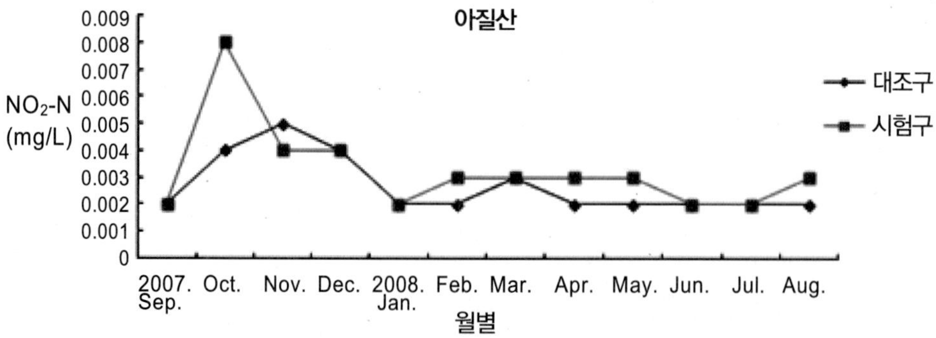

그림 36. 조사기간 중 아질산성 질소의 변화

7) 질산성 질소

조사기간 중 질산성 질소는 대조구 0.001~0.089mg/L(평균 0.018mg/L)를 나타내었으며 시험구는 0.000~0.365mg/L(평균 0.035mg/L)를 나타내 시험구가 높게 나타났다. 시험구가 더 높게 나타난 이유는 모자반 군락 소실 후 해조류에 의해 질산이 거의 흡수되지 못했기 때문으로 추정된다.

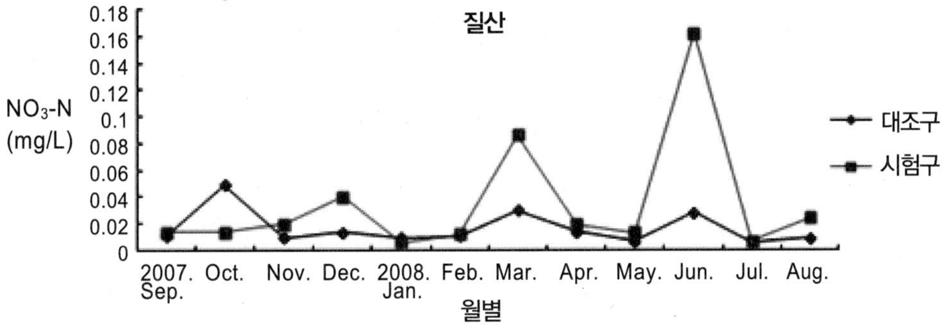

그림 37. 조사기간 중 질산성 질소의 변화

8) DIP(용존 무기인)

조사기간 중 DIP는 대조구 0.001~0.516mg/L(평균 0.081mg/L)를 나타내었으며 시험구는 0.010~0.365mg/L(평균 0.055mg/L)를 나타내 시험구가 낮게 나타났다. 시험구가 낮게 나타난 이유는 모자반 군락 소실 전까지 해조류에 의한 DIP를 다량 흡수하였기 때문으로 추정된다.

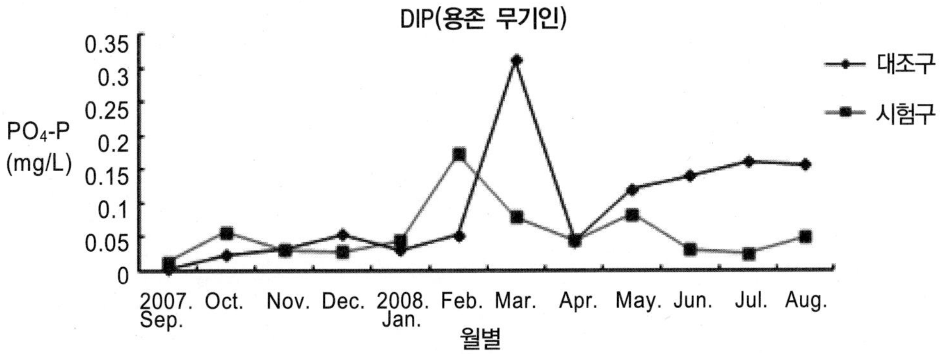

그림 38. 조사기간 중 용존 무기인의 변화

9) 규산성 규소

조사기간 중 규산성 규소는 대조구가 0.020~0.595mg/L(평균 0.166mg/L)를 나타내었으며, 시험구는 0.010~0.806mg/L(평균 0.253mg/L)를 나타내 시험구가 매우 높게 나타났다. 시험구가 더 높게 나타난 이유는 육지로부터 기인한 담수영향으로 인한 것으로 판단되며, 아울러 해조류는 규산을 식물플랑크톤만큼 완벽히 흡수하지 못한다는 반증일 수도 있다.

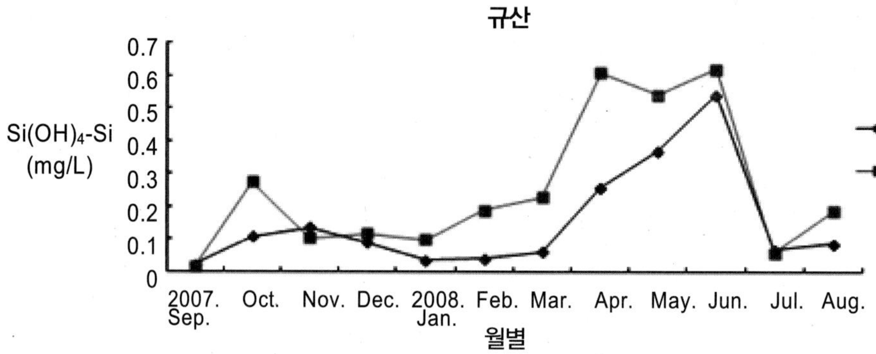

그림 39. 조사기간 중 규산성 규소의 변화

10) 엽록소-a

조사기간 중 엽록소-a는 대조구가 0.61~6.88㎍/L(평균 2.81㎍/L)를 나타내었으며 시험구는 0.61~42.51㎍/L(평균 5.66㎍/L)를 나타내 시험구가 매우 높게 나타났다. 시험구가 더 높게 나타난 이유는 모자반 군락에 서식하는 것으로 알려진 무색 박테리아를 섭취하는 편모조류가 많이 번식하는 것에서 연유하는 것으로 판단된다.

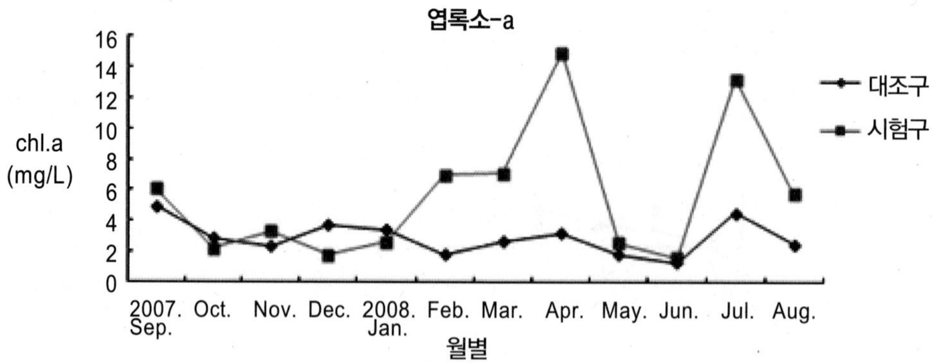

그림 40. 조사기간 중 엽록소-a의 변화

11) 알칼리도

조사기간 중 알칼리도는 대조구가 40~161mg/L(평균 114mg/L)를 나타내었으며 시험구는 41~184mg/L(평균 106mg/L)를 나타내 시험구가 다소 낮게 나타났다. 알칼리도는 통상 육수의 유입이나 강수에 의해 낮아지는 경향을 보이므로 육지와 인접한 위치적인 특성으로 보여 진다.

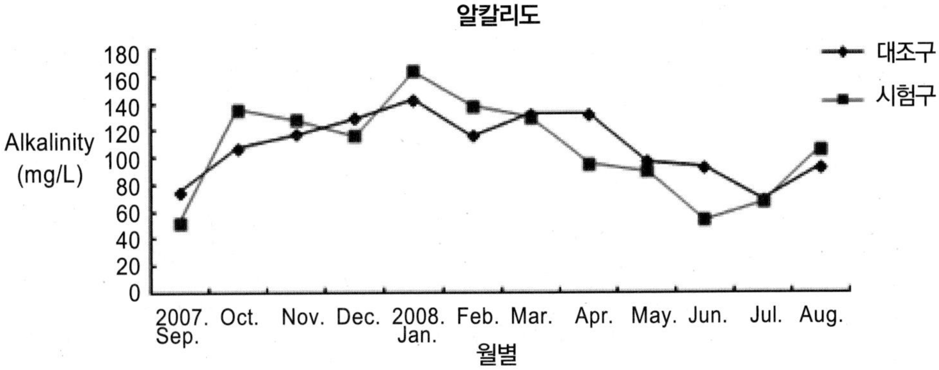

그림 41. 조사기간 중 알칼리도의 변화

6. 잘피 군락에 의한 양식장 정화효과

2002년 4월 전남 여수시 가두리 양식장 주변에 서식하는 잘피 군락의 수질을 조사한 결과는 「표 75~76」와 같다. pH와 용존산소는 어류양식장에 비해 다소 높았는데 이는 광합성 작용으로 인한 결과로 추정되었다. COD는 비슷하였으나 총질소(용존 무기질소)는 66%가 감소하였고, 총인(용존 무기인)은 44%가 감소된 것으로 나타나 잘피의 수중 영양염 흡수 능력이 탁월한 것으로 조사되었다.

한편 먹이생물의 양적 척도를 나타내는 엽록소-a는 2배 이상 높은 것으로 나타나 수중생물의 서식장 및 산란장으로서의 역할을 수행할 수 있음을 나타내었다. 저질에 있어서는 강열감량은 다소 증가하였고 저질 COD도 다소 증가하였으나 산휘발성 황화물(AVS)의 양은 61%가 감소하여 저질정화에도 상당한 역할을 하고 있음을 나타내었다.

표 75. 잘피 군락의 수질상태

구 분	PH	용존 산소 (mg/L)	수 질								
			COD (mg/L)	총질소(mg/L)				총인 (mg/L)	규산 (mg/L)	엽록소a (ug/L)	알칼리도 (mg/L)
				계	NH_4-N	NO_2-N	NO_3-N				
어류 양식장	7.87	9.49	1.12	0.398	0.348	0.006	0.044	0.034	0.346	2.39	150
주변 잘피 군락	8.11	11.36	1.14	0.137	0.106	0.004	0.027	0.019	0.464	5.49	160

표 76. 잘피 군락의 저질상태

구 분	저 질			
	함수율 (%)	강열감량 (%)	저질COD (mgO_2/g)	황화물량 (mgS/g)
어류 양식장	54.78	3.56	8.45	0.133
어류양식장 주변 잘피 군락	51.49	4.77	10.38	0.052

참고문헌

- 조주현외, 2007, 소득원 개발을 위한 전남 고흥해역 해조상 실태 조사, 연구・교습 어장사업 보고서·고흥수산사무소, pp.54~74.
- 조주현, 2013, 미세조류 대량배양 기술개발, 2013년도 연구·교습어업 사업보고서, 전라남도 해양수산과학원 여수센터.
- Takeda Humihiko, 2006, 조류의 서식 기능을 활용한 연안생태계의 복원·국립환경연구소·월간 첨단환경기술 제14권 제1호 통권 152호, pp.14~21.
- Kimura kenji, 2006, 갯벌 및 연안해역의 우수한 자연정화기능, 국립환경연구소·월간 첨단 환경기술 제14권 제8호 통권 159호, pp.13~23.
- 안윤근(Yun Keun An)·조주현(Ju Hyon Cho)·윤호섭(Ho Seop Yoon)·박일웅(Il Woong Park)·김윤설(Yun Seol Kim)·김호진(Ho Jin Kim)·최상덕(Sang Duk Choi), 가막만의 모자반군락이 수질환경에 미치는 영향, 한국수산과학회지 / 42권 3호 / 284~289.

출처

- MBC [환경스페셜 254회]바다 생명의 탯줄 모자반
- http://www.jgec.kr/APP/bbs/board.php?bo_table=pub_report&wr_id=453&page=15
- http://blog.daum.net/aufe22/11472170
- http://www.scubanet.kr/article/view.php?category=&article=195&page=44

CHAPTER 3

제4장 해양산성화(ocean acidification)와 이산화탄소

1. 탄소 순환(Carbon Cycle)

탄소는 생명체의 기본이다. 그것은 바위, 토양, 물, 식물과 동물체, 그리고 대기권에서 발견된다. 이들 속에 함유된 탄소는 주로 이산화탄소의 형태로 서로 주고받는다. 이를 '탄소 순환'이라고 한다. 탄소는 생명을 유지하는 기본성분으로서 모든 것이 이산화탄소로부터 나오고, 이산화탄소로부터 성장하며, 모든 생명체는 마지막에 이산화탄소가 된다.

이산화탄소는 지구의 온실 효과를 일으키는 주요 원인으로 알려져 있는데 지구 대기 중의 이산화탄소의 양이 해마다 꾸준히 증가하고 있어, 많은 학자들이 이산화탄소에 의한 지구 온난화를 경고하고 있다. 따라서 지구의 탄소의 순환 과정과 인간 활동은 대기 중의 이산화탄소의 증가에 어떻게 기여하는지를 살펴볼 필요가 있다. 지구 대기 중의 이산화탄소의 양은 대기, 암석, 바다, 및 각종 생물들에 의한 탄소의 흡수 및 방출 작용으로 조절되고 있다.

예를 들어, 식물의 경우 호흡하거나 죽어서 부패하게 되면 이산화탄소를 대기 중으로 방출하고, 광합성을 할 경우 탄소동화작용을 하면서 이산화탄소를 대기 중으로부터 흡수한다. 해양에서는 플랑크톤의 광합성이나 다른 화학적 작용에 의해 이산화탄소를 대기로부터 제거하거나 용해시킨다. 한편, 해양 생물들의 부패나 해수의 증발에 의해 거의 같은 양의 이산화탄소를 대기 중으로 방출시킨다.

한편, 지질 시대에서는 과거 수백만 년 전에 죽은 식물이나 해양 생물로부터 생성된 화석 연료인 석탄, 석유, 및 천연 가스 등의 형태로 이산화탄소가 저장되기도 하였다. 이와 같이 이산화탄소의 순환이 자연 상태에서는 일정하게 방출과 흡수를 계속하면서 균형을 유지하고 있다. 포항공대 이기택 교수와 미국 해양대기연구소

(NOAA)·일본·호주·캐나다·스페인·독일 공동연구팀은 대기 중 이산화탄소의 농도는 산업혁명이 시작된 1800년 전까지는 40만년 동안 200~280ppm(1ppm은 100만분의 1을 의미)을 유지해 왔으나, 대기 중 농도는 1994년에는 370ppm으로 30% 가량 높아졌으며, 만약 바다가 흡수하지 않았더라면 430ppm으로 50% 이상 증가했을 것이라고 한다.

결국 바다로 녹아 든 이산화탄소가 플랑크톤이나 산호, 조개류 등 해양생물들이 뼈나 껍데기를 만드는 것을 방해, 해양생태계에 심각한 피해를 입히게 된다는 사실을 밝혀냈다.

지금처럼 이산화탄소가 대기 중에 방출돼 바다에 녹아 들어가면, 21세기가 끝날 무렵엔 바다 생물들이 뼈나 껍데기를 만드는 능력이 25~45% 가량 줄어들 것으로 예측하고 있으며 "골격을 제대로 만들지 못한 생물은 도태돼 먹이사슬이 파괴되고, 결국 해양생태계가 심각하게 교란될 것"이라는 예측하고 있다.

2. 해양산성화 실태

인간 활동으로 배출된 지구 온난화의 주범으로 알려진 이산화탄소의 3분의 1은 대기 중에 남고, 3분의 1은 육지의 숲 등에 흡수되고, 나머지 3분의 1은 바다로 흡수된다고 알려져 있다. 해양 덕택에 이산화탄소의 33%가 줄어 그만큼 지구온난화를 지연시키고 있다고 할 수 있다. 만일 해양이 이산화탄소를 흡수하지 않았더라면 육상 생태계에 치명적 영향을 미쳤을 것이고 인간의 생존도 위협받았을 것이다. 그런데 해양이 이산화탄소를 과다하게 흡수하면서 급격히 산성화돼 가고 있으며 2050년까지 해양 산성도가 150%나 증가할 것이라는 데 있다.

해양산성화가 무서운 이유는 기초 먹이생물인 식물 및 동물 플랑크톤, 산호, 조개류, 물고기 등 몸의 일부가 석회질로 구성된 생물의 성장은 물론이고 해양생태계 먹이사슬 전체에 영향을 미쳐 인간의 생존과 경제활동에 심각한 타격을 주기 때문이다.

해양학자들은 동해의 산성화가 세계 평균보다 2배나 빠르다고 지적했다. 국립수산과학원 자료에 따르면 지구 전체의 해양 수온은 100년간 0.5℃ 올랐지만 우리나라 연안은 지난 41년간 1.31℃ 상승했다고 한다. 이런 급격한 수온 상승은 해양의 산성화를 가속화해 그 피해는 어떤 나라보다 심각할 것이라고 예상된다.

우리나라에서도 오래전부터 해양산성화 영향이 나타나고 있다. 갯녹음(백화)현상이 전 연안에 나타나 어장이 황폐화되고 있다. 성게나 어류의 유생처럼 환경 변화에 민감한 생물은 pH 0.1～0.2 정도의 변화에도 영향을 받는 것으로 알려져 있다. 전남 남해안 특산물인 꼬막과 가무락의 종패가 생기지 않고 있으며 피조개 종패도 성장에 영향을 받고 있다. 우리나라 주요 수산물인 바지락, 굴, 홍합, 가리비 등도 잘 자라지 않거나 종패가 피해를 보고 있다.

해양산성화의 심각성을 깨닫고 미국 버락 오바마 정부는 관련 연구에 2000억 원을 지원하는 '해양산성화모니터링' 법안을 통과시켰으며 영국과 독일 등 유럽 국가도 해양산성화 연구에 착수하고 있다. 해양산성화의 예방대책으로 근본적으로는 태양광, 풍력 등 대체에너지를 개발해 석탄 석유 등 화석연료의 사용을 줄여 이산화탄소 배출을 감소시켜야 한다.

하지만 이런 문제는 국가경제와 밀접한 관계가 있고 해양산성화가 앞으로 어떤 문제로 나타날지 예측하기 어렵기 때문에 그 해법은 매우 복잡하다. 분명한 것은 우리나라는 어떤 나라보다 연안 양식장 및 수산물의 의존도가 높고 해양산성화, 어류 남획, 수온 상승 등 한반도가 기후변화의 속도가 빠른 화약고임을 알고 시급히 대책을 마련해야 한다는 것이다.

3. 이산화탄소에 의한 해양산성화 기작

$$CO_2 + H_2O \rightarrow H_2CO_3$$

$$H_2CO_3 \rightarrow \mathbf{H^+} + HCO_3^-$$

$$H^+ + CO_3^{2-} \rightarrow HCO_3^-$$

$$CO_32- + Ca^{2+} \rightarrow CaCO_3$$

탄산이온(CO_3^{2-})은 산호초, 조가비 등이 탄산칼슘($CaCO_3$)을 만드는 석회화 과정에서 필요하다. 만일 CO_2 가 많아진다면 화학평형을 맞추기 위해 첫 번째 과정에서 탄산(H_2CO_3)이 더욱 생성되고, 두 번째 과정에서 수소이온(H^+)과 중탄산염 이온(HCO_3^-)이 생성된다. 세 번째 과정에서 화학평형을 이루기 위해 수소이온과 탄산이온이 결합되어 역시 중탄산염 이온(HCO_3^-)이 생성된다. 여기서 탄산이온은 네 번째 과정의 탄산이온을 이용하므로 화학평형을 맞추려 자연스럽게 탄산칼슘과 탄산이온이 적어진다.

결과적으로 이산화탄소가 많아지므로 탄산이온이 적어지는데, 이것은 산호초와 패류의 수를 줄이게 되고, 결국 해양생물의 보호 역할을 하던 산호초가 사라지므로, 그에 따른 해양생명체의 수도 줄어들 것이다. 게다가 수소이온, 〔H^+〕 도 늘어나므로, 바다가 산성화되거나 빗물이 산성을 띨 경우도 높아지게 된다.

4. 이산화탄소가 해양산성화에 미치는 영향

최근 지구온난화의 주범으로 지목되고 있는 이산화탄소(CO_2)가 바다를 산성화시켜 해양생태계를 변화시키는 것으로 드러나고 있다. 유럽 해양생태계 연구소 유르-오세앙(EUR-Oceans)에 따르면 현재 산업화로 인한 이산화탄소 배출량을 고려할 때 20년도 채 못돼 남반구 해양의 상당 부분이 산성화돼 수백 종의 플랑크톤이 사라질 것이며 이는 어종의 멸종으로 이어져 큰 피해를 가져올 것이라고 알려지고 있다.

지구의 71%를 차지하는 바다가 부식되고 있으며 이 변화는 이산화탄소 배출 증가 때문인 것으로 밝혀졌다. 그동안 이산화탄소는 지구온난화와 산성비 등 대기오염의 주범으로만 알려졌지만 해양생태계에 미치는 영향 또한 심각하다.

바다로 흘러들어간 이산화탄소량이 적정량 이상 초과되면서 바다는 산성화 되고 이로 인해 해양생태계 최하위 먹이 사슬에 위치한 플랑크톤이 영향을 받게 된다. 이산화탄소는 바다에 섞이면서 수소이온(H^+)의 농도를 증가시켜 바닷물을 산성화시킨다.

산업화 이후 해양의 수소이온의 농도는 25%나 증가해왔다. 이산화탄소로 인한 화학적 불균형은 해양 탄산염 농도를 급감시키게 되는데 탄산염은 칼슘과 반응해 석회질을 생성한다. 석회질은 익족류 등 미생물이 조직을 형성하는데 꼭 필요하다. 그러나 “탄산염의 급감으로 2030년이면 이들 미생물은 태평양 일부지역과 남극해 전체에서 완전히 사라지게 될 것”이라고 과학전문 학술지 「네이처」는 밝히고 있다.

과학자들은 지구온난화로 인한 해양온도 상승이 해양산성화와 맞물리면서 예상치 못한 ‘쌍둥이 환경재난’이 닥치지 않을까 우려하고 있다. 일부 전문가는 “2100년이 되면 심해 산호의 3분의 2가 사라질 것”이라고 우려하고 있다. 산호는 어류의 생활터전을 제공하는 등 해양 생태계에 중요한 역할을 한다. 산업화로 이산화탄소의 배출이 점점 증가한다면 플랑크톤, 패류, 산호 등 모든 석회질 류 해양생물이 위험에 처하게 된다. 세계적으로 해양의 산성화에 대한 연구는 최근에야 시작되고 있으며 우리나라에서는 전혀 연구가 시작되지 않고 있는 실정이다. 그동안 바다의 자연 완충능력이 커서 pH 농도가 외부 물질에 의해 크게 반응하지 않을 것으로 안심하고 있었으나 해양산성화에 대한 우려가 뒤늦게 부각되면서 유럽은 해양산성화에 대한 관심을 높이고 있다.

영국 요크대 캘럼 로버츠 교수는 해양의 알칼리도(alkalinity) 변화가 해양 생태계의 대규모 변화를 초래하고, 해양의 먹이사슬, 생산성을 비롯한 많은 문제에 영향을 미치고 있어 바다가 사실상 큰 재앙에 직면해 있다고 주장한다. 이산화탄소는 인간이 만든 여러 온실가스 중 주범으로 꼽힌다. 이것을 바닷물이 흡수하면서 해수면 근처에서 화학반응을 일으켜 수소이온(pH) 농도를 낮춘다. 대기 중으로 배출되는 모든 인공적인 이산화탄소 중 3분의 1가량이 결과적으로 바다 속으로 흡수된다.

해양학자들은 해양 화학의 변화를 "기후변화와 쌍벽을 이루는 쌍둥이 재앙"이라고 부르고 있다. 우리가 탄소연료 연소를 통해 뿜어내는 엄청난 양의 이산화탄소가 바다에 흡수됨에 따라 지구 규모로 그런 일이 일어나고 있다. 산업화 시대 이전에는 바다의 pH가 8.2였으나 그 수치가 이미 8.1로 떨어졌다고 알려지고 있으며, 2100년까지 평균 7.8이나 7.7에 도달할 것으로 예측하고 있다.

해양산성화와 관련 과거 해양생태계 변화의 사례를 보면 효신세(Palaeo epochs, 6400만 년~5400만 년 전)와 5500만 년 전 시신세(Eocene epochs) 사이 10만 년에 걸쳐 '온난화 극대'라는 현상이 발생하여 생명체가 없는 적색의 지층으로 변했다가 10만년 후 다시 흰색으로 변했으며 다시 회복되기까지 10만 년이 넘게 걸렸다고 한다. 백색의 회복은 오랜 시간에 걸쳐 조개류의 완만한 출현을 설명하고 있으며, 심해의 조개류 중 다수를 죽이거나 크게 바꿔놓은 pH 변화가 금세기 말에 다시 발생할 수도 있는 것이다. 과거엔 pH가 낮았지만 현재는 변화가 대략 10배가량 빨리 일어나고 있는데 그것은 생물종이 진화하고 적응하거나 바다가 스스로를 중화할 만한 시간이 없음을 의미한다.

전문가들에 의하면 "바다는 분명 산성화하는 중이며 지구 온난화보다 훨씬 더 뚜렷하게 나타난다"고 주장하며, 그 영향이 대부분 인간의 활동에서 기인 한다는 사실도 알려졌다. 과학자들 사이의 유일한 논란은 얼마나 큰 피해가 발생하느냐는 점이다. 전 세계에 걸쳐 일부 동물의 껍데기가 300년 전보다 더 얇아지고 있다.

2014년 캐나다 브리티시 컬럼비아 주 해안 주변은 산성화 급증으로 가리비 1000만 마리가 사라졌다.

해양에서 가장 작은 유각 플랑크톤(shelled plankton)인 유공충(foraminifera, 有孔蟲)도 성장에 어려움을 겪고 있다고 알려져 있는데 이들 플랑크톤은 모든 해양 동물 먹이의 기반 요소이다. 미국 스탠퍼드대학 카네기연구소의 해양생태학자 켄 칼데이라 교수는 지금과 같은 이산화탄소 방출이 계속될 경우 심각한 생태계 재앙이 올 수 있다는 경고를 하고 있으며 "이산화탄소가 물과 반응하면서 나온 수소이온 때문에 바다의 수소이온농도(pH)가 낮아지면서 산성화가 급격히 진행되고 있다"고 주장한다. 나아가 "해양산성화 속도와 정도는 6천500만 년 전 운석이 지구상에 떨어진 뒤 다량의 황산이 바다에 유입되면서 생태계 재앙이 온 것과 비슷하거나 그 이상"이라고 주장하고 있다. 그는 공룡 멸종 후 바다 생물이 다시 나타나는데 걸린 시간이 플랑크톤은 50만년, 산호초는 2백만 년이 걸렸고, 해양생물 다양성이 현 수준으로 회복되는데 1천만년이 걸렸다"며, 해마다 수천억t의 이산화탄소를 바다에 버리는 에너지소비 시스템을 근본적으로 바꾸지 못하면 돌이킬 수 없는 환경 재앙을 맞게 된다고 말했다.

많은 전문가들은 "해양 생태계는 이미 종의 다양성과 생물체 총량에서 심각한 손상을 입었다"며, 지금 남아 있는 것이라도 지키고, 최악의 멸종 사태를 피하려면 환경악화 추세를 반전시킬 수 있는 모든 수단을 동원해야 할 것이라고 주장하고 있다.

5. 해양산성화가 패류에 미치는 영향

최근 미국 체사피크만(Chesapeake Bay)에서는 남획과 질병으로 강 하구와 근해 생태계에 형성되어 있던 조개류는 크게 줄었든 것으로 나타났다. 환경학자인 Whitman Miller가 이끄는 스미스소니안 환경 연구센터 연구팀은 조개류를 위협하는 또 다른 심각한 요인을 발견했는데, 대기 중 이산화탄소의 증가로 인한 바다의 산성화가 원인으로 알려졌다.

해양산성화는 탄산칼슘 껍질 또는 탄산칼슘 구조체를 가지는 조개류나 기타 생물들에게 피해를 입히게 된다. 이 피해는 대기 중 이산화탄소가 바닷물에 녹아서 탄산(carbonic acid)을 형성하면서 시작되는데, 이것은 다시 탄산염(carbonate)이나 중탄산염(bicarbonate)을 만들게 된다.

산성도의 증가로 중탄산염을 형성하는 쪽으로 평형이 이동하게 되면 물속의 탄산염 농도가 떨어지게 되며, 이렇게 되면 조개류들이 껍질을 만드는데 필요한 충분한 탄산염을 공급받지 못하게 된다고 한다. 물의 산성도가 급격히 증가하면 껍질이 녹을 수도 있을 것이다.

Miller는 하구나 근해 생태계가 특히 이산화탄소 증가에 특히 취약한데 그 이유는 이 지역이 대양에 비해 수심이 얕고, 염도가 낮으며, 알칼리도가 낮아서 pH 변화에 대한 완충(buffered)작용이 약하기 때문이라고 한다. 그는 많은 석회질 생물체에게는 이산화탄소로 인한 산성도 증가가 심각한 문제이며 다른 환경 스트레스와 같이 일어난다면 큰 피해를 가져올 수 있다고 주장하고 있다.

Miller 연구팀에 따르면 굴의 유생(larval oyster)이 특히 취약하다고 하는데, 굴 유생은 아라고나이트(aragonite)로 이루어진 껍질을 만드는데, 탄산칼슘의 결정형 중 하나인 아라고나이트는 산성 조건에서 부식에 취약하기 때문이라고 한다. 굴 성체(adult oysters)도 계속 껍질을 만들기는 하지만 내구성이 있는 결정형인 칼사이트(calcite)를 만들기 때문이라고 한다.

Miller의 연구에서는 버지니아 굴(*Crassostrea virginica*) 과 강굴(*Crassostrea ariakensis*)을 4개의 다른 이산화탄소 농도를 설정한 물에서 배양을 한 결과 이산화탄소의 농도는 산업혁명 이전, 현재, 50년 후, 100년 후를 가정한 조건을 가지도록 설정하였고, 산성화의 영향을 측정하기 위해 한 달 동안 유생의 성장과 껍질에 침적되는 탄산칼슘의 양을 측정하였다.

그 결과 산업혁명 이전의 조건과 2100년의 조건을 비교했을 때, 버지니아 굴에서 껍질 면적이 16% 감소, 칼슘 함량이 42% 감소하는 것이 관찰되었고, 아시아에서 채취한 강굴에서는 성장이나 석회질 형성에 차이가 없었다고 하였다.

보고된 결과는 산성화의 영향과 어떤 종이 진화한 과정 및 그 환경이 서로 밀접히 관련되어 있는 것을 암시하며, 결과를 예측하는 것이 단순하지는 않다는 것을 보여주고 있다. 현재 체사피크 만에는 영국 식민지시대에 비하여 단지 2% 정도의 굴만이 존재하고 있으며, 이산화탄소 농도가 높아지면, 석회질 생물은 비 석회질 생물에 비해 경쟁에서 도태되고, 해저 생태계가 근본적으로 바뀌는 상황이 올 것이라고 주장하고 있다.

李(2014)는 해양산성화 및 수온상승 환경에서 전복 치패(*Haliotis discus hannai*)의 생존 및 성장에서 CO_2 농도의 증가가 전복의 성장에 영향을 미치는지에 대한 연구결과 CO_2 에 의해 pH 7.6 환경 하에서 전복 성장이 억제되는 것으로 보고하였다.

Crim(2010)에 의하면 *H. kamtschatkana*를 대상으로 140일 동안 CO_2 및 수온증가에 대하여 폐사 및 성장에 대한 영향을 검토한 결과 CO_2 1,800ppm(pH 7.57) 농도에서 전복의 성장률은 영향을 나타나지 않았으나 3℃의 수온증가에 의해 성장이 증가하는 경향을 나타내었고, 섭이율이나 폐사율에는 CO_2 의 영향이 나타나지 않았다. 유생단계 전복은 CO_2 800ppm(pH 8.07) 환경에서 생존율이 크게 감소하고, 유생 패각이 감소하는 등 해양산성화에 민감한 반응을 보였다(Crim et al. 2011). Kuroyanagi et al.(2009)은 pH 7.7~8.3 범위에서 10주의 기간 안에 유공충 *Marginopora kudakajimesis*의 석회화 및 성장률이 pH 8.3에서 42.0㎍, pH 7.7에서 14.0㎍으로 감소경향이 뚜렷하게 나타난 결과로부터 *M. kudakajimesis* 는 향후 100년 후에 예상되는 해양산성화 환경에서 영향이 나타날 가능성이 높다고 보고하였다.

Lischka et al. (2011)에 의하면 익족류인 *Limacina helicina*는 29일 동안 CO_2 및 온도증가 환경에서 폐사율이 증가하였으며, 특히 이종은 CO_2 에 의해 패각의 성장이 둔화되고 패각이 용해되는 현상이 나타났다.

진주담치 *Mytilus edulis*는 pH 7.1 환경(CO_2 = 1.62~2.11mM)에서 길이 성장이 감소되고, pH 6.7 환경(CO_2 = 1.85~2.36mM)에서 길이 성장이 정지되었다(Berge et al., 2006). 해양산성화가 넙치의 초기발달에 미치는 영향으로 심 등(2013)은 산성화 환경에 노출된 치어의 사망률이 유의하게 높은 반면 성장률은 낮은 경향을 보여 넙치의 초기 성장에 영향을 줄 수 있는 가능성이 있음을 밝혔다.

이와 같이 해양산성화는 작은 플랑크톤이나 패류 등의 유생부터 변화가 시작되어 어류의 치어나 패류의 치패시기에 큰 영향을 미치게 된다는 것을 알 수 있다. 이와 같이 해양산성화는 해양생태계를 먹이사슬의 아래 부분부터 잠식하여 치명적인 피해를 주는 것으로 나타나 근본적이고 장기적인 대책 마련이 시급하다.

6. 해양산성화 예방대책

해양산성화 방지를 위해서는 우선 대기 중 이산화탄소 농도의 저감은 물론 산성비를 초래하는 각종 오염물질의 배출을 통제해야 한다. 육지에서의 산성화는 궁극적으로 바다에 유입되어 해양생태계에 영향을 미치게 되기 때문이다.

그리고 해양에서 이루어지는 각종 양식과 어로활동들로 인해 발생되는 이산화탄소를 저감하는 노력을 기울여야 함은 물론 양식과정 중에 오염을 통해 발생하는 메탄, 황화수소 등 유해성 가스와 이로 인해 수반되는 저질의 산성화 또한 해양의 산성화를 가져오는 원인이 된다.

아울러 김 양식장 등에서 잡조 제거를 위해 사용되는 공업용 무기산은 물론 '활성처리제'라는 미명 하에 사용되는 유기산(광물산+유기산)도 점차 감축해 나가야 한다. 이것은 이산화탄소만으로도 심각한 타격을 받고 있는 해양에 아무 생각없이 강산성 물질을 투입하는 것은 "불난 집에 기름 뿌리는 것"과 다름없기 때문이다. 해양산성화가 증가되고 있는 현실에 대해 적어도 해양의 산성화를 예방하거나 늦추려는 연구를 해야 하나 해양산성화와 관련된 연구는 거의 없는 실정이다.

2014년 양식 부산물인 새고막 껍질분말을 사용하여 이들이 해양산성화에 미치는 영향을 조사한 결과 상당히 고무적인 결과와 함께 해양산성화가 해양환경에 미치는 영향이 얼마나 큰지를 알 수 있었다. 물의 산성화가 담수와 해수에 미치는 영향을 조사하기 위하여 시험구를 수돗물, 지하수, 일반해수로 구분하여 시험을 실시한 결과는 「표 77~79」과 같다.

1) 수돗물

표 77. 탄산칼슘에 의한 산성화된 수돗물의 pH와 알칼리도의 회복추이

시간 / 투입량	10분		1시간		2시간		5시간		24시간		시험 조건
	pH	Akali-nity	pH	Akali-nity	pH	Akali-nity	pH	Akali-nity	pH	Akali-nity	
1g	5.06	14	5.45	19	5.47	27	6.00	24	6.60	24	WT 8.6℃ Sal. 0.1psu pH 7.48 Akalinity 23mg/L
0.7g	4.89	13	5.43	15	5.46	17	5.94	15	6.58	21	
0.5g	4.76	11	5.36	10	5.42	13	5.91	15	6.56	14	
0.2g	4.61	7	4.36	6	4.94	6	5.72	13	6.53	15	
무처리	4.37	0	4.61	0	3.70	0	4.04	0	4.04	0	

인위적인 산성화를 만들기 위해 수돗물에 0.1N HCl 6ml을 적정하여 pH를 원래 7.48에서 4.37~5.06의 범위로 강제로 낮춘 후 새고막 분말을 0.2g, 0.5g, 0.7g, 1.0g 순으로 투입하여 pH의 저하에 따른 알칼리도의 감소정도와 패각분말에 의한 pH

와 알칼리도의 복원화 가능성을 조사하였다.

pH의 복원은 탄산칼슘의 투입량에 비례하여 회복되었으나 원래의 pH 7.48에는 미치지 못하였고 1.0g 투입구에서 6.60까지 회복되는데 그쳤다. 알칼리도는 최초 23mg/L 농도에서 염산을 투입하여 0~14mg/L로 낮춘 후 탄산칼슘을 투입하여 회복여부를 시험하였으나 1.0g구에서만 2시간 만에 회복되었으며, 0.7g구에서 24시간 만에 21mg/L로서 원래의 알칼리도에 가깝게 회복되는 것으로 나타났다.

수돗물은 미네랄이 거의 없어 알칼리도가 매우 낮았으며 탄산칼슘의 투입에 의해 알칼리도는 거의 회복되었으나 pH의 회복은 가장 많은 1g 투입구에서도 6.60에 그쳐 원상회복이 힘든 것으로 나타났다.

2) 지하수

표 78. 탄산칼슘에 의한 산성화된 지하수의 pH와 알칼리도의 회복추이

시간 / 투입량	10분		1시간		2시간		5시간		24시간		시험 조건
	pH	Akali-nity	pH	Akali-nity	pH	Akali-nity	pH	Akali-nity	pH	Akali-nity	
1g	5.35	21	5.71	30	5.87	31	5.83	38	6.55	36	WT 8.4℃ Sal.1.0psu pH 6.86 Akalinity 54mg/L
0.7g	5.31	17	5.67	20	5.83	22	5.81	26	6.54	29	
0.5g	5.23	13	5.57	14	5.77	17	5.78	18	6.52	19	
0.2g	5.00	10	5.32	12	5.53	14	5.65	15	6.48	15	
무처리	4.95	10	5.27	12	5.41	15	5.46	14	6.42	15	

산성화를 위해 지하수에 0.1N HCl 6ml을 적정하여 pH를 원래 6.86에서 4.95~5.35의 범위로 강제로 낮춘 후 새고막 분말을 0.2g, 0.5g, 0.7g, 1.0g 순으로 투입하여 pH의 저하에 따른 알칼리도의 감소정도와 패각분말에 의한 pH와 알칼리도의 복원 가능성을 조사하였다.

pH의 복원은 탄산칼슘의 투입량에 비례하여 회복되었으나 원래의 pH 6.86에는 미치지 못하였고 24시간 만에 모든 투입구에서 6.42~6.55까지 원래의 상태에 근접하게 회복되었다. 반면 알칼리도는 최초 54mg/L에서 염산을 투입하여 10~21mg/L로 낮춘 후 탄산칼슘을 투입하여 회복여부를 시험하였으나 모든 투입구에서 24시간 경과 후에도 원래의 수준에 가깝게 회복되지 않았다.

이는 한번 낮아진 알칼리도는 알칼리도를 높이는 작용을 하는 탄산칼슘의 투입

에도 불구하고 상당기간 동안 회복되기가 힘든 것으로 나타났다. 그러나 pH는 모든 투입구에서 24시간 만에 원래의 수준에 근접하게 회복되는 것으로 나타났다.

지하수는 미네랄이 상당히 풍부하여 알칼리도가 수돗물에 비해서 높았음에도 탄산칼슘의 투입량이 가장 많았던 1g 투입구에서도 36mg/L에 그쳐 알칼리도의 회복이 힘든 것으로 나타났다.

3) 일반해수

표 79. 탄산칼슘에 의한 산성화된 해수의 pH와 알칼리도의 회복추이

투입량 \ 시간	10분		1시간		2시간		5시간		24시간		시험조건
	pH	Akali-nity	pH	Akali-nity	pH	Akali-nity	pH	Akali-nity	pH	Akali-nity	
1g	5.34	24	5.56	40	5.68	45	5.78	49	6.54	60	WT 8.1℃ Sal. 32.5psu pH 7.84 Akalinity 125mg/L
0.7g	5.27	20	5.50	30	5.58	33	5.75	39	6.53	50	
0.5g	5.23	18	5.50	30	5.47	30	5.65	33	6.47	42	
0.2g	5.13	14	5.36	24	5.44	26	5.60	29	6.40	39	
무처리	4.97	12	5.20	15	5.24	16	5.35	20	6.50	20	

투입량 \ 시간	7일 후	
	pH	Akalinity
1g	7.42	89
0.7g	7.30	76
0.5g	7.50	63
0.2g	7.51	57
무처리	7.22	18

산성화를 위해 일반해수에 0.1N HCl 6ml을 적정하여 pH를 원래 7.84에서 4.97~5.34의 범위로 강제로 낮춘 후 새고막 분말을 0.2g, 0.5g, 0.7g, 1.0g 순으로 투입하여 pH의 저하에 따른 알칼리도의 감소정도와 패각분말에 의한 pH와 알칼리도의 복원화 가능성을 조사하였다.

pH의 복원은 탄산칼슘의 투입량에 비례하여 7일 만에 7.22~7.42까지 회복되었으나 원래의 pH 7.84에는 미치지 못하였다. 알칼리도는 최초 125mg/L에서 염산

을 투입하여 12~24mg/L로 낮춘 후 탄산칼슘을 투입하여 회복여부를 시험하였으나 모든 투입구에서 24시간 경과 후에도 원래의 수준에 가깝게 회복되지 않았다.

이는 한번 낮아진 알칼리도는 상당기간 동안 탄산칼슘의 투입에도 불구하고 회복되기가 힘든 것으로 나타났으며, 모든 투입구에서 24시간 만에 20~60mg/L의 범위로 원래의 수준에 전혀 미치지 못하였다. 7일이 경과한 후에도 57~89mg/L의 범위로 알칼리도는 회복이 부진하였다.

이의 결과로 볼 때 산(酸)의 유입에 따른 해양산성화는 일반의 상상보다 더 심각할 것으로 예상되었다. 해수에는 많은 미네랄이 포함되어 알칼리도가 통상 100~130mg/L의 범위를 나타내지만 탄산칼슘의 투입에도 불구하고 특히 알칼리도의 회복이 힘든 것으로 나타났다.

강산이 해양에 유입되면 원상태로 복원되는데 많은 시일이 소요되며 저하된 알칼리도의 회복을 위해서는 천문학적인 많은 예산과 인력이 투입될 수도 있음을 알아야 한다. 따라서 많은 김양식장에서 사용되는 광산(鑛酸)인 공업용 염산은 물론 유기산(무기산 9.5% 포함)도 해양의 알칼리도를 저하시켜 생명이 사라지는 해양산성화를 앞당길 수 있는 위협요소가 될 수 있음을 명심해야 할 것이다.

한편 pH와 알칼리도의 회복에는 탄산칼슘과 탄산마그네슘이 효과적인 것으로 나타나고 있으며, 특히 쓰레기로 버려지는 패류 껍질은 주성분이 탄산칼슘으로서 수질에 전혀 영향을 주지 않아 해양산성화를 예방하는 차원에서 의무적으로 해양에 살포하는 것이 제도화되어야 할 것이다.

7. 양식장별 이산화탄소 농도

전남해양수산과학원 여수지원에서 2011~2014년까지 4개년 간 양식장별 이산화탄소 농도를 조사한 결과 모든 양식장에서 대체로 1~3mg/L의 범위를 나타내고 있으며 양식장별 특징은 현저하게 나타나지 않았다. 따라서 아직까지는 양식에 의해 이산화탄소가 발생할 가능성은 거의 없는 것으로 나타났으며 표층과 저층과의 이산화탄소 농도도 유의한 차이를 보이지 않았다.

양식장에 대한 이산화탄소 농도의 조사는 대기 중 이산화탄소가 해양에 어느 정도 용존되어 존재하는지를 최초로 조사한 데 의의를 찾을 수 있다.

흔히 이산화탄소의 대량 유입으로 인해 해양산성화가 진행되는 것을 우려하고 있는데 「표 80~86」에서 보는 것처럼 아직 남해안 양식장에서는 이산화탄소의 유입에 따른 영향을 받지 않은 것으로 보인다.

그러나 해양산성화를 방지하는 완충능력을 보여주는 지표인 알칼리도(Akalinity)는 최근 들어 비교적 정상상태를 나타내는 동절기에 비해 하절기에는 매우 낮은 수준까지 떨어지고 있으므로 패류양식 과정 중에 발생하는 부산물인 패류의 패각을 분쇄하여 해양에 투입하는 '칼슘 되돌려주기'를 비롯한 장기적인 대책이 필요할 것으로 보인다.

표 80. 어류양식장 이산화탄소 농도

어류양식장 (단위 : mg/L)

월별	2011	2012	2013	2014	평균
Jan.	4.48	1.19	2.61	0.91	2.30
Mar.	1.19	2.18	2.07	1.96	1.85
May	0.80	3.21	1.45	1.91	1.84
Jul.	3.04	1.27	1.94	2.89	2.29
Sep.	1.56	1.72	0.91	1.43	1.41
Nov.	1.19	2.04	2.04	0.33	1.40
Mean	**2.04**	**1.94**	**1.84**	**1.57**	**1.85**

표 81. 진주담치 양식장 이산화탄소 농도

진주담치양식장 (단위 : mg/L)

월별	2011	2012	2013	2014	평균
Jan.	5.21	1.47	3.08	1.40	2.79
Mar.	0.83	2.73	2.24	2.07	1.97
May	0.52	2.68	2.09	2.23	1.88
Jul.	2.34	1.55	1.94	3.37	2.30
Sep.	1.58	2.09	1.12	2.09	1.72
Nov.	1.47	2.09	2.09	0.53	1.55
Mean	**1.99**	**2.10**	**2.09**	**1.95**	**2.03**

표 82. 굴 양식장 이산화탄소 농도

굴 양식장 (단위 : mg/L)

이산화탄소	2011	2012	2013	2014	평균
Jan.	4.89	1.25	3.12	1.01	2.57
Mar.	1.13	2.59	2.44	2.23	2.10
May	0.71	2.93	1.38	2.18	1.80
Jul.	3.21	1.58	1.49	3.14	2.36
Sep.	1.55	1.25	1.07	1.50	1.34
Nov.	1.25	2.17	2.17	0.45	1.51
Mean	**2.12**	**1.96**	**1.95**	**1.75**	**1.95**

표 83. 피조개 양식장 이산화탄소 농도

피조개양식장 (단위 : mg/L)

월별	2011	2012	2013	2014	평균
Jan.	4.78	1.45	2.70	1.01	2.49
Mar.	1.14	2.26	2.09	1.96	1.86
May	0.67	3.03	1.34	2.00	1.76
Jul.	3.18	1.17	1.71	2.65	2.18
Sep.	1.61	1.55	1.31	1.54	1.50
Nov.	1.45	2.03	2.03	0.35	1.47
Mean	**2.14**	**1.92**	**1.86**	**1.59**	**1.88**

표 84. 새고막 양식장 이산화탄소 농도

새고막양식장 (단위 : mg/L)

월별	2011	2012	2013	2014	평균
Jan.	4.69	1.22	2.12	0.88	2.23
Mar.	1.32	2.26	2.47	1.96	2.00
May	0.64	3.68	1.43	1.96	1.93
Jul.	3.77	1.33	1.50	1.60	2.05
Sep.	1.53	1.37	0.97	1.10	1.24
Nov.	1.22	2.12	2.12	0.14	1.40
Mean	**2.20**	**2.00**	**1.77**	**1.27**	**1.81**

표 85. 전복 양식장 이산화탄소 농도

전복양식장 (단위 : mg/L)

월별	2011	2012	2013	2014	평균
Jan.	5.21	1.13	2.46	0.84	2.41
Mar.	0.88	2.07	1.90	1.69	1.64
May	0.76	2.21	1.19	1.62	1.45
Jul.	2.92	1.26	2.18	3.20	2.39
Sep.	1.62	1.43	0.81	1.90	1.44
Nov.	1.13	2.34	2.34	0.55	1.59
Mean	**2.09**	**1.74**	**1.81**	**1.63**	**1.82**

표 86. 일반해역 이산화탄소 농도

일반해역 (단위 : mg/L)

월별	2011	2012	2013	2014	평균
Jan.	3.33	1.18	2.46	1.46	2.11
Mar.	1.32	1.97	2.01	1.78	1.77
May	0.70	3.81	1.30	1.87	1.92
Jul.	3.56	1.19	1.69	2.19	2.16
Sep.	1.42	1.51	0.89	1.12	1.24
Nov.	1.18	2.06	2.06	0.13	1.36
Mean	**1.92**	**1.95**	**1.74**	**1.43**	**1.76**

열대지방의 해양산성화 정도와 영양염 등 해양환경조사를 수행한 결과는 「표 87」에 나타내었다.

적도지역인 인도네시아 중부 술라웨시(Sulawesi) 주(州) 해역은 연중 수온이 28~31℃ 범위이며 pH는 7.7~7.9 사이로서 우리나라에 비해 대체로 낮은 분포를 보였다. 용존산소는 5.4~6.2mg/L로서 다소 낮은 분포를 보였으며, COD는 1mg/L 내외로 매우 양호하였다.

총질소와 총인, 규산 등 영양염과 기초 생산력을 나타내는 지표인 엽록소-a 도 매우 낮게 나타나 빈영양 해역으로 조사되었다.

해양산성화로부터 완충작용을 통해 해양을 보호하는 작용을 나타내는 지표인 알칼리도는 고수온 임에도 모두 120mg/L을 초과하여 상대적으로 낮은 pH에 비해서는 매우 높은 농도를 나타내었으며 이는 우리나라의 하절기(70~90mg/L)보다 월등히 높은 수준이었다.

표 87. 인도네시아 중부 술라웨시 해역의 해양환경

조사지역		조사 일자	수온 (℃)	염분량 (PPT)	pH	용존 산소 (mg/L)	COD (mg/L)	총질소 (mg/L)	총인 (mg/L)	규산 (mg/L)	엽록소a (ug/L)	알칼리도 (mg/L)
도미니 만	표	7.15	30.6	30.1	7.70	6.12	0.67	0.014	0.004	0.092	0.30	124
도미니 만	저	7.15	30.3	30.8	7.83	5.83	0.90	0.029	0.040	0.061	0.91	122
동갈라	표	7.16	29.3	31.4	7.83	5.90	1.04	0.013	0.004	0.032	0.31	130
동갈라	저	7.16	29.0	31.2	7.70	5.41	0.67	0.062	0.004	0.038	0.30	128

「표 87」에서 보는 바와 같이 열대지방의 다소 낮게 나타나는 pH는 해양산성화라기 보다는 스콜(squall)과 이에 따른 잦은 육수의 유입으로 인한 영향인 것으로 판단되며, 우리나라보다 오히려 높은 알칼리도에 의해 해양산성화가 예방되고 있는 것으로 보인다.

이곳 열대해양의 높은 알칼리도는 많은 양의 산호모래 및 산호초에 의해 구성된 저서환경을 구성하는 탄산칼슘에 의한 것이라는 추측을 가능케 한다. 우리나라에도 패류양식의 부산물로 막대한 양의 탄산칼슘이 생산되고 있으나 잘못된 제도와 다가올 미래를 내다보지 못하는 행정으로 지금도 쓰레기로 매립되고 있는 실정이다.

신석기 시대에 원시인들이 패류를 먹고 버린 쓰레기의 무덤인 패총(貝塚)이 있었듯 5000년이 훨씬 지난 지금도 우리의 의식은 신석기 시대에 머물러있는 것은 아닌지 심히 우려스럽다. 지금이라도 과거의 낡은 레드이코노미(Red economy)를 떨쳐내고 '양식과 환경이 공존'하는 블루이코노미(Blue economy)의 세계를 향해 나가야 할 때이다.

참고문헌

- 이경선, 2014, 해양산성화 및 수온 상승환경에서의 전복 치패(*Haliotis discus hannai*)의 생존 및 성장, 한수지 47(2), pp.154~159.
- 심정희·권정노·박주면·곽석남, 2013, 해양산성화가 넙치의 초기발달에 미치는 영향 현장 메조코즘 실험, 한국환경생물학회지(환경생물) 31권 4호(2013.12) pp.353-361.
- Crim RN, 2010, Effect of ocean acidification on different life history stages of Northern abalone(*Haliotis kamtschakana*), MD. Thesis, University of British Columbia, Vancouver, Canada.
- Crim RN, 2011, Elevated seawater CO_2 concentrations impair larval development and reduced larval survival in endangered northern abalone(*Haliotis kamtschakana*). J Exp Mar Biol Ecol 400, 272-277. Sunday JM and Harley CDG.
- Berge JA·Bjerkeng B·Pettersen O·Schaunning MT and Oxnerad S, 2006. Effect of increased seawater concentrations of CO_2 on growth of the bivalve *Mytilus edulis* L. Chemosphere 62, 681-687.
- Kuroyanagi A·Kawahata H·Suzuki A·Fujita K and Irie T, 2009, Impacts of ocean acidification on large benthic foraminifers: Result from laboratory experiments. Mar Micropaleontol 73, 190-195.
- 김병모(Byeong-Mo Gim)·최태섭(Tae Seob Choi)·이정석(Jung-Suk Lee)·박영규(Young-Gyu Park)·강성길(Seong-Gil Kang)·전의찬(Ei-Chan Jeon), 2014, 이산화탄소 증가로 인한 해수 산성화가 해양생물에 미치는 영향평가 및 생태영향기준 도출, 한국해양환경·에너지학회지, Vol.17 No.2, [2014].
- 이정석(Jung-Suk Lee)·이규태(Kyu-Tae Lee)·김찬국(Chan-Kook Kim)·이종현(Jong-Hyeon Lee)·박영규(Young-Gyu Park)·강성길(Seong-Gil Gang), 2006, 해수중 용존 CO_2 농도 증가가 해양생물 및 해양생태계에 미치는 영향: 국내외 사례 연구(한국해양환경·에너지학회지, Vol.9 No.4.
- 서명배외, 2013, 굴 패각 살포가 해양에 미치는 영향, 전남해양수산과학원 여수지원.

자료 출처

- The Na eil News
- 한겨레 2007-02-26
- Libetarian 2011.12.10.
- 뉴스위크 2014/11/06.
- KISTI『글로벌동향브리핑(GTB)』2009-05-28.

제5장 자원순환형 수산업의 현황과 과제

1. 지속가능한 발전이란?

지속가능한 발전(持續可能發展) 또는 지속 가능한 개발(sustainable development)은 환경을 보호하고 빈곤을 구제하며, 장기적으로는 성장을 이유로 단기적인 자연자원을 파괴하지 않는 경제적인 성장을 창출하기 위한 방법들의 집합을 의미한다.

처음 용어가 등장한 것은 1987년에 발표된 유엔의 보고서(브룬트란트 보고서) "우리 공동의 미래"(Our Common Future)였으며, '미래 세대가 그들의 필요를 충족시킬 능력을 저해하지 않으면서 현재 세대의 필요를 충족시키는 발전'으로 정의되었다.

지속가능한 발전은 환경에만 집중하는 것이 아니며, 일반적인 정책의 영역인 경제, 환경, 사회를 포함한다. 우리의 현실은 인간 활동에 의한 탄소배출(매연 : 배기가스·화력 발전소·공장)과 농업, 벌채, 인위적 산불, 각종 온난화 경제활동에 의해 기후변화와 지구온난화가 발생한다. 이에 따라 생물의 대량 멸종, 도시 열섬, 사막화, 산성비, 해수면 상승, 해양산성화 등이 발생하게 된다. 각국에서는 대책으로서 기후 변화 협약, 교토 의정서, 녹색 기후 기금, 배출권 거래제, 에너지 효율화, 온난화 정책, 지속가능한 발전(재생 가능 에너지·그린 빌딩), 청정 개발 체제, 탄소 발자국, 탄소 배출권, 탄소세 제도 등이 추진되고 있다.

1) 블루이코노미(青色經濟)와 자원순환

오늘날의 경제모델은 산업혁명(Industrial Revolution)이 시작된 18세기 말엽(1760년 경)부터 시작된 이래 지난 2세기 동안 화석연료의 과잉사용을 통한 과속성장과 소비 그리고 끝없는 폐기의 반복에 의해 이루어져 왔다. 21세기에 들어 화석연료는 끝이 보이기 시작하고 2세기 전부터 선조들이 뿌려놓은 인과(因果)인 '탄소 발자국'들은 현재를 사는 우리와 미래의 자손들에게 응보(應報)라는 무거운 짐을 지우고, 전 지구의 모든 부분에 걸쳐있는 지구온난화라는 현실 앞에 근본적인 대책을 요구하고 있다.

현재까지도 세계는 파산경제 모델인 레드이코노미 모델에 기반하고 있다. 금세기에 우리가 반드시 해결해야 할 문제는 쓰레기라고 불리는 가능한 자원을 너무나 쉽게 불용화 시켜 낭비하고 있는데, 모든 쓰레기는 '자원의 다른 표현'이라는 생각을 가지고 접근해야만 한다.

과거 재래식 화장실에서 보듯 생태계에서는 한 생물이 발생시킨 쓰레기는 다른 생물에게는 양분과 에너지가 된다. 에너지와 양분을 상호 간 순환하게 되면 물질과 에너지의 추가투입이 필요 없게 되며, 쓰레기와 공해뿐만 아니라 자원의 비효율적 이용이라는 부대비용이 필요 없게 된다.

블루이코노미의 기본원리는 생태계는 '환경과 식물, 동물, 미생물'이 물질과 에너지를 끊임없이 생산하고 서로 주고받으면서 환경을 지켜가면서 번식하는 것이다. 번식과정에서 배출되는 쓰레기는 상기 4가지 주체들에 의해 서로 순환하는 흐름 속으로 편입되어 폐기물이 발생하지 않는 완전한 환경 친화적인 생태계를 이루는 것이다.

블루이코노미는 '자연의 법칙'에 순응하는 단순한 원리로서 재생 가능한 자원과 지속가능한 방법으로 지구를 살리는 방법을 찾을 수 있다는 것을 보여주고 있다. 1991년 한국 서울에서 군터 파울리(Gunter Pauli)는 산업계가 생태계를 모방할 것을 주장하였는데 한 존재에게는 쓸모없는 폐기물이 다른 존재에게는 먹이가 되는, 자연생태계의 생산적이고 진화적인 상호작용을 모방하여 '자원순환사회' 실현할 수 있는 능력을 키워 나갈 수 있다고 주장하였다.

과거와 같이 자원과 쓰레기를 이분법적으로 구분하여 단절하게 된다면 향후 우리의 미래세대에게 물려줄 세상은 레드이코노미의 지속 불가능한 미래일 수밖에 없을 것이다.

2) 무 배출 운동과 3R 운동

우리나라도 저탄소 녹색성장을 위해서는 생산을 늘리면서도 폐기물 발생을 최소화하는 일본의 무 배출(Zero Emission)운동 도입이 시급하다는 주장이 제기되고 있다. 정부에서는 이미 C-KOREA 프로젝트를 통해 자원의 재활용을 포함한 분뇨 자원화와 폐기물 자원화 기술을 확보하기 위해 노력 중에 있다. 전국경제인연합회는 일본 UN대학 제로 에미션(Zero Emission) 포럼 및 지속가능발전 기업협의회와 공동으로 '자원순환사회 실현을 위한 환경 심포지움'을 개최하고, 일본 기업의 무배출 추진 사례와 폐기물 처리 관련 기술을 소개한 바 있다.

'무 배출 패러다임'이란 산업 활동에 있어 생산 공정을 재편성하여 폐기물 발생을 최소화하는 새로운 자원순환형 산업시스템으로, 지속가능한 자원 순환형 사회 구축을 목표로 일본 동경 UN대학에서 제안되어 다양한 형태의 운동으로 확산되고 있다.

이제 우리 수산업에서도 무 배출 운동을 통해 온실가스, 폐기물 등을 자원화 하여 폐기물 발생을 최소화해야 한다. 일본에서는 기업을 중심으로 전 사회적인 3R 운동이 확대되고 있는데, 이는 폐기물의 감량화(Reduce), 재사용(Reuse), 재활용(Recycling)을 의미하며 자원의 절약과 자연계의 자정 능력 범위에서 폐기물을 배출시켜 환경에의 영향 감소와 이를 위한 기술발전을 이루도록 하는 목적이 있다.

3) 농업에서의 지속가능한 발전전략

농업에서는 '지속가능한 발전'을 위한 정책 및 실행계획 수립을 위해 통합적 접근원칙, 오염자부원칙, 수익자부담원칙, 공동부담의 원칙, 사전예방원칙 등 다섯 가지 원칙으로 접근한다. 지속가능한 농업발전 전략의 필요성은 고 투입, 고 산출의 농법 확산 및 식생활의 다양화·고급화에 따른 환경부하 증대로 인해 위협받는 지속가능한 농업을 보호하기 위함이다.

지속가능한 농업발전의 개념 및 의의로는 (UN)은 "농업의 환경 파괴적 기능을 최소화하면서 장기적인 농업생산성과 수익성을 확보하는 농업"으로 규정하고 있다('92리우선언). 일본에서 지속가능한 발전의 개념은 "재생 불가능 자원의 이용을 절약하는 농업이며, 환경을 양호하게 보전하고, 국민들에게 양질의 안전한 농산물을 공급하는 농업, 농업인의 수익성 보장으로 경제성이 유지되는 농업"으로 규정하고 있다.

우리나라는 지속가능한 농업의 개념은 환경적으로 건전하며, 경제적으로 수익성이 보장되고 사회적으로 수용 가능한 농업 생산 활동으로 규정하고 있다.

※ 지속가능한 양식발전 전략수립의 기본 원칙

- **통합적 접근의 원칙**
  - 생산 및 가격정책이나 기술정책을 포함한 양식생산 정책과 환경정책을 통합적으로 고려
- **오염자 부담원칙**
  - 특정한 오염을 초래한 원인자에게 문제해결에 소요되는 응분의 비용을 부담시킴으로써 환경비용의 내부화를 지향
- **수익자 부담원칙**
  - 환경 질 개선에 따른 수혜자들이 이에 상응하는 대가를 지불한다는 원칙
- **공동부담의 원칙**
  - 국가, 공공단체, 생산자, 소비자 등이 환경보전을 위한 비용을 공동으로 부담
- **사전예방의 원칙**
  - 오염을 유발시킬 수 있는 잠재적인 원천 발생을 미연에 방지한다는 원칙으로 지속가능 양식 발전을 위한 어업인 및 관련 정책담당자의 의식교육, 연구개발 특히 기술적인 관점에서 사전적 청정기술을 활용함을 의미

지속가능한 농업 발전에 대한 국제적 동향으로는 일본에서는 '99년 "지속성이 높은 생산방식 도입의 촉진에 관한 법률"(지속가능농업법)을 제정하여 친환경농가(Eco-Farmer)를 육성, 각종 관련정책의 우선순위를 부여(10a당 32만 엔의 무이자 융자지원 등) 하고 있다.

우리나라에서는 기초생산요소 유지와 기반의 확충을 위해 합리적인 농지이용 정책 수립추진 및 우량농지의 효과적 보전, 농업의 생산성 유지를 위한 토양환경 개선의 지속적 추진할 예정이다. 또한 경영기술능력을 갖춘 농업 경영체 육성을 위해 체계적인 정책프로그램 개발 및 추진과 함께 친환경농업을 실천하는 그린경영체(친환경실천농가)를 적극 육성(ISO14000도입 확대) 할 예정이다.

환경 친화적 자원관리 농법의 실천을 위해서는 자원 및 환경 등의 사회적 비용을 고려하여 '최대(maximum)로부터 최적(optimum)으로의 전환'을 통해 양 중심에서 질·안전성중심으로 생산체계를 전환하려고 한다.

자원 순환형 농업시스템 정착을 위해서는 토양·양분·병해충·관개 등을 종합적으로 접근하는 지역단위 자원 순환형 농업시스템을 구축하여 작물 및 가축 생산과정에서 발생한 부산물을 적극적으로 재활용한다. 그리고 지속가능한 농업

발전을 위한 핵심 연구과제의 발굴 및 추진을 위해 농경지에 대한 환경변동 모니터링으로 오염물질의 동태분석 후 지력유지를 위한 기술개발을 추진할 예정이다.

이와 같이 농업에서는 지속가능한 발전을 위해 구체적인 플랜이 이미 마련되어 있으며, 비전 및 목표, 원칙, 실행계획, 정책수단의 구체화를 통해 국제적인 흐름에 발맞춰 나가고 있다.

그러나 수산분야에서는 지속가능한 양식에 대한 어떤 플랜도 준비되지 않고 있어, 조만간 다가올 미래에 대한 준비가 전혀 안 되어 있는 실정이다. 한편 농업의 기업형 축산과 수산의 집약적인 밀집양식은 토양과 해양이라는 환경을 빠르게 오염시킨다는 공통점을 가지고 있다.

과거에는 조방적 양식이 수익성이 낮다는 이유로 외면 받았으나 지금은 오히려 환경에 피해를 주지 않으면서 적절한 생산을 올리는 지속가능한 양식의 표본이 되고 있는 것이다.

지속가능한 양식은 환경파괴적인 양식에 대해 규제와 축소를 통해 오염을 최소화하며, 친환경양식에 대해서는 다양한 인센티브와 함께 장려대책이 준비되어야 한다. 양식장의 생산성 유지를 위해서는 정기적인 양식장의 모니터링을 통해 어장의 건전도를 상시 평가하여 오염을 방지하려는 노력이 필요하다.

2. 자원순환형 수산업의 개념

최근 수산부문에서도 지속가능한 발전을 이루기 위하여 자원순환형 친환경양식이 부각되고 있다. 그 이유는 '자원순환형 양식'은 부산물의 자원화를 통한 어업비용 절감, 친환경농업에 의한 안전농산물 생산, 지역경제 활성화 등 다양한 측면에서 그 의의를 찾을 수 있기 때문이다. 특히 지구온난화, 환경오염 등 환경문제에 대처하고, 지역 차원에서 부산물의 유효한 활용을 통해 저탄소순환 사회로의 이행이 가능하기 때문이다.

따라서 지역단위에서의 자원 순환형 양식은 우리 수산업이 환경을 살리는 녹색산업으로 확실히 자리매김하기 위한 하나의 대안이 될 수 있다. 지금까지 일반적인 양식업에서는 생 사료와 항생제의 다량 사용에 의한 집약 양식으로 수질 및 저질 오염 등과 같은 환경의 악화 초래를 초래해 왔다. 또한 사육에 있어서도 동물 복지를 도외시한 채 생산성과 사료 효율을 극대화하는 공장식 형태로 발전하고 있다. 이러한 집약적 양식체계는 더 이상 지속가능한 양식시스템이 아니며, 발전 불가능한 레드이코노미 모델이다.

이처럼 현대 양식의 가장 큰 문제점은 집약적 양식과 규모화로 인해 외부 유입물질의 증가, 물질 수지의 불균형 및 생산물의 안전성 결여로 나타난다. 이에 따라 생태계 파괴, 인간 건강에 대한 위해성이 증대되고 있다. 최근 물질순환의 바탕 위에서 기반을 둔 지속가능한 양식 생산체계로의 '자원순환형 양식시스템'이 대두되고 있다. 자원순환형 양식은 양식업 내·외부적 환경에 능동적인 대응을 포함한 물질순환을 추구하는 미래형 양식시스템이라 할 수 있다.

1) 협의의 개념

물질순환의 환경을 양식업에 국한하여 양식업 내부의 물질 순환체계를 협의의 순환양식이라 할 수 있다. 양식업 생산의 부산물(어류 폐사체, 패류 껍질, 가두리 양식장 유기퇴적물 등)을 수산업 생산자재 및 농업용 비료로 재활용함으로써 양식업 환경 및 생태계를 보전하고 지역 내 산업 간의 연계를 높여 지역 자립 구조를 확립하는 양식시스템이다.

양식 부산물을 폐기하면 환경오염을 유발하거나 경관을 해치며 지역경제에 음(−)의 효과를 나타내지만, 자원으로 활용한다면 환경오염을 방지하며 지역경제에 양(+)의 효과를 얻을 수 있다는 물질순환의 소극적인 개념이다

인도네시아 수라바야 근교 새우양식장

인도네시아 술라웨시 친환경 노지 양식장

그림 43. 동남아시아의 친환경 조방적 양식시설

2) 광의의 개념

광의의 자원순환형 양식시스템은 협의의 개념에서 나아가 양식업에서 파생되는 쓰레기를 양식자재(예: 바지락 양식장의 모래 대체재) 또는 수질개선제, 사료첨가물 등으로 자원화 또는 재활용하고, 이를 이용한 농·수산물을 지역 소비자가 구입함으로써, 지역 내 물질순환을 이루어 자연·환경과 공생하고 활력있는 어촌·양식업을 만들고자 하는 지역 공생의 양식방식을 말한다. 즉, 현대 경제순환과 물질순환의 모순인 폐기물을 가능한 한 줄이며(reduce) 재이용(reuse)과 재생 자원화(recycle)를 위해 인간이 강제로 '순환시스템'을 만들어 가는 것이다.

3. 자원순환형 양식의 실천방안

자원순환형 양식업은 일반생활, 환경, 지역경제 활성화 등 양식업을 둘러 싼 내외환경을 포함하여 다양한 측면에서 그 의의를 찾을 수 있다. 해양은 70억 명이 넘는 전 세계 인구가 생존하기 위한 먹거리를 생산하는 어업생산의 기반으로서 그 중요성은 아무리 강조해도 지나치지 않는다.

양식에서의 오염의 주된 발생원은 사료의 과잉투여와 밀집사육에 의한 수질과 저질의 오염, 패류의 낙하와 이에 따른 폐사에 의해 발생한다. 수산분야에서 기후변화에 대처하는 방안은 두 가지로 요약할 수 있다. 첫째는 지속가능한 양식방법 개선을 통해 어장면적과 재생 불가능한 자원의 사용은 줄이면서도 양식생산량은 극대화시켜 온실가스의 발생을 회피하거나 줄이는 노력이고 둘째는 변화하는 기후환경에 대응하는 새로운 품종을 개발하여 온도나 극단적인 기상조건에서도 높은 생산량을 실현하는 방안이다.

양식방법에 따라 양식은 온실가스의 발생원이 될 수도 있고 격리창고의 역할을 할 수도 있다. 해양환경 보전을 위한 양식방법은 환경, 생물다양성 그리고 경제적 측면에서 중요하며 양식 중 탄소격리를 통해 지구상 온실가스농도를 낮추는 중대한 역할을 할 수 있다.

가장 유효한 방법은 해조류 대량양식에 의한 것으로서 해조류는 부영양화의 원인이 되는 질소, 인을 신속히 흡수하고 또한 수중 이산화탄소를 흡수하여 '탄소동화작용'을 하고, 탄수화물을 만들어 냄으로써 아무런 폐기물 없이 완벽하게 온실가스를 낮출 수 있다.

패류양식은 '여과섭식자'로서 해양의 식물성플랑크톤이 이산화탄소를 흡수하여 번식하면 이들을 대량 섭취하여 이산화탄소를 간접적으로 낮추는 효과가 있다.

반면 가장 문제가 되는 것이 가두리 어류양식으로서 작은 어류를 사료화하여 공급하는 방식이기 때문에 필연적으로 다소간 환경을 오염시키게 되고, 자원의 순환이 단절되는 시스템이므로 사실상 지속불가능한 양식이라고 할 수 있다. 따라서 향후 어류양식은 정밀한 환경수용력 평가를 통해 해양의 오염을 최소화하는 방향으로 재편되어야 한다.

그 방안으로는 대규모 양식장을 1~2ha의 소규모로 재편하여 자체적으로 어장청소를 실시 가능하게 하고, 연안의 오래된 양식장은 오염이 심화된 상태이므로 감축해 나가야 할 것이다. 앞으로 양식분야는 일차적으로 늘어나는 인구에 대비해 식량생산에 중점을 두어야하기 때문에 온실가스 방출을 줄이는 것은 매우 제한적일 것이다. 따라서 절대적인 온실가스방출을 줄이는 노력보다는 양식방식의 효율성 개선을 통해 온실가스 방출을 줄이는 것이 합리적일 것이다. 이러한 방향은 올바른 양식장관리를 통한 지속가능한 양식의 중요성을 부각시킬 수 있는 좋은 기회가 될 것이다. 양식분야에서의 온실가스 발생을 줄이기 위해서는 어업인에게 지속가능한 양식업에 대한 이해를 높일 수 있는 교육기회가 충분히 주어져야 하며 또한 사회적 합의에 따라 경제적, 환경적으로 충분한 보상을 받을 수 있는 체계를 구축하는 것이 필요하다.

1) 어류양식 부문

(1) 어류양식장 유기퇴적물의 자원화

양식어장의 개발은 관리나 먹이생물 등의 요인으로 오염에 취약한 연안과 반 폐쇄적인 만을 중심으로 이루어져왔고, 산업화에 따른 육상기인 오염물질의 급속한 증가로 일부 양식수역의 퇴적물 오염도 심각하다. 퇴적물의 준설은 해양환경을 복원하기 위한 경우와 가두리 양식장 저면의 퇴적물 수거과정에서 행해지며, 오염된 면적이 넓고 그 정도가 심할 경우 가장 확실하게 퇴적물을 개선할 수 있는 방법이나 준설토의 처분이 문제점으로 대두된다.

국내에서 준설된 물질은 육상에 매립지를 확보하여 매립하거나, 해양 투기에 의해 처분해 왔으나 매립지의 확보가 쉽지 않고, '런던협약'에 의해 해양투기는 사실상 불가능하다.

준설물질의 해양배출은 "폐기물 및 기타 물질의 투기에 의한 해양오염 방지에 관한 협약" 즉 런던협약에 의해 범지구적으로 규제가 점차 강화되고 있는 추세에 있고 퇴적물 투기나 처분 시 중금속과 유해화합물질의 함량 등에 대하여 국제적으로 한계수준(action level)이 논의되고 있는 등 유기퇴적물의 해양투기가 보다 엄격하게 제한될 것으로 예상된다.

이에 따라 오염된 퇴적물의 처리를 위해 선진각국에서는 물리적, 화학적 및 생물학적 방법을 이용하여 중금속과 유해 화합물질을 정화하는 기술과 준설물질의 재활용 또는 자원화에 대해서도 활발한 연구가 진행되고 있다.

(2) 준설 퇴적물의 자원화

국립수산과학원에서 실시한 퇴적물의 비료 화 공정시험에 의하면 유기물이 풍부한 양식어장 준설 퇴적물에 생석회, 수산화마그네슘 및 패각 분말을 첨가한 알칼리 안정화 공정을 개발하여 조비료를 제조하였으며, 안정화 처리공정은 대장균 등의 미생물 살균 효과가 탁월하였고, 불쾌한 냄새를 제거 할 뿐 아니라 안정화 과정에서 굴 패각의 첨가는 시료의 건조에 소요되는 시간이나 경비를 절감 할 수 있는 장점이 있는 것으로 나타났다.

구체적으로 준설 퇴적물에 축산 분뇨를 혼합하고 여러 종류의 안정제를 첨가하여 만든 조 비료의 성분분석 결과 질소는 0.82~1.70%, 유효인산 0.87~1.77%, 칼륨 0.94~2.11%, 칼슘 및 마그네슘은 각각 5.45~23.15 및 1.88~34.20% 범위로 질소 및 유효인산과 같은 영양성분은 중·저급의 비료에 해당되었으나 칼륨, 칼슘 및 마그네슘 등의 함량은 고급비료에 해당되었다.

중금속 농도는 퇴비 기준을 만족하는 낮은 농도로 나타났다.

퇴적물 조 비료를 이용하여 무, 시금치, 상추 등의 작물 재배 시험을 수행한 결과 비료 량이 전체 공시 토양 량의 3%를 초과하는 시험구에서는 비교적 높은 염분 농도의 영향 등으로 작물의 잎 성장과 수확량이 저해될 수 있으나, 적정량을 사용할 경우 식물의 성장을 촉진하고 수확량을 증대시키는 것을 확인함으로서 비료로서의 적용 가능성이 높은 것으로 보고하고 있다.

일반적으로 국내의 준설 퇴적물은 대부분 해양투기하거나 육상 매립의 형태로 처리되나 항만, 공업단지 주변에서 준설한 퇴적물 중 중금속이나 유해 화합물질로 오염된 퇴적물은 처리 후 처분하거나 재이용하는 것이 국제적인 추세이다.

또한 유기물질이 풍부한 양식어장 준설 퇴적물을 알칼리 안정화 공정을 통하여 비료화 하는 기술은 준설 퇴적물을 육상 매립 시 발생하는 악취를 제거하고, 매립지의 초지조성이 이루어질 수 있도록 새로운 토양을 만들거나 연안의 해조장 조성, 그리고 농작물의 재배에도 직접적으로 활용할 수 있을 것으로 보고한 바 있다.

한편 어류양식 중 적조나 동해에 의해 발생하는 어류 폐사체는 현재까지 비료화가 추진되고 있으나 악취발생 및 신속한 부패에 의해 악취발생 및 액화되어 운반이 사실상 불가능한 실정이다. 따라서 어류 폐사체는 인근 야산이나 공터에 매립하고 있어 침출수에 의한 지하수 오염이나 악취나 벌레 발생에 의한 2차 환경문제가 발생하고 있다. 따라서 비료화 하려면 가두리 밀집지역 인근 현지에 공장을 세워야 하고, 꾸준한 원료가 공급되어야 하나 이는 사실상 불가능하므로 다른 방법을 강구해야 한다.

대책으로는 혐기성 소화조를 설치하여 발생된 메탄가스를 자체적으로 활용하여 천연가스로 에너지화 하는 방법을 고려해 볼 수 있다.

그리고 가두리 양식장 저면에 쌓여있는 유동성이 풍부한 '유기성 연니(へどろ)'는 현재 수거에 의한 처리가 원칙적이며 응집침전 후 슬러지를 탈수하여 육상으로 옮긴 후 다시 차량에 의해 매립지로 옮겨야 하는 등 이동과 매립에 따른 추가비용의 증가가 가두리 양식장의 대대적인 정화사업을 가로막는 요인이 되고 있다. 따라서 중금속이 없고 유기물로만 구성된 해저퇴적물을 비료화하여 정화사업 비용을 절감하고, 나아가 자원화 함으로써 폐기물을 제로화 하려는 노력이 필요하다.

해저 퇴적물은 질소, 인 등 비료성분이 풍부하여 농업용 비료가치가 충분한 것으로 조사되었으며, 향후 농업진흥청, 농업과학원(유기자원 연구실) 등과 연계하여 농업용으로 전량 이용하면 일석이조의 효과를 거둘 수 있을 것이다.

한편 수거된 해저 퇴적물을 고형제와 가공처리를 통해 친환경 블록이나 소형 인공구조물로 활용하는 기술이 개발되어 있으나 수요가 없어 사장되어 있는 실정이다.

친환경 블록은 어촌 해안의 친수 공간 조성이나 바닥 양식장의 이동통로 등으로도 다양하게 활용할 수 있으며, 제조 및 판매는 사회적 기업 협동조합이 담당하면 일자리 창출에도 기여할 수 있다.

해적퇴적물로 제조한 블록

블록투입 후 예상도

그림 44. 해저퇴적물로 제조한 친환경 블록

2) 패류양식 부문

패류양식은 양식과정 중 50%내외의 폐사가 필연적으로 발생하게 되며, 특히, 바닥식 패류양식은 생패와 사패가 혼합되어 채취되면 선별을 통해 사패를 제거하는 과정을 거치게 된다.

여수지역에서는 주로 폐사에 의해 새고막 빈 껍질이 대량으로 발생하며 껍질은 모아져 대규모로 적재되어 있다. 일부 어업인은 경비의 절감과 신속한 출하를 위해 선별된 빈 껍질을 선상에서 분쇄기로 갈은 후 바로 어장에 살포하는 방식을 통해 쓰레기를 재활용하고, 폐기물의 양을 감축하기도 하는데 앞으로 이러한 방법도 폐기물의 양을 줄이고 귀중한 칼슘 자원을 즉시 바다로 되돌려 준다는 측면에서 적극 고려할 필요가 있다(경남 진해 피조개, 여수·고흥 새고막).

새고막 껍질 퇴적물

어류양식장 퇴적물

그림 45. 자원 활용 가능한 폐기물

수하식 패류양식인 굴과 진주담치에서는 채취 후 발생하는 패각의 처리 문제가 심각하다. 패각은 폐기물관리법상 '사업장 쓰레기'로 분류되어 있어 산업폐기물 지정업체에 위탁 처리하여야 하며 대개 톤당 20,000원의 비용을 지불하여야 한다. 뿐만 아니라 업체 취탁 처리 시 일정 크기로 분쇄해야 하며, 더욱이 일부 매립장에서는 패각부산물을 받지 않는 경우도 있어 앞으로 패각쓰레기는 큰 사회문제로 대두될 전망이다.

전남해양수산과학원 여수지원에서 2011년부터 2013년까지 "패각 살포가 해양환경에 미치는 영향" 연구를 수행한 바에 의하면 수질은 큰 변화가 없었고 저질은 오히려 COD와 황화물이 저감되는 것으로 나타났으며, 바지락 종패의 부착 량 증가와 함께 성패의 성장이 빨라져 어장생산성 향상에 큰 기여를 하는 것으로 조사되었다.

효과검증을 위해 시험어장 2개소(돌산읍 군내 110m^3, 화양면 원포 200m^3 살포)를 선정하여 각 1ha에 직경 5mm 내외의 굴 패각분말을 살포한 결과 저질 중금속 농도는 중금속의 저감효과가 확인되었다. 납(Pb)의 경우 미 살포지점(27.2ppm)보다 살포지점(9.3~14.2ppm)이 2배가량 낮게 나타나 중금속의 제거효과가 높은 것으로 나타났다. 한편, 시험어장의 수·저질 분석결과는 시험어장의 수질환경이 1~2등급으로 양호한 것으로 나타났고 저질에 있어서는 굴 패각 살포어장의 저질 COD 개선효과가 매우 높은 것으로 조사되었다. 패각 살포지점(0.6~6.0mg O_2/g)에 비해 미 살포지점(3.5~6.5mg O_2/g)에서 COD가 높은 경향을 나타내었고 함수율은 10%로 감소되어 몰족(沒足)이 낮은 패류에 적합한 서식처로 변화되었다. 황화물에 있어서도 저감효과가 탁월하였는데 살포지점이 0.045 mg/g로서 미 살포지점의 0.106mg/g에 비해 절반정도로 감소되는 효과가 나타났다.

그리고 바지락 등 자원증가 추세가 뚜렷하게 나타났는데 바지락이 서식하지 않던 곳에 바지락이 40×40cm 당 100개체 내외가 서식 중이고, 살조개, 우럭조개 등 다양한 유용패류의 서식이 확인되어, 그동안 쓰레기로 취급되어 육상매립장에 매립되었던 굴 패각이 오히려 환경을 개선시키고 생산량을 대폭 증대시켰으며, 자연산 바지락 종패가 대규모로 발생하여 연간 20톤의 종패가 생산되는 서식지로 변모하였다.

특히 원포어촌계에서는 바지락이 거의 서식하지 않았던 어장이 굴 패각 살포 후 약 20ha 면적의 바지락 양식장이 조성되었으며, 연간 56톤의 바지락을 생산하여 1억7천만 원의 소득을 올리고 있다. 과거에는 바지락 종패를 구입하여 양식하였으나 굴 패각 살포 후 자체적으로 자연산 바지락 종패가 대량 발생하여 종패를 자체적으로 수급할 수 있게 되었다.

대부분이 탄산칼슘으로 구성된 패류의 껍질은 수질과 저질의 개선효과 외에도 분말로 수중에 살포할 경우 pH의 변화없이 알칼리도(Akalinity)를 높여 완충능력을 획기적으로 높일 수 있고, 이산화탄소를 중탄산칼슘 〔$Ca(HCO_3)_2$〕 으로 흡수하여 제거하는 효과가 있으므로 완충능력 저하에 의한 해양산성화를 예방할 수 있어 사실상 해양에서 만들어진 '최고의 보물'이라고 할 수 있다.

그러나 굴 등 패류의 껍질은 폐기물관리법상 "동·식물의 잔재"로 규정되어 사업장쓰레기로 처리되고 있는 실정으로 귀중한 자원을 쓰레기로 매립시키는 커다란 우를 범하고 있다. 따라서 굴 패각 등 패류 껍질은 하루빨리 '폐기물관리법' 재개정을 통해 산업쓰레기에서 농업의 짚이나 왕겨와 같은 일반쓰레기로 전환하여야 하고, 조만간 통과예정인 "자원순환사회전환촉진법(약칭 자원순환법)"에 포함시켜야 할 것이다.

패류의 껍질은 수산용뿐만 아니라 농업에도 지력을 향상시켜 수확량 증대와 품질의 향상을 위한 용도로 대량 사용되고 있으며, 향후 산업적으로 다방면에 걸쳐 유용한 자원으로 적극 활용함이 타당할 것이다.

3) 자원순환형 양식 추진상의 문제점과 대책

순환 양식시스템의 핵심은 양식업과 바닥양식 어업인 및 농업분야의 과수, 채소 농가들의 유기적인 연계시스템의 구축이 필요한데 서로 주고받을 수 있는 시스템이 확립되어 있지 않고 아직 양식부산물에 대한 농업인들의 신뢰성이 부족하다. 이러한 문제를 해소하기 위해 농업분야와 협조체제를 구축하여 농업 교육 시 양식부산물의 효용성을 설명하고 무상으로 공급하는 체계를 갖춘다면 상당한 효과를 거둘 수 있을 것이다.

전남 고흥지역에서는 유자와 양파, 대파 등을 재배하는데 품질향상을 위해 굴 껍질분말을 적극 활용하고 있어 '농업과 연계한 자원순환형 양식의 발전적 모델'을 제시하고 있다.

4. 자원순환형 양식추진을 위한 과제

1) 기본방향

양식현장에서 발생되는 양식부산물 가운데 일부는 농업용 비료, 바지락 양식장 객토재로 사용되고 있으나 대부분은 폐기되고 있다. 양식부산물의 이용은 폐자원의 활용, 환경문제 해소, 농업 등 타 산업에의 기여 등 광범위한 부분에서 효과를 거둘 수 있다.

무엇보다 부산물을 활용한 제품화가 어촌 및 어업인에게 새로운 사업영역을 제공하고 고용기회를 창출함으로써 어촌의 활성화에 기여할 수 있다. 즉, 부산물의 이용을 통해 양식업의 역할이 지금까지 담당해오던 식량의 공급이라는 것 외에도 지속가능하고 친환경적인 바이오 제품의 공급과 기능성 비료자원이라는 새로운 영역까지 확장되고 있다.

각종 부산물을 자원화하기 위해서는 지역단위에서 운영하는 가칭 "부산물 자원화 센터" 설립이 필요하다. 자원화 센터는 양식부산물을 이용하여 퇴비, 사료화 등 제품을 수집하고 처리하여 제품을 생산할 수 있는 설비와 운용 인력확보가 선결 과제이다. 이와 같은 센터는 협동조합 형태의 사회적 기업을 설립하여 지자체의 지원을 받아 수행한다면 일자리 창출과 함께 부산물 재활용 프로젝트에 탄력을 받을 수 있다.

양식업에서 발생되는 부산물은 수산만으로는 처리가 불가능하므로 수산과 수산 간, 수산과 농업 간, 수산과 기업 간에 서로 자원을 주고받는 '선순환 시스템'으로 발전시켜 나가야 한다.

패류 패각야적장

사료용 칼슘

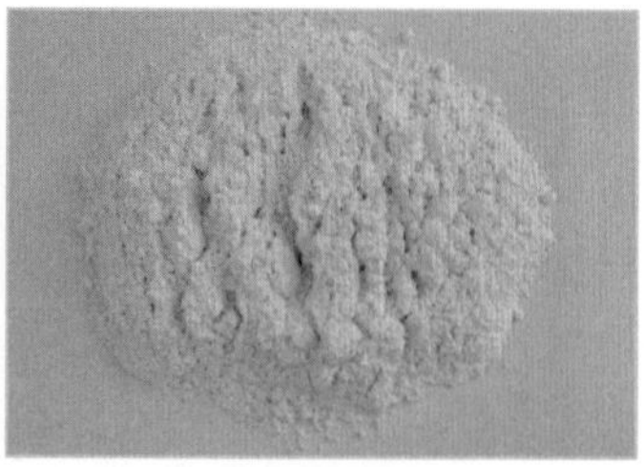

식품용 칼슘

그림 46. 패류 껍질 부산물을 이용한 다양한 제품

CHAPTER 5

2) 자원순환형 수산업을 위한 실천방안

자원순환형 수산업의 정착을 위해서는 해결해야 할 문제가 산적한 실정이며, 기본적인 법령도 마련되어 있지 않는 등 거의 백지상태에 있다. 농업분야에서는 세계의 추세에 발맞추어 많은 연구와 공청회를 통해 자원순환 농업을 위한 정책적인 준비를 하고 있으나, 수산은 아직 개념조차도 정립되지 못한 상태이다.

따라서 자원순환형 수산업을 시작하기 위해서는 많은 기초연구가 이루어져야 하며 수산업 부산물의 제로 화를 위해 관련 기본 법령(자원순환사회전환촉진법, 폐기물관리법)의 제 개정과 함께 일본 농업의 경우처럼 가칭 '지속가능양식법'을 제정하는 것이 필요하다.

조만간 발효예정인 "자원순환사회전환촉진법"(약칭 자원순환법)은 순환자원 인정제도를 도입하여 폐기물 중 일정요건을 갖춘 경우 순환자원으로 인정하고 폐기물에서 제외할 수 있도록 하여 사업자의 부담을 완화하고 국민의 안전성도 확보했다. 예를 들면 고철 · 폐지는 원료로 직접 사용가능하나, 재활용 후에도 운반 · 사용과정에서 폐기물로 규제받는 문제점이 해소 가능해졌다. 자원순환사회로의 전환을 유도하기 위해 순환 이용할 수 있는 폐기물을 소각 · 매립하는 경우 그로 인한 사회적 비용을 부담금(폐기물처분부담금)으로 부과할 수 있도록 했다. 따라서 지금까지 강제적으로 매립되었던 양식부산물은 재활용하지 않으면 매립 자체가 불가능한 상황에 처하게 될 것이다.

지금까지 양식 부산물은 기존 법령에 의해 쓰레기로 매립되었지만 수산업은 물론 농업, 식품·화장품·IT·제철·페인트 등 관련기업에서 필요로 하는 일반성분으로부터 첨단물질까지 함유되고 있어 환경개선은 물론 식품 및 첨가물, 의약품, 사료, 비료 등을 비롯해 대기와 수중의 이산화탄소와 황화물까지 제거하는 매우 유용한 자원으로 부각되고 있다.

수산 부산물의 이용사례를 보면 화력발전소의 오염물질 배출량 억제, 황화수소 제거(부산대학교), PE 메시 파이프에 굴 껍질을 채워 어초설치 해초류 배양기질로의 활용시험(일본 오이타현 농림수산부), 패각을 활용한 증·양식장 해삼 치·자어 착저 기질 조성(일본 아오모리 현), 패각을 활용한 액상칼슘추출 연구(경상대학교), 부영양화된 수질의 인 제거 효과(목포해양대학), 굴 껍질 시비수준이 사과 고두병 발생에 미치는 영향(경남농업기술원) 등 수많은 논문과 현장사례가 발표되는 등 탁월한 효과와 경제적으로도 무한한 가치를 지니고 있다.

부산물을 쓰레기로만 생각할 것인가? 부산물을 자원으로 생각할 것인가? 에 따라 우리의 수산업이 21세기에도 지속가능할 것인가의 여부를 판별하는 시금석(試金石)이 될 것이다.

5. 동남아 새우양식장 폐기물의 재활용 사례

집약적 새우양식은 지난 1980년대부터 동남아시아 지역을 중심으로 빠르게 발달해 왔다. 새우 양식생산량은 양식면적의 증대와 집약적 양식방법 채택에 의해 획기적으로 증가했다. 새우양식에서 가장 큰 문제는 수질관리와 양식과정에서 발생하는 각종 폐기물의 처리였다.

이에 대한 대처방법은 주로 수질과 배출수 관리에 치중되어 있고 새우 양식장 생성물 중 고형물질의 폐기물은 처리가 불가능하였다.

새우양식장에서는 수년간 양식한 결과 축적된 오니처리가 큰 문제점으로 대두되고 있다. 오니처리에 많은 비용이 소요되며, 오니처리 방법도 적절치 못한 실정이다. 새우 양식호지에 폐기물의 농도가 과다하게 생성 또는 축적되면 양호한 수질을 유지하기 위해 배출시키고 다시 양질의 용수로 보충한다. 고형 폐기물은 새우가 먹지 않아 남은 사료, 새우의 배설물 및 잡 생물체의 사체 등에 의해 퇴적된다. 폐기물에는 유기물질, 총질소 및 인이 함량이 토양에 비해 매우 높다.

새우 양식장 폐기물에 의한 영향으로는 새우 양식장의 폐기물은 양식새우의 생존과 성장에 크게 영향을 미치며, 아울러 수질에도 큰 영향을 미친다. 홍다리 얼룩새우의 치하(稚蝦) 성장률은 저질의 암모니아와 황화물의 농도와 역 상관관계에 있다고 알려져 있다. 호지 폐기물의 축적은 산소요구량을 증가시킬 뿐만 아니라 혐기성 상황이 초래되어 황화수소와 같은 독성가스가 생성된다.

퇴적물은 다량의 용존산소를 소모하기 때문에 대량 축적된 폐기물에서의 용존산소 요구량이 매우 높아지며, 새우가 주로 살고 있는 바닥에 산소결핍을 초래하여 새우에 스트레스를 주며, 이 때문에 질병에 쉽게 감염되기도 한다. 퇴적 폐기물의 분해에 의해 생성되는 가스는 새우의 식욕을 떨어뜨려 사료전환효율을 증가시키며 아울러 수질을 악화시키는데 따라서 양식생산량을 증가시키고 질병을 예방하기 위해서는 호지 퇴적폐기물의 관리가 매우 중요하다.

호지 내의 퇴적폐기물로 인한 피해를 경감하기 위한 방안으로는 다소 굵은 입자의 조개껍질 가루를 살포하는 것과 황토를 살포하는 것이 저질 COD와 황화물을 저감시킬 수 있어 효과적이다. 특히 조개껍질 분말은 알칼리도를 증가시켜 수질의 산성화를 방지하고 칼슘이온의 공급을 통해 키틴질로 구성된 새우의 껍질을 튼튼히 할 수 있다.

어기 후 저면의 퇴적물은 유기물이 풍부하게 함유되어 있으므로 과수나 채소재배 등 농업에 유용한 유기질 비료로 활용할 수 있다.

'어떤 업종의 폐기물은 다른 업종의 자원'이 될 수 있다는 것이 자원 순환형 양식의 기본원리이며 모든 양식 생물체는 자원과 에너지를 서로 주고받으면서 끊임없이 순환하는 체제로 바꾸어 나가야 한다.

6. 자원순환형 양식의 미래

미래가 추구하는 양식업은 모든 이해 당사자들과 함께 인류에게 건강한 식품을 공급하고, 즐길 수 있는 건전한 자연환경을 조성하는 것이다. 양식분야에서의 이산화탄소 발생을 줄이기 위한 노력, 화학약품과 항생제 사용의 절감 등이 환경 개선을 위해 필요한 부분이고, 양식의 생산성을 높이는 일도 만만치 않은 데, 환경까지 고려한다면 당연히 추가적인 부담이 발생할 수 밖에 없다.

그러나 결국 장기적인 측면에서 대규모 양식이 가능한 중국 등 후발국들과의 경쟁을 생각하면, 차별화가 가능한 분야는 결국 친환경, 고품질, 안정성 등으로 요약이 된다고 할 수 있다. 그동안 무차별적으로 이루어져 왔던 미래 세대들을 위한 물적 자원들을 마구 낭비하며, 우리 후손의 어깨에 빚을 지우는 것을 성장엔진으로 삼는 경제를 이제는 중단해야 한다. 이것은 탄소를 배출하고, 생물다양성을 상실하고, 재생 불가능한 원자재를 낭비적으로 소비하며, 독성 화학물질에 지나치게 의존하는 지속 불가능한 세계로 향한 길이기 때문이다.

미래학자들은 2030년 이후의 미래 수산업은 지금까지와는 사뭇 다른 방향으로 진행될 것으로 예상하고 있다. 이른바 'IBEC 융합시대'가 도래하게 되는데 산업기술이 전 분야에 걸쳐 융·복합되어 세계경제의 주류로 정착할 것이다.

IBEC은 ICT(정보통신산업), BT(바이오산업), ET(환경 및 에너지산업), CT(문화콘텐츠산업)을 말하는데, IBEC 융합시대는 과거 경제성장과 환경이 상호 마찰하던 '적색성장'이 아니라 환경이 상호지원하고 선 순환하는 '녹색성장'이 그것이다.

한편 미래에는 거대도시가 출현하고, 아시아의 경우 한·중·일이 광역 네트워크를 구성하게 되어 오늘날 EU(유럽연합)과 같은 기능을 수행하게 될 것이다.

이에 따라 앞으로 우리의 수산업은 거대경제권 내에서 치열한 경쟁력을 키워나가야 한다. 사실상 한국, 일본, 중국이 동일한 시장에서 무한경쟁 체제로 돌입하게 되는 것을 의미하게 되고, 앞으로 글로벌 시장에서 우위를 점하려면 지속가능한 수산업으로 수산업의 체제를 '코페르니쿠스적 전환(Copernican Conversion)'을 통해 완전하고 철저하게 변화시켜야 한다.

이를 위해 법과 제도의 개편은 물론 다양한 현안사항에 대해 관계부처와 긴밀한 협조체제 구축을 통해 다가 올 미래를 준비해야 한다. 미래의 양식은 환경과의 공존만이 양식의 성공과 함께 양식의 존재 가능성을 결정짓는 기준이 될 것이기 때문이다.

참고문헌

- 조주현 등, 2005, 2000~2004년 여수지역 양식어장 환경조사 연보, 여수지방해양수산청
- 조주현 등, 2011, 2005~2009년 여수지역 양식어장 환경조사 연보, 전남해양수산과학원 여수지소.
- 조주현, 2008, 가두리양식장 제1차, 3차 정화사업 해양환경 용역보고서, 국립수산과학원 여수수산사무소.
- 조주현, 2010, 가두리 양식어장 정화시범사업 2차 해양환경조사 용역보고서, 전남수산기술사업소 여수지소.
- 조주현, 2008, 저질개선제 효과조사, 전남해양수산과학원 여수지소.
- 조주현, 2011, 패각을 이용한 연안어장 환경개선방안, 전남수산기술사업소 여수지소.
- 서명배외, 2013, 굴 패각 살포가 해양에 미치는 영향, 전남해양수산과학원 여수지원.
- 이원찬외 7명, 2000, 양식장 환경개선 및 관리기술 연구·국립수산과학원 수진연구보고서, pp.305~312.
- 농림부, 2002, 지속가능한 농업 발전계획.
- 유찬주, 박현태, 2009, 자원순환형 농업의 현황과 과제, pp.347~372.
- 농림부 자연순환농업팀, 2006, 가축분뇨를 활용한 자연순환농업 추진대책, p.7.
- 자연과 농업, 2014, 올바른 토양관리, 지속 가능한 농업의 시작, 2014(11/12월호).

- 미래창조과학부, 2014, c-korea 프로젝트 추진 토론회. 한국자원화산업협동조합중앙회 발표자료.
- 최재선·김도훈, 2003, 지속가능한 양식어장 환경관리 방안, KMI 해양수산 현안분석.
- 김경회·이인철·류성훈· 藤直·日比野忠史, 2014, 연안 저질 개선을 위한 석탄회 조립물의 활용, 한국해양환경. 에너지학회지, Vol.17, No.1. pp.1-7, February 2014.
- 최우정・이필용・최희구・강창근・이원찬・김정배・김평중・허승・오봉철, 1999, 적조해역퇴적물 정화기술 연구, 수진사업보고서 : 1999, 314~323.

■ 맺음말

저자는 이 책을 집필하면서 그동안 관심과 지적 호기심으로 접근했었던 수산을 비롯한 다양한 전문분야에 대해 미래의 주역들에게 경험을 물려주고픈 충동을 느껴왔다. 다양한 분야의 서적과 정보를 통해 습득한 지식과 함께 현장에서 많은 세월 동안 어업인과 호흡하면서 그들의 투박한 어투 속에서 담겨진 소중한 경험이 구체화해야 된다고 생각해 왔다.

지식과 경험은 서로 보완적인 관계를 가지고 있다고 생각한다. 지식은 이론을 통해 학문적인 발전을 꾀한다면 경험은 결과를 통해 이론을 보완해 나간다. 이를 통해 이론은 경험과 융합되고 경험은 이론의 날개를 달게 된다.

그동안 많은 전문가들이 그토록 부르짖었던 '지속가능한 양식'의 본질적인 문제를 어떻게 만들어 갈 것인가에 대한 고민이 많았다. 고민 끝에 얻어 낸 정답은 양식과 환경의 결합 또는 양식과 환경이 상호보완적인 시스템을 통해 모든 자원을 재활용하는 '무배출 시스템'이라고 생각한다. 이를 위해 양식현장에서의 지속가능한 양식의 실천방안과 사례를 통해 자원의 선순환을 통한 지속가능한 양식 시스템의 일부를 소개하였으며 이에 대한 연구가 보다 심도있게 진행되기를 소망한다.

이 책은 그동안 시도되지 않았던 새로운 품종의 양식방법의 소개, 양식장 환경관리, 양식생물 사육관리, 해양과 환경보존에 대해 10여년의 연구를 통해 얻은 경험을 기록하였다. 특히 새로운 양식 소재로서 농업, 축산, 광물 등을 망라한 다양한 물질에 대한 양식의 적용가능성을 실증적 연구를 통해 나타내고자 하였다.

앞으로의 양식은 친환경이 대세를 이루겠지만 친환경양식을 어떻게 해야 할 것인지에 대해서는 구체적인 비전과 계획이 없다. 친환경 양식이란 내가 키우는 생물을 나의 자녀들에게 먹일 수 있도록 양식하는 것이고 양식과정 중에 투입되는 물질 역시 인간이 섭취해도 문제가 없는 것이어야 한다.

저자가 우리의 양식에 대해 고민하는 부분은 이렇다. 모든 생물은 자원고갈에 대비해 인공종묘 생산기술을 확보해 두어야 한다. 해적생물까지도 종묘 생산기술을 통해 만들 수 있어야 한다. 키워봐야 죽일 수 있는 방법도 알 수 있다. 지금까지 사용해 온 항생제, 화학약품으로 구성된 소독제, 산처리제 등 환경을 파괴하는 물질들은 이제 친환경양식의 무대에서 퇴출되어야 한다.

생산만이 만능인 양산 위주의 방식에서 벗어나 생산보다는 환경을 먼저 생각하는 성숙된 의식을 어업인이 가져야 한다.

21세기는 글로벌 환경 속에서 양식을 해야 할 수밖에 없다. 수 십년 후면 경제 블럭화로 한중일은 하나의 경제공동체로 자리잡을 것이라고 미래학자들은 예측한다. 따라서 무한경쟁의 상황 속에서 대처하는 방법을 미리 준비하고 선제적으로 실행에 옮겨야 한다.

지금까지는 협소한 국내시장에서 만족하고 최고라고 자부했지만 적어도 20년 후면 국제적인 글로벌 시장의 소비자들을 상대로 생산하고 판매해야 한다. 이제는 연구자와 어업인들의 인식이 바뀌어야 하며 양식 환경도 획기적으로 바꿔 나가야 한다. 이를 위해서는 중국처럼 현장과 밀착된 실증적인 연구가 절실히 필요하며 현장에서의 아이템을 중심으로 연구가 진행되어야 할 것이다.

그리고 심각한 문제는 양식업자에 비해 절대적으로 부족한 국내 양식장으로는 대규모 생산이 불가능한 실정이다. 이제는 좁은 국내 양식장에서 벗어나 세계를 상대로 외국에서 다양한 품종을 생산할 때가 다가오고 있다. 국내에서 양식할 어장이 없으면 외국에서 장기간 양식이 가능하도록 정부에서 보증해 외국 현장에서 수산물을 생산해 세계를 상대로 수출하고 수익금은 국내로 가져와 국부를 창출할 수 있게 된다. 미래의 경제 블럭화에 대비한 해외 양식장의 확보는 매우 시급한 문제로서 중국의 경우 동남아 각국의 오지를 답사하면서 그들의 니즈에 맞는 품종을 양식하려고 하고 동분서주하고 있다.

우리나라는 사계절이 뚜렷한 위치조건으로 이웃인 중국이나 일본에 비해서도 연중 키울 수 있는 양식품종이 제한되어 있다.

답은 간단하다. 열대 품종은 열대에서 한대 품종은 한대에서 키우면 된다.

그리고 현재의 기술과 어업인력만으로는 미래지향적인 양식이 사실상 불가능하다.

수산분야에서도 '매시업(mash up)'이 필요한데 다른 이질적인 분야와의 잡종교배를 통해 창의성과 혁신성을 갖추어야 하며 이를 통해 다가 올 미래에 대비하는 역량을 갖출 수 있다. 수산인력 또한 토착 어업인만으로는 한계가 있으므로 도시의 역량있는 퇴직세대와 창업을 원하는 젊은이들이 쉽게 진입할 수 있는 환경을 준비해야 한다.

새로운 시각을 갖춘 다양한 마인드를 가진 '노마드(Nomad)'들이 수산을 이끌어 나갈 때 수산은 새로운 다른 차원으로 진입할 수 있을 것이다. 일반 기업과 같이 수산업에서도 벤처가 성장하기 위해서는 기업가 정신이 필요하며 생산, 경영, 투자가 어우러진 비즈니스 생태계가 조성되어야 한다. 새가 알에서 깨어나려면 껍질을 깨는 아픔이 필요하듯 수산업이 지금까지의 구태의연한 사고를 벗어나기 위해서는 지금까지 친숙했던 기득권, 환경오염 같은 모든 것과의 이별을 준비해야 한다. 경쟁력있는 수산업을 만들기 위해서는 창조를 위한 파괴가 필수적이다. 앞으로의 해양에 대한 관점은 우리세대와 미래세대가 함께 공유하는 바다를 유지하는데 포커스가 맞춰져야 한다. 그것이 진정한 의미의 '지속가능한 양식'인 것이다.

우리는 21세기의 양식은 어떤 방향으로 가야 하는가에 대한 뚜렷한 목적의식을 갖지 못하고 있으며 지난 세기에 이루어 온 허물어져 가는 낡은 집에서 한 발짝도 나서지 않으려고 한다. 그리고 그곳에서 남은 것들을 서로 차지하겠다고 티격태격 싸움질에 시간을 낭비하고 있을 뿐이다. 하지만 비록 정들었더라도 새로운 식구를 맞이하기 위해서는 낡은 집을 헐고 식구의 규모에 맞는 새로운 집을 지어야만 한다. 이것은 선택의 문제가 아닌 필수의 조건이다.

앞으로 수산 창업기업을 어떻게 키워야 하며 기업가들을 어떻게 강인하게 키워갈 것인가에 대해 새롭게 고민해봐야 한다.

21세기 수산업을 만들어가는 인재는 현실에 안주하는 '시트엘리트'가 아니라 자신의 꿈과 가치를 향해 열정적으로 살아가는 '비즈엘리트'의 시대가 될 것이다. 그들은 일자리를 만들고 새로운 가치를 창조해 낼 것이다. 그러기 위해서는 그들이 자유롭게 상상하고 꿈을 실현할 수 있는 공간을 마련해 줄 수 있어야 한다.

앞으로 다가올 우리가 살아가야 할 세상은 학력과 스펙으로 구성된 '품세형 인재'가 아니라 실전을 통해 정글 속에서 끝없이 자신을 갈고 닦아 온 '전투형 인재'가 이끌어나갈 것이다. 그들은 모험을 통해 21세기의 험난한 풍랑 속을 항해해 갈 것이며 좌절과 실패를 통해 성장할 것이며 성공해 갈 것이다.

끝으로 저자의 생각에 공감해 주고 많은 아이디어를 제공해준 재야의 창조적 엘리트들께 감사드린다.

2017년 12월

저자 씀

INDEX

D

E

F

찾아보기

ㅅ

ㅇ